第**6**版

生產

與

作業管理

Production and
Operations Management

鄭榮郎 編著

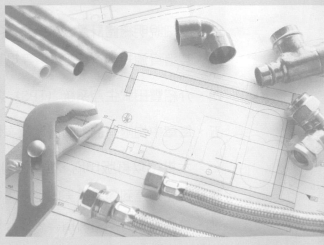

全華

六版序

本書自第一版出版（101 年 12 月）後，已印刷第六版，受到讀者的肯定，但因產業供應鏈變化，課程內容須與時俱進，習題因應證照要有所調整。筆者決定同時兼顧在校生與自學生的讀者，研讀本書不須具備前置知識基礎，適合大學生產管理、作業管理或生產與作業管理課程一學期課程之用；也適合企業在職人員、現場作業工程師及生產經理，尤其製造業之非工程職之經理人員之在職訓練教材。

本書說明生產作業管理相關專業之範疇，讀者能夠學習到作業管理基本概念，亦可相互驗證整合理論與實務，期望讀者可以更容易理解和正確的應用生產作業管理觀念，本書之編排特色如下：

一、有別於一般作業管理的廣泛介紹，特別深入探討製造業有關生產計畫與管制系統，涵蓋的各項子題理論及相關的管理課題。

二、深入淺出方式介紹生產作業管理之預測、存貨、產能等三大議題，建立生產計畫之理論基礎。

三、詳細說明總體計畫（AP）、主生產排程（MPS）、物料需求計畫（MRP）、製造資源規劃（MRP II）等規劃模組間之串聯關係。

四、介紹豐田式生產系統（TPS）與精實（Lean）管理之基本觀念和應用。

五、每章中均附有詳細的習題及案例應用說明。

本書得以再版印刷，也要感謝全華圖書編輯同仁的校稿與美編，使本書編輯品質能夠達到盡善盡美的程度，書中或尚有疏漏與偏誤之處，還望各位學界先進、業界先輩對本書的指導，提升生產作業管理競爭力。

鄭榮郎 謹識

於高雄正修科技大學工業工程學系暨研究所

2022 年 5 月

Contents

目 錄

04 產 能 規 劃

05 整 體 規 劃

06 物 料 需 求 計 畫 與 企 業 資 源 規 劃

Contents

目 錄

Contents

目錄

16 供應鏈管理

Chapter
01

生產作業管理
策略

學習目標

1. 指出企業組織的主要功能與生產作業管理的意義
2. 瞭解生產作業管理系統投入、轉換與產出的過程
3. 描述生產作業管理基本任務
4. 比較服務作業與生產作業之差異
5. 分析生產作業管理生產力
6. 描述作業管理的歷史
7. 列舉生產作業策略主要層面
8. 描述智慧製造結構

生 產 作 業 管 理

投入	轉換	產出
• 資金 • 原物料 • 設備 • 人力	• 供應鏈 • 產能策略 • 品質管控 • 流程策略 • 區域選擇	• 包裝 • 倉儲 • 物流配送 • 後勤服務

管理個案新知

作業管理於服務業之應用－以「赤鬼炙燒牛排」為例

「赤鬼炙燒牛排」的構想是從消費者的需求出發，開一家滿足需求的平價牛排店（薄利多銷），這是從經營者的理念（滿足消費者需求）發展成企業的經營策略（開平價牛排店），再從經營策略發展出相關的作業構面，例如品質、成本、速度、彈性，並展開至作業策略，如品質、服務設計、製程（過程）設計、店面（位址）選擇等。

餐廳業者常用「翻桌率」（Turnover rate）來評斷生意的好壞，其意思是「在用餐時間段內，每個座位（或每桌）被客人使用的頻率」，翻桌率愈高，代表營收愈高，關鍵在於「簡單」與「速度」。「翻桌率」，套用製造業的術語，如同「週轉率」。例如，「存貨週轉率」，某時段的銷貨成本與該時段平均存貨金額之比，存貨週轉率愈高，資金積壓於存貨的壓力就愈小。「赤鬼炙燒牛排」主打七種套餐且菜色簡單，各套餐主菜不同但配菜共用，BOM（Bill of material）單純，有利於控管存貨與製作流程，物料需求規劃也比較容易。因選擇性少，客人用完餐之後，沒有其他餐可點，客人自然會結帳離開，不須要刻意限時或驅趕客人，進而提高翻桌率。

經營者對於食材不會因為平價而忽視品質的要求，每一片牛排從供應商送來後，都會經過一連串的檢驗（檢驗規範：厚薄、大小、重量、油花、完整度），若有不符合就會退貨，這就是製造業進料檢驗（IQC, Incoming quality control）的作法。為了確保（烹煮）過程中的品質，「赤鬼」的做法是每人專烤一樣肉品（專業分工，專職），每種肉品各有專屬的爐台（專用機），有專人（專職）負責夾肉、擺盤出菜。此外，為了確保肉質鮮美、香氣持久，鐵板（同製造業的治、工具）是吃牛排時重要的廚具，其研發更是不斷的持續改善（提昇品質），研發到第 14 代並申請專利。

另一項確保品質的利器就是作業流程標準化，作業標準書（Standard operating procedure, SOP）是品質管理手法的應用之一。「赤鬼」完全掌握它的精神並發揮淋漓盡致，一般 SOP 的作法只記錄標準作業流程，但沒有記錄過去的錯誤經驗值。然而在「赤鬼」的 SOP 並非寫完就結束，而是執行過程中一旦發現問題、不足或發生疏失，就回歸到書面，以完善其內容。SOP 最有價值的地方就在那些錯誤的經驗值，從錯誤中學習，減少浪費，縮短學習曲線。不論是製造業或服務業，企業在 SOP 的應用上多數未能深入，殊為可惜。

中央工廠在炒醬時，拌料手（攪拌醬料的人）的後方會再站一個人複誦配方與公克數，以免拌料手突然分心而抓錯份量，此即應用新鄉重夫提出的「防錯（Poka-yoke）」概念。

「赤鬼」從客人點菜到上菜，不超過 10 分鐘，客人用餐時間平均 40 分鐘。仔細研究其流程，包含了哪些理論的應用？首先應用的是程序分析，邊排隊邊點菜 → 煎排區 → 出菜台 → 出菜；其次是應用標準工時（工作衡量），第 1 分鐘：邊排隊邊點菜（1 分鐘）→ 第 2 ～ 8 分鐘：煎排區（6 分鐘內，依肉品及熟度需求）→ 第 9 分鐘：出菜台（1 分鐘）→ 第 10 分鐘：出菜；最後是應用作業分析，邊排隊邊點菜 → 前 10 位客人可先點菜，客人點菜後 5 分鐘內可入座，入座的前 5 ～ 10 分鐘，讓客人先取用自助吧 2 種湯及 2 樣小菜（應用方法：快速換線之外準備作業）；煎排區 → 設有 5 個煎排區域，每區配有一位煎排手且只負責一種肉品（應用方法：專職工），需依前台點菜順序出單（應用方法：生產排程，先進先出）。

牛排部分依熟度需求，何時翻面皆有規定（應用方法：標準作業流程）；出菜台旁邊備有配菜，每套菜單配菜相同，避免有記錯、放錯的問題（應用方法：Poka-yoke 防錯，從 BOM 著手，共用配菜）。有大烤箱用以存放鐵盤，並控制鐵盤溫度，從肉放在鐵盤上，送上客人面前約 1 分鐘，熟度正好依客人要求呈現（應用方法：時間衡量、參數控制：溫度與時間以確保品質）。

客人從點菜到上菜，遠遠超過十分鐘，仔細觀察流程，通常都是客人點菜猶豫不決。為了確保從點餐、烤肉到送餐的過程沒有浪費，價值流程圖（Value stream mapping, VSM）是很好的運用工具，從客人臨場到用餐結束後出場，記錄所有過程的資訊流（點菜單、出菜單、帳單……）與物流（煎排、配菜、鐵板……）之間的運作關係，消除不具附加價值的作業與動作以提高效率。因此，為了減少客人點菜猶豫不決的時間浪費，「邊排隊邊點菜」與「早上十一點開門，十點半就會讓員工替已在門外排隊的客人點餐」是很好的做法。而這兩個動作，運用的是 SMED（Single minute exchange of dies）快速換模／換線的外準備作業的概念，即「不須停止機器即可進行」的作業，也就是「不須等客人就座後即可進行」的作業，以縮短整體的作業時間（效率提升），部分的餐飲服務業就會運用這個概念，減少客人待餐時間。

「赤鬼」牛排不接受「預訂」，「預訂」和製造型企業的客戶下 Forecast 給供應商的意思是一樣的，「預測」總是存在許多變數。來或不來？早到還是延後到？這都會影響翻桌率，唯一可以確認的是「訂單」才是實際的需求，「赤鬼」可以確認實際需求的方式就是人到現場。近來，因應客戶的要求，「赤鬼」局部開放預訂的接單方式，但它的作法不是保留空位給預訂的客人，而是客人到場後，有第一優先入場的權利，這樣不但可以滿足客人要求，還可以確保翻桌率不會因此下降。

「薄利多銷」是「赤鬼」的經營策略，故在展店時，地點（選址）便是重要的考量。臺灣北、中、南地區消費程度不同，以「赤鬼」的經營方式來說，搭配高座位數並追求高翻桌率才能有盈餘，這樣的店面若在臺北，店租至少是臺中的三倍，一旦開店，利潤馬上被侵蝕。因此，就選址的策略而言，「成本」是「赤鬼」展店的重要決策因素。

　　經由這樣的方式解構之後，我們可以發現企業成功的部份元素，利用這些元素予以重組而為企業所用，可以減少摸索的時間，這也是「作業管理」所談到的內容，並非只應用於工廠而已，服務業一樣受用。若服務業能將工廠運作成熟的方法轉為己用，相信服務業的服務品質一定會有不一樣的成效。

資料來源：myMKC 管理知識中心

1-1　生產、作業管理的意義

　　「企業功能」是企業爲達成組織目的，必須建立之功能，企業五管包括產（生產與作業管理）、銷（行銷管理）、人（人力資源管理）、發（研究發展管理）、財（財務管理）等功能，將資訊管理視爲企業的基本結構。

　　生產與作業管理（Production & Operations management, POM）即是對所有和生產產品或提供服務有關活動之管理。生產與作業管理先前通常只被稱爲生產管理，名稱上的轉變反映產業界的變革，表示服務業越來越重視的趨勢是一致的，因此當談到生產與作業管理時，並不特別強調所考慮的範圍是製造業或服務業，事實上許多作業管理原理及工具，都是可以共同使用的。

圖 1-1　管理功能與企業功能矩陣圖

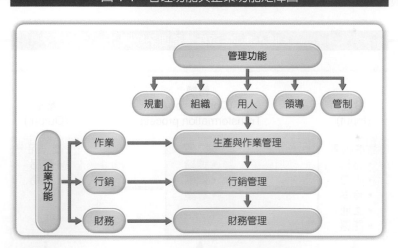

圖 1-2　生產作業在企業的角色

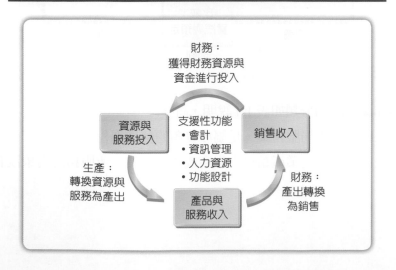

　　生產與作業管理主要的功能之一，負責創造出企業的產品或服務，由圖 1-3 中可知，生產作業管理系統係指作業要素的投入經過轉換，最後產出成果的整個過程，包含五大部分：投入（Input）、轉換（Transformation）、產出（Output）、管制（Control）及回饋（Feedback）。從系統的層面來看：

1.　**投入因素**：人員、物料、服務、土地及所需要的能源。

2.　**中間的部分**：將投入透過某些轉換成為產出。

3.　**產出因素**：企業所要產出的產品或服務。

4.　**虛線部分**：代表資訊流回饋，生產者利用這些回饋改善系統績效。

5.　**實線部分**：代表實際的物流或服務流程，重視顧客服務的今日，可以看到當物料流由左邊的投入端，透過一些管理活動以及生產製程後形成產出，產出的產品或服務到達顧客手中後，便由顧客處產生回饋到系統。

圖 1-3　生產作業管理系統圖

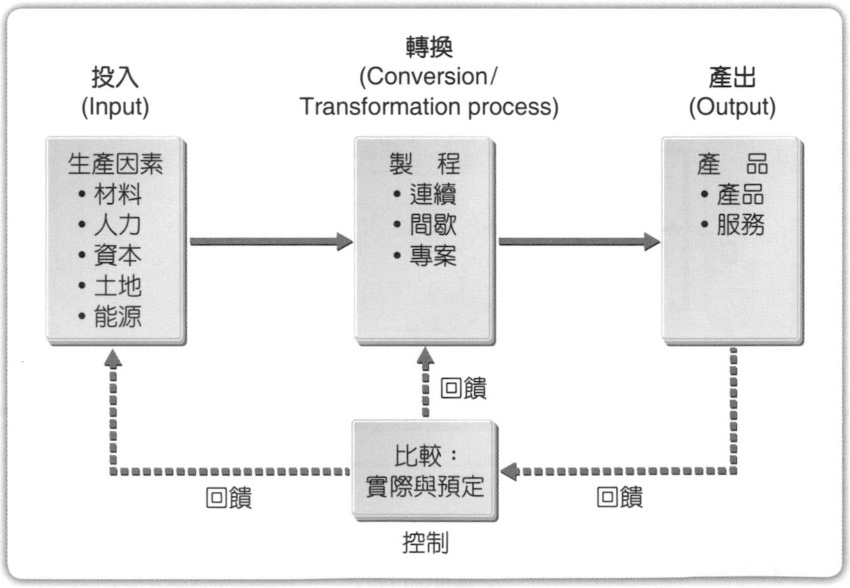

　　生產與作業系統的分類如表 1-1 說明，高度標準化（低度訂製化）產品或服務，如汽車裝配工廠或是郵局服務業，是屬於實體的轉換過程。低度標準化（高度訂製化）產品或服務，如農企業產銷班之生產或醫療產業，所服務的對象沒有絕對的標準。

表 1-1 生產作業管理系統轉換過程

生產系統	投入	轉換	產出	回饋與控制
(1) 汽車裝配工廠	◆ 人工 ◆ 能源 ◆ 機器人 ◆ 裝配零件	◆ 焊接 ◆ 裝配 ◆ 噴漆	◆ 汽車	◆ 人工成本 ◆ 生產數量 ◆ 產品品質
(2) 醫院	◆ 病人 ◆ 醫護人員 ◆ 病床 ◆ 藥物 ◆ 醫療設備	◆ 手術 ◆ 藥物管理 ◆ 診療	◆ 健康的人 ◆ 醫學研究 ◆ 成果	◆ 藥物反應 ◆ 手術併發症
(3) 農企業	◆ 土地 ◆ 設備 ◆ 種子 ◆ 肥料 ◆ 人力	◆ 播種 ◆ 噴灑 ◆ 收割	◆ 水果 ◆ 蔬菜 ◆ 稻米	◆ 單位產量 ◆ 品質等級
(4) 郵局	◆ 人力 ◆ 郵物分發設備 ◆ 交通工具	◆ 運送	◆ 郵件交送	◆ 平均送達時間 ◆ 郵件損壞

1-2 管理功能內的作業管理基本任務

在作業功能內,作業管理功能的管理決策可以分為三類:策略性決策(長期)、技術性決策(中期)、作業規劃與控制決策(短期)。

1. 策略性決策:為了解客戶需求,進而影響企業長期的有效性,是否能符合顧客的需求。

2. 技術性決策:策略性決策的限制下,有效率的安排物料和人力,處理如何在先前策略的限制因素。例如,如何有效利用物料和人力?需要多少人手?何時需要?該加班或增加第二班?訂購的物料何時進廠?需要成品食庫嗎?

3. 作業性的規劃與控制:屬於範圍較小與較短期的管理決策,關注層面較狹隘,例如,處理今天或本週要做的事是什麼?本週優先產品排程?任務指派等。

生產管理的任務：通過生產組織工作，按照企業目標的要求，設置技術可行、經濟合理、技術條件和環境條件整合的生產系統。通過生產計畫，制定生產系統優質化運行的方案，藉由生產控制，及時有效地調節企業生產過程內外的各種資源，使生產系統的運行符合既定生產計畫的要求，達成預期生產的品種、品質、產量、出產期限和生產成本的目標，生產管理者的基本任務如下：

1.　生產足量的產品或勞務且適時滿足客戶需求。

    (1)　預測產品或服務的未來需求。

    (2)　產品需求轉化成對各生產要素的需求。

    (3)　獲取所需的生產要素。

    (4)　利用生產要素生產產品。

2.　最低成本生產產品或提供服務。

    (1)　尋求最經濟的工作方法。

    (2)　建立工作標準。

    (3)　激勵員工，運用最有效的工作方法以符合工作標準。

3.　令人滿意的產品或服務品質。

    (1)　設定適當的產品規格。

    (2)　達成品質要求的環境。

    (3)　檢驗程序。

    (4)　品質管控的方法。

4.　確保產品與製程的彈性。

    (1)　預測需求型態。

    (2)　擬定機器、產品、數量、擴充等之彈性程度。

1-3　生產作業管理的歷史回顧

作業管理的演進如下說明。

1.　**工業革命（The industrial revolution）**：早期製造產品的方式是工匠生產（Craft production），由一位或少數高技術的工人使用簡單、高彈性的工具，生產少量訂製商品的系統。缺點是耗時、成本高、不具有規模經濟，工業革命大幅地降低了客製化產品的需求。

2. 科學管理（**Scientific management**）：生產作業管理起源於 1910 年代泰勒之科學化管理概念，泰勒式哲學三個重要的觀點：強調科學法則能分析一個人的產能、管理者須藉此認知應用於生產作業以及工人須準確的達成管理者期望。

3. 人際關係運動（**Human relations movement**）：著重工作設計中關於「人」的要素。如 1930 年代霍桑研究，在西方電器的霍桑工廠所進行的研究顯示，除了工作環境中的生理與技術層面外，員工士氣也是提高生產力的重要因素。

4. 決策模型與管理科學（**Decision models and management science**）：工廠的變遷伴隨著多種定量技術的發展，第二次世界大戰後，各領域專家仍持續發展與修正決策工具，並開發出適用於預測、存貨管理、專案管理與其他作業管理領域的決策模型。

5. 日本製造業影響（**The influence of Japanese manufacturers**）：日本製造業者發展或改進管理實務方法，強調品質、持續改善、員工團隊與賦權。日本帶動工業化國家的品質革命，激發以時間為基礎的管理（如及時生產方式）的興起。

1-4　服務業的作業管理

一、服務業的特性

　　由於服務業所提供的產品包括有形的實體產品（Physical product）與無形的服務要素（Service element），由此構成「服務套件」（Service package）的概念；一般而言，服務業較重視後者的無形服務，其與傳統製造業相比，有下列較為獨特的性質：

1. 服務是無形的（Intangible），因此不易衡量其品質。

2. 服務的產生通常是易逝的（Perishable），故無法被儲存。

3. 服務的產生常有異質性（Hetergeneity），即使是同一服務員，所提供的品質亦可能有所不同。

4. 服務的產生與消費同時發生，顧客本身即是作業系統的一部份，與系統間的互動即相當重要。

5. 服務業的產品重心較偏重無形的服務，對勞力的依賴程度較高，較傾向於勞力密集。

6. 服務的產生可包括前場（Front office）與後場（Back room）服務，前者需要與顧客接觸，後者則較不需要與顧客接觸。對於服務業而言，前場服務的比例應較製造業多出許多。

7. 若將服務產生的現場視為工廠，則服務業無法如同製造業，透過同一廠址的產量增加達到規模經濟（Economy of scale），亦可透過多店作業（Multisite operation）追求規模經濟。

綜合上述，可以圖 1-4 指出服務業與製造的相異之處。

圖 1-4　製造業與服務業導向之差異

二、製造業與服務業之差異

圖 1-4 中可以明顯看到服務業與製造業兩者之間的差異，最大的差異在於製造業中的產品通常是實體可見，並且可以儲存的；而服務業的產品，通常是不可見、不可儲藏的，基本差異造成的服務與製造業在根本上的不同。

另外一項基本的差異便是顧客接觸程度的不同。對製造業而言顧客接觸程度通常相對的低，人們不會期望當買一部車的時侯，必須要見到製造這部車的人；而服務業正好相反，一般而言，服務業的顧客接觸程度要比製造業來的多。

　　顧客接觸程度對服務業而言是一個非常重要的分類指標，有關服務業的決策，會因為顧客接觸程度的不同而有所差異，顧客接觸程度很高的時侯，提供服務的場所必盡量靠近顧客，提供服務的能量也要盡量符合尖峰時期的需求。例如，餐廳設置在人氣旺的地方，餐廳的大小必須考慮到尖峰時間的顧客數量；如果所從事的服務業是郵購中心，顯然顧客接觸層面就要低的多，在這種情況之下，對一個郵購中心的設置場所，就不一定要考慮在人煙稠密的地方，而且產能上的設計也比較可以考慮以平均產能來作為設計的依據。

　　雖然圖 1-4 中，分別列出製造業及服務業的特點，但事實上製造業及服務業並沒有一個明確的劃分，分佈在一個連續的帶狀上。例如，餐廳就是一個典型的服務業，郵購中心雖然是服務業但卻不像餐廳那樣典型。另外，即使是一個典型的製造業，例如汽車廠的顧客申訴部門或者是服務部，就有相當的服務業色彩。瞭解到製造業及服務業的基本差異，可以讓生產管理者在進行決策時，知道選擇可用工具，例如，對生產事業我們會考慮的是它的產能，服務業通常會用等待線分析的方式加以考慮。

1-5　生產力的衡量

　　生產與作業管理的目的是提高生產力。生產力（Productivity）衡量產出量（產品與服務）與投入量（人工、物料、能源及其他資源）之間的關係。生產力是指系統產出與投入的比值，生產力成長率（Productivity growth rate）較高則代表資源運用的改善速度較快。

　　生產力及生產力成長率公式如下：

$$生產力 = \frac{產出}{投入} \qquad （式 1\text{-}1）$$

$$生產力成長率 = \frac{本期生產力 - 前期生產力}{前期生產力} \qquad （式 1\text{-}2）$$

　　生產力 = 生產活動的成果（Output）÷ 提升生產成果所需要之各項資源的使用量（Input），生產力指標可以包括單一生產要素的偏生產力、以生產總值衡量產出的總要素生產以及衡量生產、作業系統績效之總生產力。

1. **偏生產力（Partial productivity）**：指單一生產、作業投入資源所能創造的產出值，由於投入資源有人力、材料、資本等，導出的偏生產力可分以下數種：

$$勞動生產力 = \frac{生產總值（或附加價值）}{勞動投入} \qquad （式 1\text{-}3）$$

$$資本生產力 = \frac{生產總值（或附加價值）}{資本投入} \qquad （式 1\text{-}4）$$

$$材料生產力 = \frac{生產總值（或附加價值）}{材料投入（包括直接材料與間接材料）} \qquad （式 1\text{-}5）$$

$$能源生產力 = \frac{生產總值（或附加價值）}{能源投入} \qquad （式 1\text{-}6）$$

$$行銷生產力 = \frac{營業額}{行銷投入} \qquad （式 1\text{-}7）$$

2. **總要素生產力（Total factor productivity）**：總投入相對於總產出之比率，分析各類生產資源運用效率之指標。總要素生產力之投入因素包含勞動、資本、能源、原材物料或企業服務五項。總要素生產力的公式可以下式表達：

$$總要素生產力 = \frac{生產總值（或附加價值）}{勞動投入 + 材料投入 + 資本投入 + 能源投入 + 其他投入} \qquad （式 1\text{-}8）$$

　　生產力的種類常因角度、角色、看法不同而有不同分類。較常見的有依投入資源、產出結果、企業系統、企業功能、管理功能、生產力層次、生產力型態或組織發展的觀念不同而分類。

例題 1-1

有三名員工每週處理 600 份保險單，他們每天工作 8 小時，每週工作 5 天，求其生產力為？

解答

$$勞動生產力 = \frac{表單數量}{員工投入工時} = \frac{600份}{(3名員工) \times (40小時 / 員工)} = 5 張 / 小時$$

例題 1-2

某團隊作業員生產 400 件產品，市場上以每件 10 美元的價格出售。會計部門報告說，這項工作的實際成本是人工 400 美元、材料 1,000 美元和間接費用 300 美元，則總要素生產力為多少？

解答

$$總要素生產力 = \frac{產出價值}{人工成本 + 材料成本 + 間接費用} = \frac{(400件) \times (10美元 / 單位)}{\$400 + \$1,000 + \$300}$$

$$= \frac{\$4,000}{\$1,700} = 2.35$$

例題 1-3

若一產品生產 7,040 單位，以 \$1.10/ 單位銷售，人工成本 \$1,000、原料成本 \$520、製造費用 \$2,000，則總生產力為多少？

解答

$$總生產力 = \frac{產出}{勞工 + 物料 + 製造費用} = \frac{7,040 \times \$1.10}{\$1,000 + \$520 + \$2,000} = 2.20$$

例題 1-4　★進階題型（偏難）

高島公司去年與今年度資料如下：

	去年度	今年度
產銷量	2,000 單位	2,400 單位
實際直接材料用量	4,000 件	5,000 件
每件直接材料成本	$10	$11
直接材料總成本	$40,000	$55,000
實際直接人工小時	1,000 小時	1,100 小時
每小時工資率	$20	$21
直接人工總成本	$20,000	$23,100
實際總本	$60,000	$78,100

試作：(1) 衡量各年度之局部生產力。(2) 衡量各年度之總生產力。

解答

(1) 局部生產力

年度 生產力	去年	今年
直接材料	2,000 ÷ (4,000 件 × $10) = 0.05	2,400 ÷ (5,000件 × $11) = 0.0437
直接人力	2,000 ÷ 20,000 = 0.1	2,400 ÷ 23,100 = 0.1039

(2) 總生產力

去年 = 2,000 ÷ $60,000 (40,000 + 20,000) ≒ 0.0333

今年 = 2,400 ÷ $78,100 (55,000 + 23,100) ≒ 0.0307

1-6　生產、作業策略

　　企業組織是有機體，組織強弱隨著外在環境改變受到影響，如果一個企業要能夠持續發展，則企業必須保持相當的競爭優勢，企業策略的制定便與競爭優勢息息相關。在企業策略與競爭優勢（圖 1-5）當中，明顯看出，企業策略的制定，必須考慮兩大因素：市場分析與社會經濟層面的外在環境考量。就市場分析而言，通常我們必須對市場進行區隔，鎖定企業所要服務的特定顧客群，在鎖定顧客群之後，我們必須要對這些顧客的需求加以分析，同時企業策略的制定最主要的便是要考慮企業的使命、目標，以及企業本身的特殊長處，在結合這些資訊之後，我們才能決定企業本身的競爭優勢。

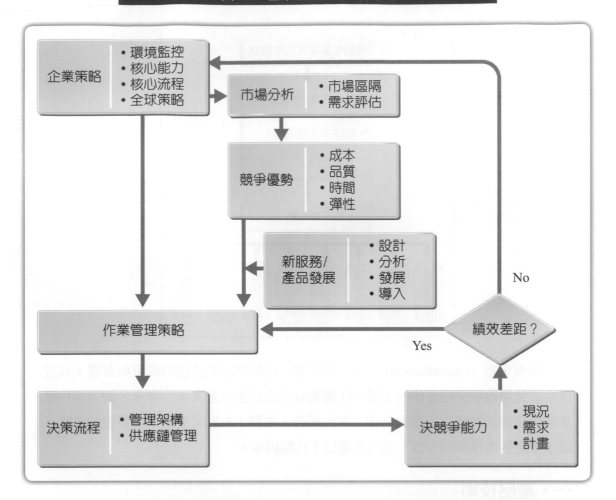

圖 1-5　企業策略與競爭優勢圖

　　就生產管理競爭優勢而言,通常會由成本、 品質、時間與彈性四個軸線來考慮。成本(更便宜)與品質(優質與可靠)是屬於較傳統的競爭條件,成本與品質掌握大多數企業產品或服務的競爭力;彈性(新產品上市的速度與持續創新)是第三個被加入競爭優勢軸線當中的考慮因素,當顧客越來越喜歡多元化產品時,彈性的重要性也就越來越高。時間是最後一個競爭軸線,由於產業競爭速度的加快,時間的考慮包含交貨時間的準確以及是否能迅速交貨,甚至是產品開發週期時間,也是時間競爭優勢的另一考量。

　　企業在考慮本身的優劣勢之後,根據上述四個競爭優勢的軸線,決定自己的競爭軸線優先順序。優先順序的制定非常重要,例如對麥當勞而言,它的競爭優勢可能就是時間第一,其次品質。如果是一個法國餐廳,則其強調的競爭優勢必然是先考慮彈性、品質,而不是成本,認識本身的競爭優勢並且排定優先順序,將這些策略落實在生產或服務層面,使自己的企業超越其他競爭者。

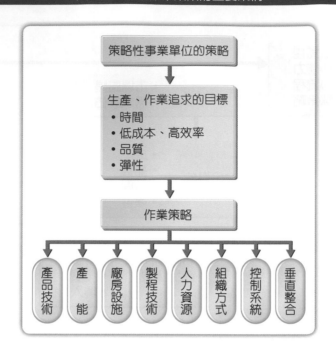

圖 1-6　生產作業策略的主要架構

作業策略（Operations strategy）對企業的資源擬定廣泛性的政策與計畫，以提供企業長期競爭策略最佳的支援。作業策略之設計應考慮未來的需求，面對客戶產品或服務需求的變化，提供最佳方案的組合，如圖 1-6 說明生產作業單位的策略，除了考量生產作業的目標，還需考量以下八點因素。

一、產品技術

產品的技術方面，包括主要功能（Primary function）與次要功能（Secondary function）。對決策者而言，可強調產品主要功能或次要功能，或者隨著市場需求型態的改變做適當比例的調整。

1. **主要功能**：產品的性能、可靠度、耐久性等，重點在於功能性或結構性的設計。

2. **次要功能**：特點（Features），特點不會增減其主要功能，但會影響產品在市場上的競爭力，例如產品的造型（Styling）、外觀設計、包裝設計等。

二、產能

就產能擴充的時機而言，如圖 1-7 所示，決策者有三種選擇或政策：

1. **永遠不會有缺貨的情形產生**：如圖 1-7 的政策 A，亦即當市場需求快要與產能平衡時（如圖中的 x_1、x_2、x_3 點），即擴充產能。

2. **根據預測來平衡產能**：如圖 1-7 的政策 B，亦即在擴充產能時，讓其超過需求而有存貨，在需求大於產能時，利用存貨應付市場的需求，長期而言使產能與需求達到平衡狀態。

3. **使產能利用率極大化**：如圖 1-7 的政策 C，亦即隨時保持供不應求的狀態，其存貨持有成本可降至最低，但可能有損失顧客的風險。

圖 1-7　不同的產能擴充選擇

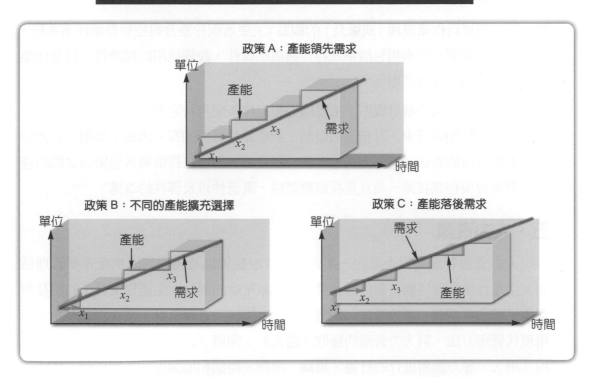

三、廠房設施

　　廠房設施乃針對企業之生產或服務系統的生產或轉換活動，從投入到產出的全部過程中，將人員、物料及所需之相關設備設施等，做最有效的組合與規劃，並與其他相關設施協調，以期獲致安全、效率與經濟的操作，滿足企業經營需求，同時更進一步能對企業長期的組織功能和發展產生更積極的影響和效益。

四、製程技術

1. 第一階層爲技術專家的觀點：

　　(1) 製造工程：機械加工、表面處理、化學變化等。

　　(2) 工業工程：人因工程，大都著眼於效率的提高、勞資關係、物料與資訊管理等。

2. **第二階層爲作業經理（或廠長）的觀點：**主要著眼於整合與控管整個作業系統。作業經理關心的事項包括系統特性與限制條件、設備使用的經濟性，以及作業系統面臨的作業問題等。

3. **第三階層爲最高階層觀點：**主要關心製程技術配合特定需求的程度，這些特定需求包括顧客需求、財務上的限制、新產品發展週期等。因此，高階主管對於製程技術的看法，應界定爲整合第一線員工、製程工程師與外包廠商之間的連繫流程與控制技術，並且是採取整體性、廣泛性以及彈性的改進。

五、人力資源

　　人力資源管理是指企業的一系列人力資源政策以及相對應的生產作業管理活動。生產作業管理活動主要包括企業人力資源策略的制定、生產作業員工的招募與選拔、培訓與開發、績效管理、薪酬管理、員工流動管理及員工關係管理。企業運用現代管理方法，對人力資源的獲取（選人）、開發（育人）、保持（留人）和利用（用人）等方面所進行的計畫、組織、指揮、控制和協調等一系列活動，最終達到實現企業發展目標的一種管理行爲。

六、組織方式

作業管理的組織方式，可分爲管理組織與現場作業組織兩種方式。

1. **管理組織**：爲了達成作業管理目的，設定如生管、採購或物料等部門。強調「技術拓荒者」可採矩陣式或專業式的組織，成本極小化則是功能式或直線的組織方式。

2. **現場作業組織**：爲了達成企業經營的目的，合理化執行作業管理活動及規定作業組織方式。

七、控制系統

控制系統，係指高階管理者對於生產、作業過程中，所牽涉有關進度、品質、物料、資訊、配銷等活動，所可能採取的不同控制系統，可以採取控管方式，亦可採取部門分權控制方式。

八、垂直整合

提高或降低公司對於其投入和產出分配控制水準的方法。例如統一食品製造廠往 7–11 連鎖超市發展。垂直整合有兩種類型，若是和生產過程的下一步進行合併稱爲向前整合（Forward integration），和生產過程的上一步進行的合併稱爲向後整合（Backward integration）。

1-7　智慧製造（Smart manufacturing）

一、智慧製造的定義

先進製造技術涉及到產品從市場調查研究、產品開發及工藝設計、生產準備、加工製造、售後服務等產品壽命週期的所有內容，目的是提高製造業的綜合經濟效益和社會效益，是工業應用技術的發展趨勢。

　　智慧製造技術強調電腦運算技術、訊息技術、傳輸感測技術、自動化技術、新材料技術和現代系統管理技術在產品設計、製造和生產組織管理、銷售及售後服務等方面的應用。

　　早期對智慧製造一詞並沒有明確的定義及範疇，但仍有部份演化及觀念的改進歷程作為參考。如圖 1-8 所示，在工業革命發展史中，從蒸氣機到電力應用，再轉換到電子化、自動化的應用時代，分別屬於工業革命 1.0、2.0 與 3.0 的里程碑與起始點。

圖 1-8　工業革命發展史

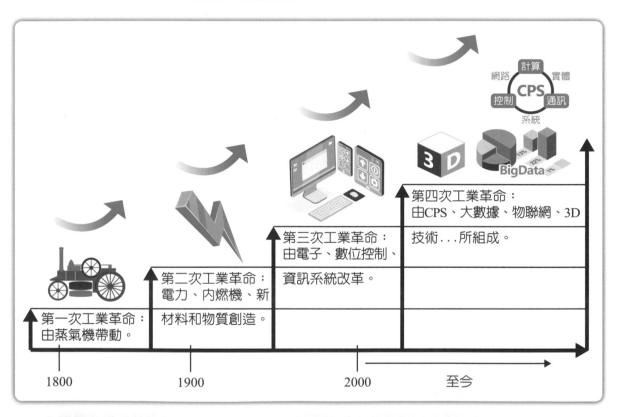

資料來源：兩岸經貿月刊，工業 4.0，2015 年 10 月，頁 12-15

它掌控生產過程的物流、金流和資訊流，是生產過程的系統工程。隨著全球市場競爭越來越激烈，先進製造技術要求具有世界頂尖技術水準，智慧製造的競爭已經從提高勞動生產率轉變為以時間、成本和品質為核心三要素的競爭，著眼於全球競爭的技術。先進製造技術的最新發展階段保持了過去製造技術的有效要素，同時吸收各種高科技與新技術的成果，整合到產品生產的所有領域及其全部過程，形成了一個完整的技術密集，與未來新技術領域接軌。本章工管小常識，智慧機械產業政策發展推動方向，說明國家發展委員會「創新趨勢下『5+2 產業』未來 10 年工作及技能需求分析」。

二、智慧製造與工業 4.0 範疇

智慧製造涵蓋的範圍非常廣泛，舉凡使用先進的，創新的或尖端的技術來改善產品和製程之技術皆在此列。包含萃智系統性創新、電腦輔助製造（CAM）、電腦整合製造（CIM）、雲端運算（Cloud computing）、快速成形技術（3D 列印）、機器人與智慧生產系統、工業物聯網（IoT）與自動化、精實生產技術、供應鏈整合、先進規劃排程系統等。從過去少樣大量、長生命週期的商品，開始轉變成多樣少量、短生命週期的商品。為因應此變化，企業電子化必須由傳統較單純的管理功能轉變成主動的預測、分析、監測、控制、調整生產供需等功能，以需求不斷變化的「彈性生產」概念化解成本與效率間之衝突。

臺灣產業多具有專業技術，且擁有零組件生產能力與水準，應協助其擺脫低價競爭並提高產品技術層次。除了將既有產品透過技術精進以提升其品質外，更應積極透過生產前的設計製造規劃、生產時的系統訊息整合等以大幅縮短生產時程。行政院自 2015 年開始力推「生產力 4.0 與商業 4.0 模式」，生產力 4.0 是政府與產業界預見未來全球市場趨勢，共同發起的產業再造運動，透過學術卓越轉化為在地產業價值，積極培育高級人才與高技能員工。以生產力 4.0 再造臺灣產業，奠定未來發展的契機。工業 4.0 推動的是一場「由效率驅動轉向創新驅動」的新產業革命，不只應用在工業與製造業，也可應用到農業、服務業與商業。

圖 1-9　生產力 4.0 產業推動 Roadmap 與智慧製造技術關聯性

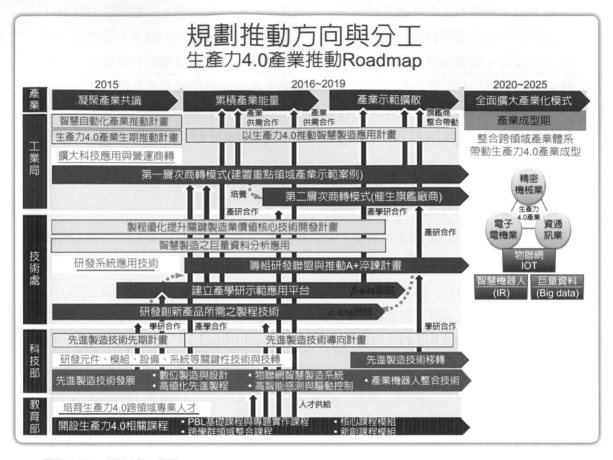

圖片來源：科技部工程司

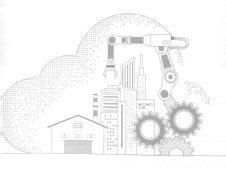

工管小常識

智慧機械產業政策發展推動方向

　　國家發展委員會（國發會）編著出版的「創新趨勢下『5＋2產業』未來10年工作及技能需求分析」中提到，針對智慧機械產業政策發展推動的方向依序為精密機械、智慧機械、智慧製造（如圖所示），以精密機械為出發點，搭配資通訊科技的應用，以物聯網、大數據分析等各項智慧技術加值運用在機械製造上，將精密機械業轉型為智慧機械產業，亟需先進製造技術 AMT 整合 IE 技術推動智慧生產線整合應用。

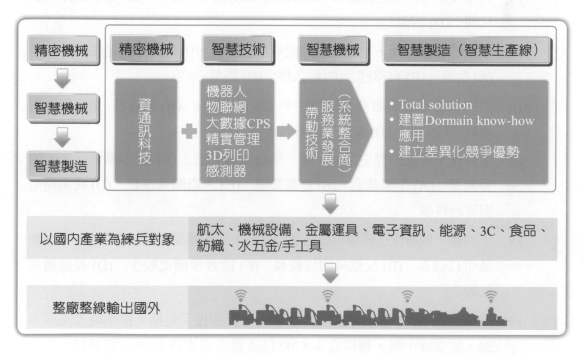

資料來源：經濟部智慧機械產業推動辦公室

一、選擇題

( ) 1. 下列何者不是汽車裝配工廠過程中投入之資源？ (A) 人工 (B) 焊接 (C) 機器人 (D) 裝配零件

( ) 2. 為了解客戶需求，進而影響企業長期的有效性，是否能符合顧客的需求，屬於下列何者？ (A) 策略性決策 (B) 企業成長決策 (C) 技術性決策 (D) 作業規劃與控制決策

( ) 3. 臺灣許多糕餅業的生產方式以下列何者為主？ (A) 零工生產 (B) 大量生產 (C) 專案生產 (D) 批量或間斷式生產

( ) 4. 製程技術可分成幾個層次（Levels）加以界定？ (A) 一個 (B) 二個 (C) 三個 (D) 四個

( ) 5. 產品的技術方面，包括主要功能與次要功能，下列何者不是主要功能？ (A) 性能 (B) 可靠度 (C) 耐久性 (D) 造型

( ) 6. 下列何者不屬於服務業的特性？ (A) 無形的 (B) 異質性 (C) 生產與消費同時發生 (D) 偏重有形的服務

( ) 7. 生產作業管理的歷史回顧，哪一階段強調著重工作設計中關於「人」的要素？ (A) 工業革命 (B) 科學管理 (C) 人際關係運動 (D) 決策模型與管理科學

( ) 8. 下列哪一個屬性比較屬於服務業的性質，而不是製造業的性質？ (A) 產品可以儲存 (B) 反應時間比較長 (C) 顧客接觸比較少 (D) 設施通常比較小

( ) 9. 流程產出 5,000 單位，單位效益為 $6，資源投入包括，每小時人工成本 $6，需 200 小時，物料成本 $700 以及製造成本為 $300，則勞動生產力（Labor productivity）為多少？ (A) 20 (B) 25 (C) 30 (D) 40

( ) 10. 某公司生產的自行車，每天生產 750 台，每台價值 250 元，投入生產這些自行車的有工人、材料、機械費用，該公司支付員工每日共 7,500 元，材料費每台 75 元，機械成本每天 2,500 元，試問根據這些資料公司一天生產力為多少？ (A) 1.875 (B) 0.353 (C) 3.333 (D) 2.830

( ) 11. 某家具公司一天可以生產 50 張椅子，經常性開支一天 10,000 元，若每張椅子售價 4,000 元，物料 80 元，人工費用 120 元，試問根據這些資料公司一天生產力為多少？ (A) 20 (B) 15 (C) 10 (D) 5

( ) 12. 當所生產的產品種類屬於大型飛機裝配與造船等，採用何種生產最為理想？ (A) Job shop (B) Project (C) Batch process (D) Mass production

( ) 13. 以下何者對製造與服務作業之差異的敘述是錯誤的？ (A) 服務業的產出是無形的 (B) 製造業與顧客接觸較少 (C) 服務業的產出一制性高 (D) 製造業的生產力衡量較容易

( ) 14. 與服務業比較，以下哪項陳述更符合製造業的一般特徵？ (A) 短期需求往往是高度可變的 (B) 運營更加資本密集 (C) 產出更無形 (D) 品質更難衡量

( ) 15. 比較服務業與製造業的特徵，下列何者不正確？ (A) 服務業的產品型態通常是無形的 (B) 服務業比製造業難以進行績效評估 (C) 服務業比製造業容易保有庫存 (D) 服務業比製造業容易與顧客直接互動

( ) 16. 以下哪一項是核心能力的例子？ (A) 設施 (B) 高品質 (C) 低成本運營 (D) 準時交貨

( ) 17. 在家具廠的裝配操作中，六名員工平均每週 5 天裝配 450 把定制椅子，這個操作的勞動生產力是多少？ (A) 每名員工每天 90 把椅子 (B) 每名員工每天 20 把椅子 (C) 每名員工每天 15 把椅子 (D) 每名員工每天 75 把椅子

( ) 21. 下列何者正確？ (A) 生產力 = 產出 + 投入 (B) 生產力 = 投入 / 產出 (C) 生產力 = 產出 / 投入 (D) 生產力 = 產出 × 投入

( ) 22. 若上週使用 8 位人工產出 4,800 個陶杯，本週使用 6 位人工產出 3,000 個陶杯，請問生產率變動為多少？ (A) 20% (B) −20% (C) 17% (D) −17%

( ) 23. 已知某公司的生產作業活動投入資金 $10,000、勞工成本 $2,500、物料成本 $8/ 件、能源成本 $500、作業費用 $1,500，且最後產出 3,000 件的產品，每件可賣 $16，此生產作業活動之總生產力約為 (A) 1.247 (B) 1.825 (C) 2.125 (D) 3.258

二、填充題

1. 生產作業管理系統係指作業要素的投入經由轉換，到最後產出作業成果的整個過程，包含五大部分：投入（Input）、＿＿＿＿＿＿＿＿＿＿＿＿、產出（Output）、管制（Control）及＿＿＿＿＿＿＿＿。

2. 企業五管包括產＿＿＿＿＿＿＿＿＿、銷（行銷管理）、人（人力資源管理）、發＿＿＿＿＿＿＿＿、財（財務管理）等功能

3. 作業管理功能的管理決策可以分為三類：策略性決策（長期）、技術性決策（中期）、＿＿＿＿＿＿＿＿＿＿（短期）。

4. 作業管理的演進包含：

   (1) 工業革命（The industrial revolution）；

   (2) 科學管理（Scientific management）；

   (3)＿＿＿＿＿＿＿＿＿＿＿＿＿＿＿＿＿＿＿＿；

   (4) 決策模型與管理科學（Decision models and management science）；

   (5)＿＿＿＿＿＿＿＿＿＿＿＿＿＿＿＿＿＿。

5. 服務業所提供的產品包括有形的實體產品（Physical product）與＿＿＿＿＿＿＿＿
   ＿＿＿＿＿＿＿＿＿＿＿＿＿＿。

6. 生產力是指系統產出與＿＿＿＿＿＿的比值。

7. 就生產管理競爭優勢而言，通常會由成本、品質、＿＿＿＿＿＿與＿＿＿＿＿＿四個軸線來考慮。

8. 產品的技術方面，包括＿＿＿＿＿＿＿＿＿＿＿＿＿與次要功能（Secondary function）。

9. 服務業較重視後者的無形服務，其與傳統製造業相比，有下列較為獨特的性質：
   服務是＿＿＿＿＿＿＿＿＿，因此不易衡量其品質。

   服務的產生常有＿＿＿＿＿＿＿＿＿＿，換言之，即使是同一服務員，所提供的品質亦可能有所不同。

三、 簡答題

1. 簡要說明製程技術，至少應包含哪三個層次加以界定？

2. 簡要說明在作業功能內，作業管理功能內的管理決策可以分為哪三類？

3. 簡要說明服務業與製造業的差異。

4. 割草服務公司投入割草機油料 5 公升，每公升油料為 $25 元；割草工人 2 位，每位投入 4 小時，每小時工資為 $250 元，總共完成 1,600 平方公尺的草坪。請計算割草服務公司的多項因素生產力。

5. 何謂生產與作業管理？

6. 簡述作業管理的演進。

7. 簡述主要功能與次要功能。

8. 簡述單一廠房政策與多重廠房政策。

關鍵字彙

1. 投入（Input）
2. 轉換（Transformation）
3. 產出（Output）
4. 生產力（Productivity）
5. 作業策略（Operations strategy）
6. 製程技術（Process Technology）

NOTE

Chapter

02 預測

學習目標

1. 說明預測在不同領域之運用
2. 概述預測過程中的步驟
3. 描述預測技術的分類，並說明各方法適用的時機
4. 比較並對照定性預測法與定量預測法
5. 簡短描述定量預測法及解答典型基本問題
6. 描述評估與控制的預測方法
7. 解答偏差、平均絕對誤差、均方誤差之基本問題

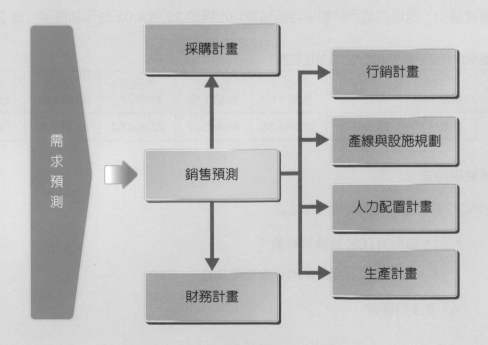

管理個案新知

掌握需求預測，比較預測模型選取的標準

以某車用電子零組件協力廠商 A 公司為例，探討該個案公司的存貨管理政策。資料觀察期間以 2019 年 1 ～ 12 月為預測模型，資料數據如表 2-1。

表 2-1　2019 年各期預測模型數據資料

01	02	03	04	05	06	07	08	09	10	11	12
1,248	816	1,053	1,045	888	576	939	600	792	792	720	960

以移動平均法、加權移動平均法及指數平滑法等統計方法進行預測模擬，以均方誤差（MSE）比較其預測的效果，以 2020 年 1 ～ 3 月資料數據做預測效果的驗證評估，進行比較。

一、移動平均法

以二個月移動平均、三個月移動平均、四個月移動平均到八個月移動平均為預測模型（附錄 A），計算結果以八個月移動平均的均方誤差 13,459.29 最低，預測效果最佳，因考量八個月的模型數據過少，改以六個月移動平均的預測均方誤差 22,904.02 為預測模型（表 2-2）。

表 2-2　移動平均各預測模型預測均方誤差比較表

預測模型	二個月 移動平均	三個月 移動平均	四個月 移動平均	五個月 移動平均	六個月 移動平均	七個月 移動平均	八個月 移動平均
MSE	31,524.00	30,942.70	37,363.55	45,845.77	22,904.02	33,474.24	13,459.29

二、加權移動平均法

計算式：$F_{t+1} = x_1 w_1 + x_2 w_2 + \dots + x_t w_t$

F_{t+1}：當月 HTGK 銷售預測量

x_t：1 ～ 12 月的 HTGK–1RX 產品預測量

w_t：前 t 月權數

年度每月銷售台數，以前二個月、前三個月、前四個月、前五個月、前六個月及前七個月的加權移動平均為預測模型，以 1、2、3、4 等整數，每期差距為 1 且期數越近權數愈大的比重，給予不同的權數。計算結果以前六個月加權移動平均的預測均方誤差 20,428.05 最佳，所以選擇前六個月加權移動平均做為該統計方法的預測模型，見表 2-3。

表 2-3　加權移動平均各預測模型預測均方誤差比較表

月份	前二個月加權移動平均	前三個月加權移動平均	前四個月加權移動平均	前五個月加權移動平均	前六個月加權移動平均	前七個月加權移動平均
MSE	34,870.42	33,114.90	36,428.81	40,689.41	20,428.05	25,213.87

三、指數平滑法

本研究採用一階段指數平滑法 $F_{t+1} = \alpha Y_t + (1 - \alpha)F_t$，比較 α 平滑指數為 0.1、0.15、0.2 的預測值，計算各指數的預測值及預測平方誤差，選擇最佳的預測模型，其中以 $\alpha = 0.2$ 的預測均方誤差 53,692.95 為最佳，如表 2-4。

表 2-4　加指數平滑各預測模型預測均方誤差比較表

α 值	$\alpha = 0.1$ 預測誤差平方	$\alpha = 0.15$ 預測誤差平方	A = 0.2 預測誤差平方
MSE	58,557.70	55,980.18	53,692.95

比較上述預測誤差均方誤差 MSE，其結果以加權移動平均的預測均方誤差 22,904.02 為最小，預測準確度最好，最差為指數平滑法 53,692.95。

表 2-5　各預測方法均方誤差比較表

統計方法	六個月移動平均	前六個月加權移動平均	指數平滑法
01~12 預測均方誤差 MSE	22,904.02	20,428.05	53,692.95

2-1　預測（Forecasting）與生產決策之關係

　　預測爲任何生產活動計畫的開始，預測可依涵蓋的時間長度分爲長程、中程與短程預測。預測的功能有兩種，包括幫助管理者規劃系統以及協助管理者規劃系統之使用。合理而可靠的預測資料可以使生產設備做有效的產能規劃，以減少生產成本。預測是重大管理決策與長期規劃的基礎，在不同領域之運用如下：

1.　**財務及會計領域**：預算規劃、成本控制。

2.　**行銷企劃領域**：產品企劃、獎賞銷售人員及做其他的重要決策。

3.　**生產管理的領域**：製程選擇、產能規劃、設備配置、排程及庫存量之決策。

　　銷售預測和生產決策間的關係整理如表 2-6，表中列出和銷售預測有關的生產決策外，考量因素包括預測時間幅度、所需之精確度、產品數目及運用者職級等。

表 2-6　銷售預測和生產決策之關係

生產決策	時間幅度	所需之正確性	產品數目	運用者之職級
製程設計	長	中度	單一或少數	高階
產能、設備規劃	長	中度	單一或少數	高階
整體規劃	中	高度	少數	中階
排程	短	最高	許多	基層
存貨管理	短	最高	許多	基層

　　從中長期之企業長期總產能，銷售與作業規劃與需求管理，以競爭策略爲基礎。一般中期規劃僅針對產品群或終端產品、重要組件進行規劃，以銷售預測爲基礎。短期生產排程，各別產品的生產排程，以訂單爲基礎，時間單位也可能短至秒。

　　如圖 2-1，銷售預測來自於對市場預測以及各項產品之需求掌握，再配合企業的生產規劃。生產規劃包含短、中、長期的考量，配合生產控制，最後的產出則需考量品質（Quality）、成本（Cost）與交期（Delivery）等。

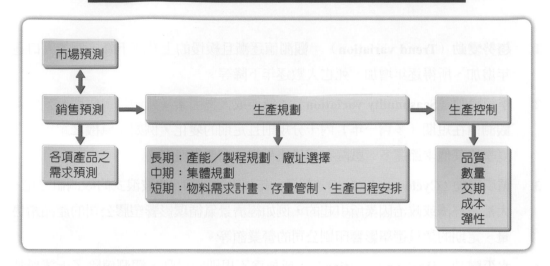

圖 2-1　銷售預測與生產規劃之關係

2-2　預測的一般考慮及步驟

從事預測時，通常先考慮下列事項：

1. 所欲預測的產品項目（單一或一群產品）。
2. 運用何種預測技術。
3. 何種途徑（由上而下或由下而上）。
4. 衡量單位（重量、貨幣等）。
5. 時間間隔（週、月或季）。
6. 預測時間幅度（時間間隔）。
7. 預測之正確度。
8. 參數的修正。
9. 例外報告及特別情況。
10. 預測元素（趨勢、季節、循環、水平變動等）。

觀測值之變化主要受到趨勢變動、季節變動、循環變動、水平變動四種現象之影響。

1.　**趨勢變動**（**Trend variation**）：觀測值逐漸且緩慢的上升或下降，例如人口逐年增加、所得逐年增加、死亡人數逐年下降等。

2.　**季節變動**（**Seasonality variation**）：氣侯或人為因素（如假日、假期），使得觀測值在短期（多為一年）內十分規則且定期的變化，例如冷氣機之銷售量在夏季比其他季節還多、戲院在假日比平常日還要賣座等。

3.　**循環變動**（**Cycles varitation**）：超過一年以上的循環，像波浪式的觀測值變化。大都是經濟或政治因素所引起的，例如經濟景氣循環影響塑膠公司的產品銷售量、定期的議員選舉影響印刷公司的營業額等。

4.　**水平變動**（**Horizon variation**）：或稱為不規則的變動，觀測值除了上述變動因素以外的其他變動影響因素，歸於水平隨機變動。

圖 2-2　預測觀測值之分類

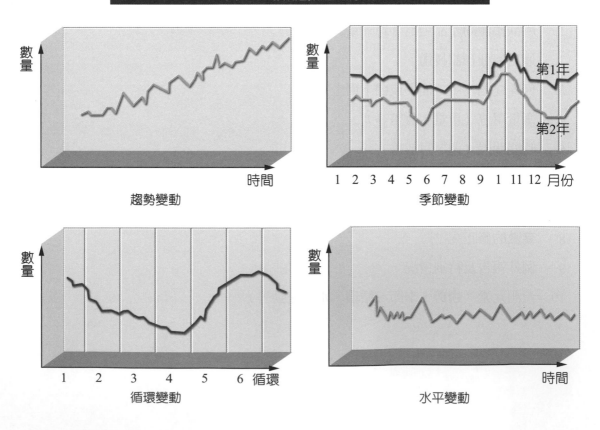

　　對於生產規劃而言，一個好的銷售預測應能符合下列幾個條件：1. 預測需以實體單位（Physical unit）表示；2. 針對產品線（Product line）中的每一個別產品（Individual product item）進行預測；3. 能顯示出需求變動（Fluctuating demand）的情況；4. 預測時應考慮各種行動所需的前置時間（Lead time）。除了以上必要條件外，在預測的程序上，通常可包括五個步驟：

1.　決定預測的目的及預測的時間：決定預測所需的精確度及投入資源的水準。

2.　確定預測所需涵蓋的時間幅度：預測時間幅度愈長，其正確性即減低，因此時間幅度一定要適宜。

3.　選擇預測技術。

4.　蒐集、分析資料，並準備預測。

5.　預測的的評估與控制：評估預測結果的品質，若結果不滿意，則逐步檢討所運用的技術、採用的假設、資料的正確性等，找出問題加以修正並重新預測。

2-3　預測的評估與控制

　　當預測模式建立後，應進一步檢驗預測的效果，瞭解預測模式是否可靠；若結果令人滿意則上一預測模式即可使用，否則應加以修正。此一工作應持續不斷的進行，每隔一段時間，預測者應分析預測值與實際值的差異，確保預測模式的品質。

　　預測誤差（Forecast error）是指實際值與預測值之間的差額，預測誤差的計算有助於選擇預測方法及評價預測結果的好壞。

$$e_i = D_i - F_i \qquad\qquad （式 2\text{-}1）$$

　　其中，D_i 為第 i 期的實際值

　　　　　F_i 為第 i 期的預測值

常用的指標公式說明如下：

1.　累計預測誤差值（**Cumulative forecast error, CFE**）：累積預測誤差值。

$$\text{CFE} = \sum e_i \qquad\qquad （式 2\text{-}2）$$

2.　偏差（**Bias**）：實際值與預測值差異的平均值。由於誤差本身有正負號，因此，偏差值計算後會有低估誤差的可能。當偏差為正號時，代表預測值偏低；反之，當偏差為負號時，代表預測值偏高。

$$\overline{E} = \frac{\text{CFE}}{n} \qquad\qquad （式 2\text{-}3）$$

3.　平均絕對誤差（**Mean Absolute Deviation, MAD**）：將正負的誤差值均化成代表誤差距離的正值。

$$\text{MAD} = \frac{\sum |e_i|}{n} \qquad\qquad （式 2\text{-}4）$$

4.　均方誤差（**Mean Square Error, MSE**）：將正負的誤差值均化成代表誤差距離的正值，除了前面所述的加上絕對值外，將誤差加以平方也是一個方法。

$$\text{MSE} = \frac{\sum e_i^2}{n-1} \qquad\qquad （式 2\text{-}5）$$

5.　標準差

$$\sigma = \sqrt{\frac{\sum (e_i - \overline{E})^2}{n-1}} \qquad\qquad （式 2\text{-}6）$$

6.　平均絕對百分比誤差

$$\text{MAPE} = \frac{(\sum |e_i| / D_t)(100)}{n} \qquad\qquad （式 2\text{-}7）$$

例題 2-1　　★進階題型（偏難）

已知下列資料，試計算 CFE、BIAS、MAD 與 MSE。

期間	實際值（A）	預測值（F）	誤差（$e_i = A - F$）	$\lvert e_i \rvert$	e_i^2
1	217	215	2	2	4
2	213	216	-3	3	9
3	216	215	1	1	1
4	210	214	-4	4	16
5	213	211	2	2	4
6	219	214	5	5	25
7	216	217	-1	1	1
8	212	216	-4	4	16
Σ			-2	22	76

解答

1. $\text{CFE} = \Sigma\, e_i = -2$

2. $\text{Bias} = \dfrac{CFE}{n\,\text{期}} = \dfrac{-2}{8} = -0.25$

3. $\text{MAD} = \dfrac{22}{8} = 2.75$

4. $\text{MSE} = \dfrac{76}{8-1} = 10.86$

例題 2-2　　★進階題型（偏難）

下表顯示某家具製造商軟墊椅子的實際銷售額以及過去八個月中每個月的預測。試計算軟墊椅子累計預測誤差值、平均預測誤差、均方誤差、標準差、平均絕對誤差及平均絕對百分比誤差。

月	需求 D_t	預測 F_t	誤差 e_i	誤差^2 e_i^2	誤差絕對值 $|e_i|$	絕對誤差（%） $(|e_i|/D_t)(100)$
1	100	225	−25			
2	240	220	20			
3	300	285	15			
4	270	290	−20			
5	230	250	−20	400	20	8.7
6	260	240	20	400	20	7.7
7	210	250	−40	1,600	40	19.0
8	275	240	35	1,225	35	12.7
總計			−15	5,275	195	81.3

解答

月	需求 D_t	預測 F_t	誤差 e_i	誤差^2 e_i^2	誤差絕對值 $|e_i|$	絕對%誤差（%） $(|e_i|/D_t)(100)$
1	100	225	−25	625	25	12.5
2	240	220	20	400	20	8.3
3	300	285	15	225	15	5.0
4	270	290	−20	400	20	7.4
5	230	250	−20	400	20	8.7
6	260	240	20	400	20	7.7
7	210	250	−40	1,600	40	19.0
8	275	240	35	1,225	35	12.7
總計			−15	5,275	195	81.3

累計預測誤差值（平均偏差）：$CFE = -15$

平均預測誤差（偏差）：$\overline{E} = \dfrac{CFE}{n} = \dfrac{15}{8} = -1.875$

均方誤差：$MSE = \dfrac{\sum e_i^2}{n-1} = \dfrac{5,275}{8-1} = 753.6$

標準差：$\sigma = \sqrt{\dfrac{\sum (e_i - \overline{E})^2}{n-1}} = 27.4$

平均絕對誤差：$MAD = \dfrac{\sum |e_i|}{n} = \dfrac{195}{8} = 24.4$

平均絕對百分比誤差：$MAPE = \dfrac{(\sum |e_i| / D_t)(100)}{n} = \dfrac{81.3\%}{8} = 10.2\%$

2-4　預測技術的分類

　　一般預測方法可分為主觀（定性）方法與客觀（定量）方法。定性方法通常依據事務的特徵或特性，或根據個人意見以及未來市場變化作一主觀預測；定量方法則是經由數量方法，時間數列乃是以固定時間間隔（每小時、每週、每月、每季、每年）為基礎之時間順序的觀察值，將資料間的關係分析出來作為預測的依據。

圖 2-3　預測技術的分類

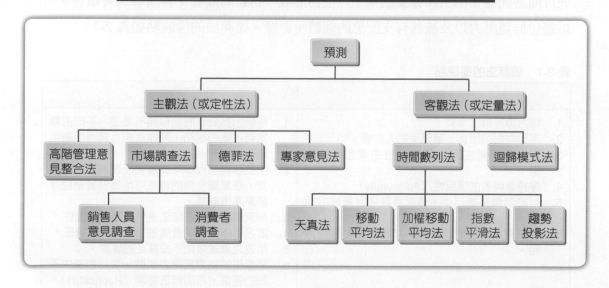

2-4-1　主觀（定性）預測法

定性的預測方法多半取決於預測者主觀的意見或判斷，或建立於共識之形成。一般說來，當預測時間較長或資料不完全時，較常使用定性預測法。

一、專家意見法

某些領域的認識與了解非常深入的人或群體。專家意見法的優點是預測成本低、方便快速等；最大的缺點仍在於主觀，而且預測結果常隨著專家個人的週遭環境變化，而產生較大的起伏，因此其預測結果的穩定性較差。

專家意見法中，高階的陳述或意見可能會比低層人員更受重視，有些時候，低層人員會感受到威脅而不願貢獻其實質的理念。

二、德菲法（Delphi method）

德菲法的進行，第一個步驟需由一小群的專家組成德非委員會（Delphi committee）來設計整個研究的進行。

1. 挑選參與的專家，在不同領域中具備專業知識的人。
2. 經由問卷獲取參與者預測值，以及對於預測值的前提或限制條件等。
3. 綜合結果再整理成合適的新問題發給參與者。
4. 再次歸納、修正預測值和情境，並整理成新的問題。

德菲法是對參與研究的個人採匿名的方式進行，每個人有相同的比重。參與者先行回答問卷，由主席蒐集結果，然後再形成一份新的問卷，再請參與者填答，可以避免群體壓力以及被具有支配慾的個體所影響。德菲法的優缺點如表 2-7。

表 2-7　德菲法的優缺點

優點	缺點
1. 綜合專家群的意見。 2. 不用面對面開會，避免受他人影響。 3. 可以避免產生居於優勢一方主宰全局的效果。 4. 保持參與者的隱密性（Anonymity）。 5. 可控制調整進行中，專家意見統計彙總的回饋。 6. 對於創造性的問題如高科技的影響，特別適用。	1. 可能因為問卷問題模糊不清礎，不同的專家有不同的認知，因無法相互溝通而產生錯誤的反應。 2. 由於參與過程中可能需要反覆問問題好幾次，在其間參與的專家可能會有變動使得結果產生偏差。 3. 研究顯示德菲法無法達到高度的精確性。 4. 匿名可能使參與者隨意回答而不負責任。 5. 所選之專家可能不是真正的專家。 6. 所產生的結果若再重新做一次可能產生不同的答案，亦即無法複製（Replicate）。

三、市場調查法

市場調查法大多使用問卷、電話或人員訪問來獲得有意義的意見及對問題的判斷（最主要來自於消費者或顧客的意見）來做預測，通常多用於新產品發展的預測，若配合統計分析方法亦可用來檢定假設（Hypotheses）及消費者行為。

市場調查法有助於對市場狀況、消費者行為、行銷通路等的了解，作為生產決策的基礎，且可蒐集到第一手資料。但是此法需要較高的人力成本、郵寄費用及面對低問卷回收率的窘境。

（一）銷售人員意見調查

各地區之銷售人員負責該地區的銷售預測，然後各地區的預測值加總之後，就成為整體的銷售預測。

（二）消費者調查

直接訪問消費者未來欲購買的數量，然後加總數量以形成銷售預測，此種方式適合顧客不多的工業品需求預測。

四、高階管理意見整合法

徵詢一群高階層管理者對某特定對象的意見。組織內來自不同部門形成委員會，負責擬定銷售預測，再根據各個預測採折衷方案。優點是能運用專業的知識與經驗，缺點是某一人的意見會支配其他人的意見。

2-4-2　客觀（定量）預測法

一、時間數列法

時間數列中之觀測值受到趨勢（T）、季節（S）、循環（C）及隨機變動（R）之影響（不規則變動需除掉），因此如果預測事項確定有上述因素時，則必須將其考慮在內做某種修正（就如同前述指數平滑法對趨勢的修正）。對於任一時間數列中之觀測值，均可以區分為上述四類影響因素，故每一實際資料（Y）分解成：

加法模式：$Y = T + S + C + R$

乘法模式：$Y = T \times S \times C \times R$

乘法模式中的實際值包括 T × S × C × R，其中 T 通常以實際單位（Unit）來衡量，而 S、C 及 R 則以相對的方式來衡量。假如這些變數的值均大於 1，則表示季節變動高於平均水準、循環變動效果高於趨勢及隨機變動效果高於前三者之和。例如，利用迴歸分析得一趨勢線之預測值為 540 個單位，若其季節變動、循環變動、及隨機變動之值各為 1.1、0.85 及 1.02，則其修正後之預測值為 540 × 1.1 × 0.85 × 1.02 = 515 單位。

（一）天真預測法（Naive）

天真預測法是時間數列最簡單的方法，上一個時期的觀測值是本期的預測值。例如，10 月份需求量為 410 個單位，則預測 11 月的需求量也是 410 個單位，如果有季節變化則可以用上一年 11 月的需求量來預測本年 11 月的需求量。上期預測法也可延伸至趨勢變動的情況。

（二）移動平均法（Moving average）

在時間序列上近 n 個資料的平均值為下一個期間的預測值。移動平均的計算式如下：

$$移動平均 = \frac{\Sigma(最近的\ n\ 個資料)}{n} \qquad （式\ 2\text{-}8）$$

例題 2-3

某一汽油供應商銷售汽油 12 週的銷售資料如下表，試以 3 週移動平均法預測，並計算其預測誤差與平方值。

週	1	2	3	4	5	6	7	8	9	10	11	12
銷售量 （1,000 加侖）	17	21	19	23	18	16	20	18	22	20	15	22

解答

先選定移動平均時間序列之期間數目，本例以 3 週計算移動平均，第 1 個 3 週的移動平均如下：

$$移動平均（1 至 3 週）＝ \frac{17+21+19}{3} = 19$$

第 2 個 3 週的移動平均如下：

$$移動平均（2 至 4 週）＝ \frac{21+19+23}{3} = 21$$

所以第 5 週的預測值是 21，而第 5 週的實際值是 18，預測誤差為 18 − 21 ＝ −3。預測誤差可正可負，要看預測值是太低或太高而定，該汽油銷售時間序列的完整 3 週移動平均，如下表計算。

週	銷售量	移動平均預測值	預測誤差	預測誤差平方值
1	17			
2	21			
3	19			
4	23	19	4	16
5	18	21	−3	9
6	16	20	−4	16
7	20	19	1	1
8	18	18	0	0
9	22	18	4	16
10	20	20	0	0
11	15	20	−5	25
12	22	19	3	9
總計			0	92

（三）加權移動平均法（Weighted moving average method）

計算最近 n 值的平均值，越近的觀察值給予較大權數，越遠的觀察值權數較小，n 期權數和為 1。

例題 2-4

根據下表,設第 3 週觀察值權數是第 1 週的 3 倍,第 2 週觀察值權數是第 1 週的 2 倍,試求第 4 週預測值。

週	時間序例
1	17
2	21
3	19

解答

第 4 週加權移動平均預測 $= \dfrac{3}{6} \times 19 + \dfrac{2}{6} \times 21 + \dfrac{1}{6} \times 17 = 19.33$

(四)指數平滑法(Exponential smoothing)

指數平滑法亦是一種常用的預測方法,該名稱的由來是因為各期已知資料的權數呈現指數的型態,而且近期的權數較大,故廣義而言此法亦是一種加權平均法,其方法如下:

$$F_{t+1} = \alpha D_t + (1 - \alpha) F_t \qquad\qquad (式 2\text{-}9)$$

其中,$F_{t+1} =$ 時間序列在 $t + 1$ 期間的預測值

$D_t =$ 時間序列在 t 期間的實際值

$F_t =$ 時間序列在 t 期間的預測值

$\alpha =$ 平滑常數($0 \leq \alpha \leq 1$)

指數平滑法很簡單而且需要預測值,只要知道 D_t 及 F_t,即使的歷史資料較少,一旦選定平滑常數 α,即可預測 $t + 1$ 期間預測值。

例題 2-5

承例題 2-3，在汽油銷售例子中，以指數平滑法預測第 2 週及第 12 週的 F_t，並計算其預測誤差與 $F_t = 13$ 的預測值 ， α 值 = 0.2。

[解答]

設 $\alpha = 0.2$，已知 $Y_1 = 17$，所以 $F_2 = 17$

$F_3 = 0.2D_2 + 0.8F_2 = 0.2 \times (21) + 0.8 \times (17) = 17.8$

$F_4 = 0.2D_3 + 0.8F_3 = 0.2 \times (19) + 0.8 \times (17.8) = 18.04$

以此類推得下表：

平滑常數 $\alpha = 0.2$ 的指數平滑法預測結果

週（t）	時間序列（D_t）	指數平滑預測（F_t）	預測誤差（$D_t - F_t$）
1	17		
2	21	17.00	4.00
3	19	17.80	1.20
4	23	18.04	4.96
5	18	19.03	-1.03
6	16	18.83	-2.83
7	20	18.26	1.74
8	18	18.61	-0.61
9	22	18.49	3.51
10	20	19.19	0.81
11	15	19.35	-4.35
12	22	18.48	3.52

因此可利用指數平滑模式先行預測，例如在第 13 週實際值尚未出來之前，第 13 週預測值爲：

$F_{13} = 0.2D_{12} + 0.8F_{12} = 0.2 \times (22) + 0.8 \times (18.48) \fallingdotseq 19.18$

二、迴歸分析法（Regression analysis）

迴歸分析係利用變數與變數之間的相關性來建立彼此之間的數學函數關係，然後再藉由此函數關係來做變數的預測。在迴歸分析模式中對於要預測的變數稱為依變數（Dpendent variable）（例如銷售量），用來預測的變數則稱為自變數（Independent variable）（例如廣告金額），如果自變數只有一種（例如出生率）則稱為簡單迴歸（Simple regression），若是二種以上（例如個人所得、公司廣告金額）則稱為多元迴歸（Mulitiple regression）。

若以時間（t）為自變數，銷售量（Y）為應變數，由此所建立的時間數列迴歸模式如下：

$$F_t = a + bt \qquad\qquad （式 2\text{-}10）$$

其中，$F_t = t$ 期之銷售預測量

$\qquad a =$ 直線截距（當 $t = 0$ 之 Y 值）

$\qquad t =$ 時間（$t = 1, 2, \cdots\cdots$）

$\qquad b =$ 直線斜率

繪於圖上稱之為迴歸線，其與實際值之間如圖 2-4 所示：

圖 2-4　簡單直線迴歸模式圖示

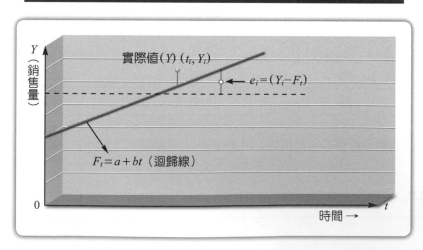

簡單直線迴歸分析即是想利用 Y（銷售量）與 t（時間）之相關性建立迴歸線，以預測隨著時間的變動銷售量應為何。為了使估計值（Y_t）較準確，一般使用最小

平方法（Method of least squares）來求迴歸線。決定迴歸線位置的是 a 與 b，故只要決定 a、b 即可，而 a、b 之值如下：

$$a = \frac{\sum Y - b \sum t}{n} \qquad \text{（式 2-11）}$$

$$b = \frac{n \sum tY - (\sum t)(\sum Y)}{n \sum t^2 - (\sum t)^2} \qquad \text{（式 2-12）}$$

其原理是希望預測值（F_t）與實際值（Y）之間的差距越小越好（較精確），但差距有正有負，故將其各別差距之值先平方後再加總求其值最小之 a 與 b 即得。

例題 2-6　★進階題型（偏難）

已知某除草機公司年度銷售額 14 年之資料如下，試以最小平方法來預測其第 15 年之銷售額。

年	1	2	3	4	5	6	7	8	9	10	11	12	13	14
銷售額（百萬元）	32	28	30	34	30	43	36	42	42	55	47	56	54	57

解答

t	y	$t \times y$	t^2
1	32	32	1
2	28	56	4
3	30	90	9
4	34	136	16
5	30	150	25
6	43	258	36
7	36	252	49
8	42	336	64
9	42	378	81
10	55	550	100
11	47	517	121
12	56	672	144
13	54	702	169
14	57	798	196
Σ（105）	586	4,927	1,015

$$b = \frac{n\Sigma tY - (\Sigma t)(\Sigma Y)}{n\Sigma t^2 - (\Sigma t)^2} = \frac{14 \times 4927 - 105 \times 586}{14 \times 1015 - 105^2} = 2.338$$

$$a = \frac{\Sigma Y - b\Sigma t}{n} = \frac{586 - 2.338 \times 105}{14} = 24.32$$

$$F_t = 24.32 + 2.338 \times t$$

$$F_{15} = 24.32 + 2.338 \times 15 = 59.39$$

工管小常識

生產計劃模型─產銷管理體系如何解決現場出貨問題

產業體制已走向客製化（Customization）現象，業務接單的過程已從賣方市場（Seller）邁向買方（Buyer）市場的業務主流，生產計劃模型制是目前產業要面對的事實。

生產進度延遲之原因，包括製造途程（Routing）與日程（Scheduling）安排不理想、工作指派（Dispatching）發生錯誤、品質不良或要求不合理、生產設備故障與物料未及時供料，導致正常工時沒有辦法達成進度，加班現場因而產生。

現場工作安排及進度管制要整合人員、機器、材料與方法，進行生產管控。

生產計劃模型則要破除迷思，建立生產作業與現場作業分工原則，善用產銷會議及生產會議，讓生產進度延遲問題點顯現，透過資料分析，建立制度化與透明化的現場，把握生產作業兼顧部門與整體效率為原則，善用協調及管理資料，主動積極參與進度問題的解決。

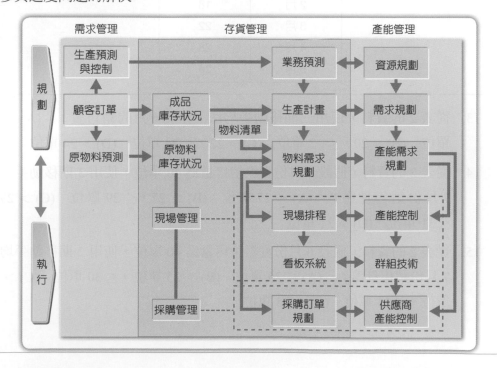

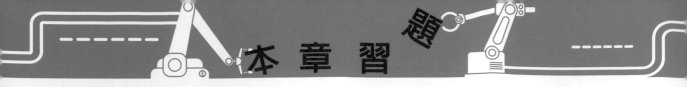

一、 選擇題　　　　　　　　　　　　　　　　★標示為較難題目

(　　) 1.　Acme 電腦公司對於某產品 6 星期的預測如表 1，使用三期移動平均法，
　　　　　預測第 7 星期的數量為：　(A) 20　(B) 21　(C) 22　(D) 23

表 1

週	銷售量
1	25
2	23
3	20
4	22
5	23
6	24

(　　) 2.　從表 2 的資料，使用三期移動平均法，預測第 7 星期的需求量：　(A) 55
　　　　　(B) 56　(C) 57　(D) 58

表 2

月	實際銷售量
1 月	23
2 月	18
3 月	22
4 月	28
5 月	24

(　　) 3.　從表 2 的資料，使用三期移動平均法，預測 6 月的銷售量：　(A) ≤ 20
　　　　　單位　(B) > 20，≤ 22 單位　(C) > 22，≤ 24 單位　(D) > 24 單位

(　　) 4.　從表 2 的資料，假設 6 月份實際銷售量為 40 單位，使用 3 期移動平均，
　　　　　7 月份銷售量為：　(A) ≤ 27 單位　(B) > 27，≤ 29 單位　(C) > 29，
　　　　　≤ 31 單位　(D) > 31 單位

(　　) 5.　從表 2 的資料，假設 6 月份實際銷售量為 40 單位，使用 2 期移動平均，
　　　　　7 月份銷售量為：　(A) ≤ 25 單位　(B) > 25 單位，≤ 30 單位　(C) > 30
　　　　　單位，≤ 35 單位　(D) > 35 單位

(　　) 6. 加權移動平均值公式 $= F_t = W_1 \times D_t + W_2 \times D_{t-1} + W_3 \times D_{t-2}$，$W_1 = \dfrac{1}{2}$、$W_2 = \dfrac{1}{3}$、$W_3 = \dfrac{1}{6}$，6 月份銷售量為 40 單位，則 7 月銷售預測為　(A) ≤ 30 單位　(B) > 30 單位，≤ 33 單位　(C) > 33 單位，≤ 36 單位　(D) > 36 單位

表 3

TOMBOW 是一家生產鉛筆的中小型企業，最近五個月的銷售量如下：	
月	單位銷售量
1	150
2	145
3	160
4	180
5	220

(　　) 7. 參考表 3，使用指數平滑法，α 值 = 0.6、F_1 預測值為 150 單位，則 2 月份的銷售值為　(A) ≤ 120 單位　(B) > 120 單位，≤ 125 單位　(C) > 125 單位，≤ 130 單位　(D) > 130 單位

表 4

週	銷售量
1	700
2	724
3	720
4	728
5	740
6	742
7	758
8	750
9	770
10	775

★(　　) 8. 臺灣某行動公司，過去 10 週行動電話的銷售量如表 4 所示，請求出趨勢直線方程式：　(A) $Y_t = 699.40 + 7.51t$　(B) $Y_t = 799.40 + 7.51t$　(C) $Y_t = 699.40 + 9.51t$　(D) $Y_t = 799.40 + 9.51t$

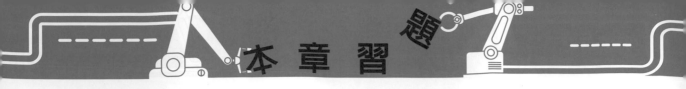

★(　　)9. 依趨勢直線方程式，11 月份預測銷售量為：　(A) $Y_t = 682.01$　(B) $Y_t = 782.01$　(C) $Y_t = 882.01$　(D) $Y_t = 982.01$

表 5

預測銷售量	實際銷售量
219	217
210	213
215	216
214	210
215	213
214	219
215	216
216	212

★(　　)10. 某上市公司的某產品於 2012 年前 8 個月預測銷售量與實際銷售量分別為如表 5，請問該預測法之均方誤差 MSE 為：　(A) 9.56　(B) 10.86　(C) 11.42　(D) 12.01

★(　　)11. 承上題，平均絕對誤差 MAD 為：　(A) 1.25　(B) 2.25　(C) 2.5　(D) 2.75

(　　)12. 下列有關指數平滑法之平滑係數 α 敘述，何者正確？　(A) α 值愈低，則所得到的預測線較平滑，較不能反應近期的銷售量變化　(B) α 值愈低，則所得到的預測線較陡峭，較不能反應近期的銷售量變化　(C) α 值愈低，則所得到的預測線較平滑，較能反應近期的銷售量變化　(D) α 值愈低，則所得到的預測線較陡峭，較能反應近期的銷售量變化

表 6

月份	銷售量
1	19
2	18
3	15
4	20
5	18
6	22
7	20

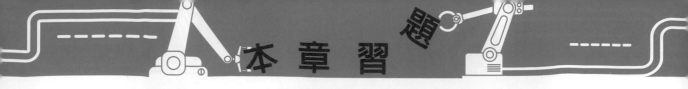

(　　) 13. 某家電公司銷售部門統計出 102 年 1～7 月銷售量如表 6 所示，利用下列各種方式預測 8 月份的預測銷售量，何者正確？　(A) 天眞預測法值為 20.4　(B) 以三個月的移動平均預測值為 22　(C) 以四個月的移動平均預測值為 19.5　(D) 加權平均法（近三個月權重為：0.6、0.3、0.1）預測值為 20.4

(　　) 14. 使用指數平滑法預測值，若將平滑指數 α 從 0.1 改為 0.9，則將產生何種影響？　(A) 預測愈準確　(B) 沒有任何變化　(C) 預測線愈平滑　(D) 預測值更能反應前一期的實際值

★(　　) 15. 某線性迴歸方程式 $y = a + bx$ 之相關資料如下：$n = 5$，$\Sigma x = 10$，$\Sigma y = 7{,}710$，$\Sigma x^2 = 30$，$\Sigma xy = 15{,}270$，則：　(A) $a = 1{,}150$，$b = 15$　(B) $a = 1{,}572$，$b = -15$　(C) $a = 1{,}152$，$b = 100$　(D) $a = 1{,}150$，$b = 100$

表 7

期數（月）	實際值	預測值
1		550
2	585	560.5
3	598	571.75
4	617	585.33
5	591	587.03
6	586	586.72

(　　) 16. 某公司依據今年 1～5 月的歷史銷售資料，採用指數平滑法預測 6 月份的預測銷售值，如表 7 所示，請問該公司採用的平滑係數為多少？　(A) 0.1　(B) 0.2　(C) 0.3　(D) 0.4

(　　) 17. 承上題，若第 6 期的實際銷售量為 577，則平均絕對誤差 MAD 應在哪一個範圍內？　(A) MAD < 10　(B) 10 ≤ MAD < 15　(C) 15 ≤ MAD < 20　(D) MAD ≥ 20

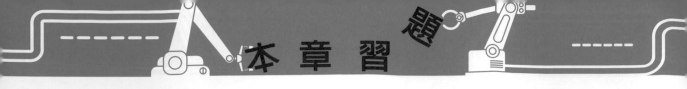

(　　) 1. Compiler 電腦公司營業部統計 109 年 1 ～ 7 月銷售量如表 8 所示,下列有關預測 8 月份的銷售量的敘述,何者正確? (A) 天眞法預測值約爲 22.0　(B) 三期移動平均預測值約爲 20.3　(C) 四期移動平均預測值約爲 20.0　(D) 四期加權移動平均法（近四個月權重依序爲：0.4、0.3、0.2、0.1）預測值約爲 21.8

（110-2 工業工程師—生產與作業管理）

表 8　Compiler 電腦公司 109 年 1 ～ 7 月銷售量

月	1	2	3	4	5	6	7
銷售量	19	18	16	20	18	22	24

(　　) 2. 使用指數平滑法進行預測時,若將平滑指數 α 從 0.1 改爲 0.4,會產生什麼影響?　(A) 毫無變化　(B) 預測線愈平滑　(C) 預測值更能反應上一期的實際狀況　(D) 預測愈準確　（110-2 工業工程師—生產與作業管理）

(　　) 3. S 文具公司筆記本過去 6 週的銷書量（箱）如表 9 所示,若使用天眞法預測第 7 週的銷書量,其值爲多少箱?　(A) 21　(B) 22　(C) 23　(D) 24

（110-2 工業工程師—生產與作業管理）

表 9　S 文具公司筆記本過去 6 週的銷售量

週次	1	2	3	4	5	6
銷售量（箱）	25	23	21	22	23	24

(　　) 4. B 公司過去 10 年的銷售額（百萬元）如表 10 所示,請以線性趨勢方程式（Linear trend equation）建立預測模式,該公司第 11 年之銷售額預計約爲多少百萬元?（計算過程取到小數後第兩位,即百分位）　(A) 43.66　(B) 45.39　(C) 47.12　(D) 48.85

（110-2 工業工程師—生產與作業管理）

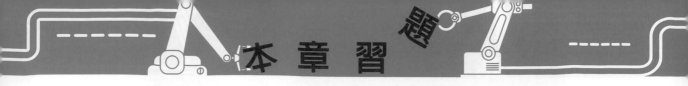

表 10　B 公司過去 10 年的銷售金額

年	1	2	3	4	5	6	7	8	9	10
銷售額（百萬元）	26	31	36	27	54	48	24	39	41	50

(　　)5. 管理人員找出過去十個月的訂單資料（單位：個），銷售量整理如表 11。若管理人員準備採用 3 個月期和 5 個月期的簡易移動平均進行需求預測，下列敘述何者正確？　(A) 3 個月期的移動平均預估 5 月份的訂單需求為 90.4 個　(B) 5 個月期的移動平均預估 8 月份的訂單需求為 84.0 個　(C) 3 個月期的移動平均預估 8 月份的訂單需求為 100.3 個　(D) 針對 10 月份的訂單需求預測，5 個月期的移動平均數較 3 個月期的移動平均數準確　　　　　　　　　（110-1 工業工程師—生產與作業管理）

表 11　過去十個月的訂單

月份	1	2	3	4	5	6	7	8	9	10
銷售量（個）	120	90	100	75	110	50	75	130	110	90

(　　)6. 對於預測方法的敘述，下列何者正確？　(A) 迴歸預測趨勢（Trend projection using regression）為介於時間序列分析與因果關係的一種綜合方法　(B) 因果關係法（Causal method）是使用歷史需求資料以估計需求量，並且找出趨勢或季節性形式的統計方法　(C) 時間序列分析（Time-series analysis）採用獨立變數的歷史資料，例如促銷活動、經濟狀況和競爭對手的行動等，找出相關的影響因素，以預測需求　(D) 定量法（Quantitative method）包括因果關係法（Causal methods）與判斷法（Judgment method）。　　　　　　　　　（110-1 工業工程師—生產與作業管理）

(　　)7. 使用簡單指數平滑法進行預測，分別以三種不同的平滑係數（α）值計算，所得到的資料如表 12 所示。就預測準確性而言，若以均方誤差（MSE）進行評估，下列敘述何者正確？　(A) $\alpha = 0.1$ 同時優於 $\alpha = 0.2$ 與 $\alpha = 0.3$　(B) $\alpha = 0.2$ 同時優於 $\alpha = 0.1$ 與 $\alpha = 0.3$　(C) $\alpha = 0.3$ 同時優於 $\alpha = 0.1$ 與 $\alpha = 0.2$　(D) $\alpha = 0.3$ 與 $\alpha = 0$ 優於 $\alpha = 0.2$　　　　　　　　　（110-1 工業工程師—生產與作業管理）

表 12　簡單指數平滑法預測資料

期	實際值	預測值		
		$\alpha = 0.1$	$\alpha = 0.2$	$\alpha = 0.3$
1	50	—	—	—
2	56	50.00	50.00	50.00
3	53	50.60	51.20	51.80
4	51	50.84	51.56	52.16
5	57	50.86	51.45	51.81

(　　) 8. Fruit 水果店 11 月香蕉的預測銷售量爲 90 公斤，但實際銷售量爲 110 公斤。若採用指數平滑法（Exponential smoothing）預測 12 月份的銷售量，且平滑常數設爲 0.1 時，則 12 月預測銷售量應爲多少？　(A) 91 公斤　(B) 92 公斤　(C) 93 公斤　(D) 94 公斤

（109-1 工業工程師—生產與作業管理）

(　　) 9. 根據表 13 隨身硬碟過去五年銷售資料，以最小平方法預測第 13 年的銷售數量約爲　(A) 264 個　(B) 267 個　(C) 270 個　(D) 273 個

（109-1 工業工程師—生產與作業管理）

表 13　過去 5 年隨身硬碟銷售量

年度	1	2	3	4	5
銷售數量（個）	216	238	220	244	260

(　　) 10. 以下何者屬於短期預測的方法？　(A) 主管意見法　(B) 迴歸模型　(C) 指數平滑法　(D) 德爾菲法　　（109-1 工業工程師—生產與作業管理）

三、 填充題

1. 銷售預測來自於對市場預測以及各項產品之需求掌握,再搭配企業的生產規劃。
   生產規劃包含短、中、長期的考量,配合生產控制,最後的產出則需考量品質
   （Quality）、＿＿＿＿＿＿＿＿＿與＿＿＿＿＿＿＿＿＿等。

2. 觀測值之變化主要受到趨勢變動、＿＿＿＿＿＿、季節變動、＿＿＿＿＿＿四種現象之
   影響。

3. ＿＿＿＿＿＿＿＿＿＿＿＿＿＿＿：波浪式的觀測值變化,循環超過一年以上,大都由
   經濟或政治因素所引起,例如經濟景氣循環影響塑膠公司的產品銷售量、定期
   的議員選舉影響印刷公司的營業額等。

4. 一個好的銷售預測應能符合下列幾個條件：(1) 預測需以＿＿＿＿＿＿＿＿＿＿＿
   表示；(2) 應針對產品線（Product line）中的每一個別產品（Individual product
   item）進行預測；(3) 應能顯示出＿＿＿＿＿＿＿＿＿＿＿＿＿＿＿的情況；(4) 預
   測時應考慮各種行動所需的＿＿＿＿＿＿＿＿＿＿＿＿。

5. ＿＿＿＿＿＿＿＿＿＿＿＿＿是指實際值與預測值之間的差額。

6. 一般預測方法可分為主觀（定性）方法與＿＿＿＿＿＿＿＿＿方法。

7. ＿＿＿＿＿＿＿＿大多使用問卷、電話或人員訪問以獲得有意義的意見及對問題的判
   斷（最主要來自於消費者或顧客的意見）,加以預測。

8. ＿＿＿＿＿＿＿＿是時間數列最簡單的方法,亦即上一個時期的觀測值是本期的預測
   值。

9. ＿＿＿＿＿＿＿係利用變數與變數之間的相關性來建立彼此之間的數學函數關係,然
   後再藉由此函數關係預測變數。

10. ＿＿＿＿＿＿＿＿亦是一種常用的預測方法,該名稱的由來是因為各期已知資料的權
    數呈現指數型態,且近期的權數較大,故廣義而言此法亦是一種加權平均法。

四、 簡答題

1. 簡述定性預測與定量預測。

2. 德菲法的實施步驟為何？

3. 列出德菲法的優缺點（各列舉 3 項）。

 關鍵字彙

1. 預測（Forecasting）
2. 德菲法（Delphi method）
3. 天真預測法（Naive forecasting）
4. 加權移動平均法（Weighted moving average method）
5. 指數平滑法（Exponential smoothing）
6. 迴歸分析法（Regression analysis）
7. 偏差（Bias）
8. 平均絕對誤差（Mean absolute deviation, MAD）
9. 均方誤差（Mean square error, MSE）
10. 累計預測誤差值（Cumulative forecast error, CFE）

Chapter

03 產品與服務設計

 學習目標

1. 瞭解產品與服務設計的意義及所需考慮的因素
2. 瞭解產品設計與發展程序
3. 產品或服務在生命週期各階段的策略
4. 說明新產品的定義與其分類
5. 確認價值分析對於產品設計的意義
6. 說明研究發展的種類

	主要活動		主要產出
構想產生	尋求顧客需求 構思方案審核	→	評選出最佳構想方法
初期評估	市場、經濟與可行性分析	→	決定產品的特徵
概念設計	依據產品特徵作初步設計，考慮其生產、維修時之問題	→	選擇一最佳之設計
產品發展	製造可行性、經濟效益與模擬分析，並作出產品原型與測試結果	→	從測試結果選擇一最終設計
產品測試	依據產品特徵進行設備需求評估	→	決定是否需添購新設備
工程測試	評估各種生產技術與方法	→	選擇技術、方法與製造流程
量產上市	研擬生產相關之各項計畫	→	產能規劃、生產規劃、排程計量

管理個案新知

新型 OPP 膠帶開發計畫

一、計畫緣起

　　為因應瞬息矣變的全球化市場，公司致力於新產品開發，熱致變色材料會隨溫度變化而改變顏色，屬於熱記憶功能型材料，可以反覆或單次使用。將該材料應用至傳統型 OPP 膠帶中，當被黏貼載體溫度發生變化時，可藉由膠帶顏色變化達到警示之效果，降低操作人員誤觸燙傷之風險。本計畫使用熱致變色材料賦予 OPP 膠帶新的功能性，同時產品不含任何有害物質，使用具環境友善之水性感壓膠，屬於環保低汙染與高附加價值之產品。

二、新產品簡介

　　以具環境友善之水性感壓膠，配合適當之配方技術與粉體分散技術，加上薄膜表面處理與上膠塗佈等技術開發出新型 OPP 膠帶，並利用既有銷售通路推廣應用，期望藉由此次機會開拓出新商機。

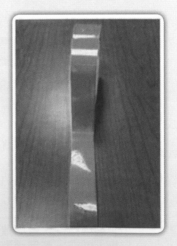

三、計畫創新重點

創新性	新型 OPP 膠帶開發計畫
材料創新性	1. 熱致變色材料主要組成為隱形染料、顯色劑、控溫劑等，利用微膠囊技術將其包覆成粒徑約 3~10um 左右，利用隱形染料與顯色劑之間的相互作用而產生顏色變化，配合不同結構之隱形染料，可得到不同顏色之材料。 2. 感熱膠中添加熱致變色材料後會降低本身之物性表現，為更符合市場需求，感壓膠成與配方技術皆由公司獨立完成，可有效降低採購成本，並使用水性配方，降低對環境之衝擊。
製程創新性	熱致變色材料是將隱形染料、顯色劑與控溫劑利用微膠囊技術將其包覆成粒子，藉由適當之分散助劑與製程技術，提高微膠囊中之分散性以防止微膠囊團聚，提高上膠塗佈後之表面均勻性，可有效提高產品良率。
市場創新性	目前熱致變色材料應用於膠袋上之概念尚未普及，公司致力發展黏性膠帶開發，累積了豐厚的專業技術與生產經驗，以求新求變的精神，配合企業通路資源，可有效並迅速推廣至市場上。

四、研發成果及衍生效益

（一）增加產值

1. 估計新產品上市後第一年價格落在 80 元／捲，以每年銷售數估算如下：

    (1) 105 年：80 元 × 20,000 捲 = 1,600（千元）

    (2) 106 年：80 元 × 60,000 捲 = 4,800（千元）

    (3) 107 年：80 元 × 100,000 捲 = 8,000（千元）

2. 估計至 107 年可望帶來超過 14,400（千元）的市場銷售額。

（二）促成投資額（請說明評估方式）

　　以目前產線建置需求，需投資 OPP 水膠塗佈設備（約 500 萬）與周邊管線設備（50 萬），估計至少 550 萬。

（三）產品高值化指標（例如售價提升及銷售量提升等）

　　估計藉由本計畫之執行導入熱致變色概念，可提升產品附加價值，估計售價可由 20 元／捲提升至 80 元／捲。

五、專案執行重要心得

　　公司定位以創新之理念成為全球具有成本與品質優勢之材料供應商，藉由「新型 OPP 膠帶開發計畫」開發過程，讓計畫參與人員從中學習，如何從一個概念式的想法，經由不斷的討論、評估、研究與修正，產生出符合市場預期的產品，進而上市銷售。

　　公司與技轉單位塑膠中心聯合開發，透過塑膠中心專業的協助，讓相關人員更迅速了解到材料特性、配方設計與問題改善，而在共同開發過程中，塑膠中心也學習到膠帶生產流程與製程設計，雙方經由此次開發計畫學習成長，可謂相輔相成，相得益彰。

資料來源：四維創新材料股份有限公司官網

3-1　企業爲何要從事研發工作

　　宏基電腦創辦人施振榮先生曾提出微笑曲線（Smile curve）概念，將曲線分爲
左中右段，是以「附加價值」的高低觀點來看待企業競爭力。製造／組裝（中段）
其附加價值最低，只有最前端擁有智慧財產權的研發設計（左段），以及末端行銷
的品牌與服務（右段），才能維持高附加價值，研發工作是企業永續成長關鍵因素。

圖 3-1　微笑曲線

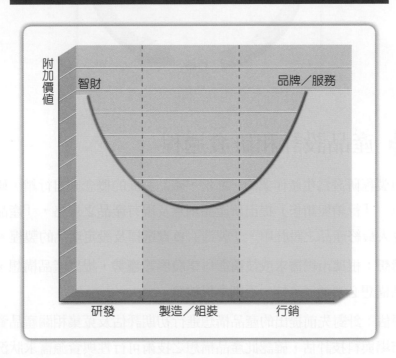

　　根據研發資料顯示，新產品或流程開發對整體營業額與利潤佔公司總額
30% ～ 40%，高科技產業更達 70% ～ 90%，而新產品（創新）對企業利潤貢獻在
70 年代佔 1/4，80 年代則佔 1/3，而領導性品牌產品在市場上一般可領先三年。圖 3-2
顯示研發、製造與行銷是組織運作三大支柱，企業爲何要從事研發工作有以下的理
由：

1. 改善新製程和產品，使製程和產品不斷的創新與提升。
2. 開發新製程和產品，能夠具有領導性的創新製程和產品。
3. 強化技術能力，培養實力以提升競爭力，擴大與競爭對手的差距。
4. 創造利潤、提升形象與策略運用之主要來源。
5. 透過不斷的研究開發，讓企業能夠永續經營。

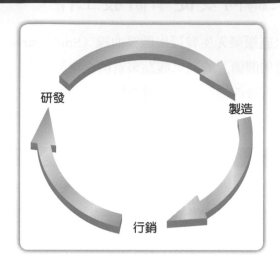

圖 3-2　研發、製造與行銷循環

3-2 產品設計和研發過程

　　產品與製程研發為生產作業的一部份，產品發展的概念來自行銷，研發成果也由行銷實現。「行銷與銷售」提出新產品創意及現有產品之規格，「產品開發」將技術觀念導入最終產品之設計中，「製造」負責選擇及設定產品的製程。

1. **產品構想**：根據市場需求或技術與科學發展等趨勢，提出產品構想，而此初步的產品構想必須通過審核，否則予以放棄。

2. **初期評估**：針對先前提出的產品構想進行初期評估及蒐集相關產品資訊並同時進行市場與科技評估，確認此產品構想之技術可行性與資源需求狀況。

3. **概念設計**：進行市場研究，確認在市場中所需的產品特性，藉以定義產品型態與目標，針對已形成的產品概念進行評估，決定新產品開發企劃是否該繼續進行。

4. **產品發展**：產品概念形成原型，同時進行市場規劃，融合概念階段之市場選擇、產品策略與產品定位形成的市場整體規劃，決定產品的價格、流通、廣告與銷售服務等策略，將產品雛形與市場規劃的結果進行發展評估，決定開發案的持續與否。

5. **產品測試**：內部進行產品雛形測試，驗證是否有設計上的缺失，由客戶試用品，驗證產品性能是否有缺陷，經測試評估後，進行下一階段工作。

6. **工程測試**：針對市場規劃做最後階段的修正與調整，且對產品市場佔有率與預期售價做最後評估；同時據此來對生產設備及生產方式做最後的調整，並依此結果進行商品化前的分析評估。

7. **量產上市**：將產品進行全面性的量產與整體規劃，產品上市後根據事前設定之控制基準指標，包括市場佔有率、銷售量及單位生產成本等因素，評估新產品開發之成敗。

產品開發流程是指企業用於想像、設計和商業化一種產品的步驟或活動的序列；產品設計與發展程序是指企業從確認概念、實行研發成果到產品上市的步驟，如圖 3-3。

圖 3-3　產品發展的階段

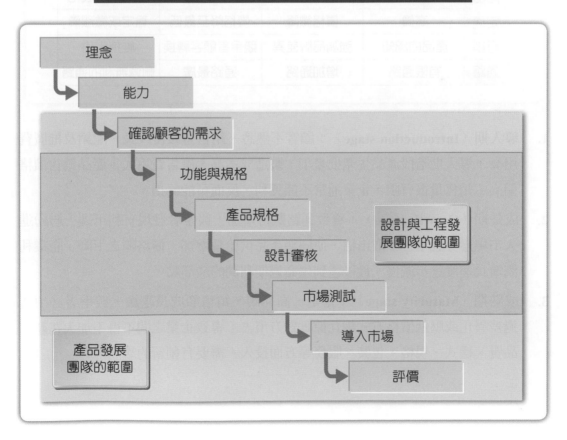

3-3　產品生命週期（**Product of life, PLC**）

很多產品推出後，其銷售過程經歷導入期、成長期、成熟期、衰退期，此即所謂的產品生命週期，如圖 3-4。表 3-1 指出在生命週期中有關各階段的特性。

圖 3-4　產品生命週期

	導入期	成長期	成熟期	衰退期
產品	樣式少且簡單	增加樣式與功能	樣式功能最齊全	縮減或客製化
定價	高價	價格微降	價格降至最低	穩定或微漲價
行銷	產品的認知	強調品牌差異	競爭者顧客轉換	維持市佔
通路	有限通路	增加通路	通路最廣	刪減無利的通路

1. **導入期**（**Introduction stage**）：顧客不熟悉、銷售量緩慢成長、配銷及推廣費用高，導入期階段產品生產批量小，製造成本高，廣告費用大，產品銷售價格偏高，銷售量很有限，企業通常不能獲利，反而可能虧損。

2. **成長期**（**Growth stage**）：導致通路數目增加，競爭者發現有利可圖，紛紛進入市場參與競爭、爭取市佔，使同類產品供給量增加，價格隨之下降，企業利潤增長速度逐步減慢，最後達到生命週期利潤的最高點。

3. **成熟期**（**Maturity stage**）：穩定、高利潤、銷售額成長趨緩，競爭者必須透過差異化或壓低價格方式相互掠奪對方市占，導致企業之間不得不加大在產品品質、樣式、規格、包裝、服務等方面投入，需要有創新的產品。

4. **衰退期（Decline stage）**：技術演進或是消費者口味改變，產品銷售額衰退期的階段、可能採取改變包裝、降價等策略方式，此時市場上已經有其它性能更好、價格更低的替代品出現。成本較高的企業因無利可圖而先停止生產，該類產品的生命週期也就逐漸走向盡頭，完全退出市場。

　　任何廠商皆不願意其產品進入衰退期；此時需要新產品或推出改良產品，產品永遠領先時間，再進入成長期與成熟期，維持較高利潤。產品或服務在生命週期各階段的策略，如表 3-1。

表 3-1　產品或服務在生命週期各階段的策略

階段	說明	策略
導入期	產品或服務會引起好奇，但潛在顧客猜想產品或服務品質還不穩定，且價格可能在導入期過後會下降。	1. 仔細評估產品品質已達到穩定。 2. 比競爭對手快速進入市場取得優勢。
成長期	設計逐漸改良，需求出現、產量可靠度也增加，同時降低成本，使得需求量成長。	1. 準確的需求成長率預測及成長持續時間是很重要的。 2. 保證產能增加與需求增加相符。
成熟期	產品或服務達到成熟，需求趨於平穩狀態。	1. 通常不需要再改善，且成本降低、生產率提高。 2. 準確地預測在市場飽和前的成熟期有多長，與何時開始進入衰退期。
衰退期	產品或服務需求呈衰退狀態。	1. 是否停止產品或服務供給，考慮以新品項取而代之、放棄此市場。 2. 對現存產品或服務開發新用途或新使用者。

　　產品生命週期過程中，亦可以透過製程創新概念，讓企業邁向另一階段的產品生命週期，製程創新有以下的方法：

1. **基本面（Fundamental）**：把所有的先見之明及推測全部拋棄，對現在的業務內容及其執行方法是否真的正確，進行徹底思考與修正。

2. 根本面（**Radical**）：重新回到業務流程的本質，完全無視於原有的事業流程構造及工作的推進方法，重新再架構出全新的事業流程推行方法。

3. 激動人心改善（**Dramatic**）：不是著重於成本及品質這方面的小規模改善，而是以激動人心的（劇烈的）改善為目標。

4. 過程面（**Process**）：否定「分工」概念，著眼於連串整合的業務其過程中應有的狀態。

3-4　新產品的意義

依大部分公司所定義的「新」及相對於市場的「新」，將新產品歸類成以下六大類：

1. 新產品（**New products**）：市場中全新的產品，經由創新而產生。

2. 公司的新產品（**New product lines**）：例如國內某家電公司，為了配合政府早期大陸探親政策的開放，從事電鍋的生產；此電鍋對大眾而言雖已不算是新產品，但對公司而言是新開發的產品，也就是公司本身增加一條產品線，即可稱為新產品。

3. 強化公司既有的產品線（**Additions to existing lines**）：例如某泳裝製造公司，有鑑於國內老齡人口逐漸增加，為了開拓此一市場，特別在既有的泳裝產品線中，增加長青級的泳裝，此即為強化公司既有的產品線。

4. 現有產品的改良與修正（**Improvements / revisions to existing products**）：這裡所指的產品改良與修正，包括產品的主要特性、次要特性、工業設計（主要為外觀設計）與商業設計（亦即包裝設計），皆可算是新產品。

5. 產品目標市場的重新定位（**Repostion**）：產品不變，但目標市場改變，對此目標市場而言，這即是一個新產品。例如，國內所製造的傳統式工作母機在國內市場已屬成熟期（或衰退期），但若轉銷售其他地區（如東南亞地區），則仍屬於成長期，故仍可視之為新產品。

6. 降低成本（**Cost reduction**）的新產品：降低成本不等於偷工減料，而是透過價值分析（Value analysis），尋求成本的減少，價值分析，就是計算功能（Function）與成本（Cost）的比值，為採購人員的重要工作之一。

3-5　服務設計

　　服務無法如製造一般分開進行生產與配送，而是在服務創造的同時進行服務的傳遞。服務（Service）指的是一種行為，透過服務遞送系統（Service delivery system）為顧客提供某些事情。產品包裹（Product bundle）並非只是單純的服務，而是結合商品與服務提供給顧客。

　　系統設計包含服務套件（Service package）的開發與改進，內容包括：1. 需要實體資源；2. 遞送給消費者其所購買的商品，同時履行服務功能；3. 外顯的服務（實質／核心的服務，如稅務服務）；4. 內隱的服務（從屬／額外的服務，如友善禮貌的服務態度）。

　　服務設計與產品設計的差異包括下列幾點：

1.　產品一般為有形，服務多為無形。

2.　服務的產出與遞交時間經常同時發生，例如理髮、洗車。

3.　服務無法儲存。

4.　對消費者而言，服務具高度可見性，必須用心設計。

5.　有些服務的進入門檻較低，服務設計有著追求創新與成本效益的額外壓力。

6.　地點對服務設計來說往往很重要，便利乃是主要考量。

7.　從低度至高度客戶，與客戶接觸的服務廣度。

8.　需求變異性造成等候線變長或服務資源閒置。

　　服務設計流程的階段如下：

1.　概念化：產生創意、評估顧客的需要（行銷）與評估潛在需求（行銷）。

2.　確認需要的服務套件內容（作業與行銷）。

3.　決定性能規格說明（作業與行銷）。

4.　將性能規格說明轉換成設計規格說明。

5.　將設計規格說明轉換成遞送規格說明。

服務藍圖（Service blueprint）用以描述以及分析服務流程，主要步驟如下：

1. 建立服務範圍並決定細部水準。

2. 確立顧客與服務行為的次序。

3. 建立流程中各步驟的估計時間與時間變異。

4. 設想可能發生差錯之處，防範或降低錯誤的特性納入設計中。

5. 建立服務執行的時間表，及估計執行時間的可能變異。

6. 分析獲利的情況，決定哪些因素可能影響獲利（正面或反面），及利潤對這些因素的敏感性。

圖 3-5 說明服務流程包括前台活動與後台活動，前台活動與顧客高度接觸頻繁，強調顧客滿意；後台活動則是與顧客低度的接觸，強調標準作業程序。前台活動與後台活動必須相互整合，才能使服務流程達到最佳的績效。

圖 3-5　包裹快遞服務流程圖

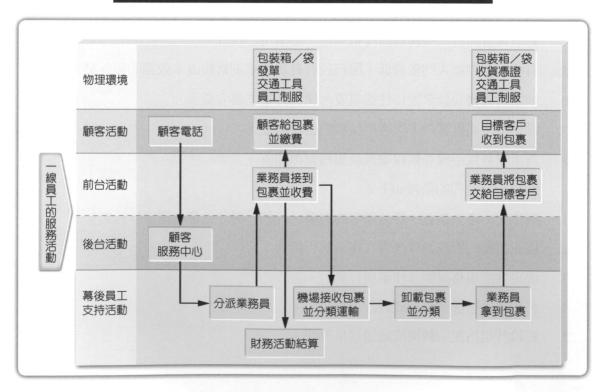

3-6 價值分析

一、價值分析的定義

價值分析（Value Analysis, VA）為一種「功能導向的科學方法」（Functional oriented scientific method），以最低的總成本達到產品或服務之必要機能。基本概念即是在維持一定的產出品質，減少產出之成本。

採購實務上，價值分析強調投入材料的選擇。以「產品功能重點主義」，並研究如何在低成本、不浪費的原則下，採用能達成預期使用效能之物料，期以最低成本求取最大的價值。

價值分析須藉由組織群體的努力共同完成，多由採購部門與工程部門共同進行，致力於產品機能之分析，避免採購部門過分冒險而提出與工程部門不一致之品質水準，而遭致兩者間的衝突。

價值之定義如下式：

$$V = \frac{F}{C} \qquad\qquad (式\ 3\text{-}1)$$

其中，V（Value）= 價值之尺度

　　　F（Function）= 製品或服務之機能價值

　　　C（Cost）= 完成該機能所需要之總成本

二、價值分析的發展

價值分析是美國 GE 公司麥爾斯（L. D. Miles）先生在 1947 年所開發出來，麥爾斯對價值分析之定義是一個有組織、有創意的方法，其目標在於有效地界定不必的成本，不管是品質上、使用上、使用年限上、外觀或顧客喜好上的成本。

1954 年美國國防部將 GE 公司的 VA 觀念加以導入，命名為價值工程（Value Engineering, VE），美國國防部對價值工程定義是一種有系統的努力，致力於分析系統上、器具設備及供應上的機能要求，以求得最低造價上達到必備的機能，同時符合它所需要的性能、可靠性、品質性及維護性。

基本上 VA/VE 的觀念想法是一樣的，若眞要嚴格劃分，VE 是指生產準備階段之前，VA 則是指生產準備階段之後。

價值工程，以功能本位爲出發點，根據一套有系統的路徑，找出另一種材料、方法或工作，最少之花費來完成目的或機能。簡言之，價值工程是一種有組織的努力，VE 不僅可消降產品不必要的成本，用於減少其他一切業務的支出費用。

三、價值之分類

價值的意義是指最低成本在所要求的時間、地點，提供具有優良的品質、可靠性高、合乎需求功能或用途之產品與服務，可區分以下三種：

1. **使用價值**（**Use value**）：產品或服務所能帶無形效用和功能，追求事務之價值，爲價值分析之改善。

2. **貴重價值或外觀價值**（**Esteem value or aesthetic value**）：產品及服務所具有的品質及特徵，能引起購買者擁有動機的貨幣價值，期望企業能夠提供「物超所值的產品或服務」，顧客希望從交易中獲取價值。

3. **交換價值**（**Exchange value**）：買賣雙方同意下，對於一件產品或服務表現於有形貨幣價值，能夠以較低成本獲得相同機能之物品或以相同成品獲得較佳之物品。

四、機能之分類

機能乃是以明確化情報爲基礎，將所選定的對象分清楚，並將所具有的機能簡潔且清楚地定義並掌握其作用。圖 3-6 說明機能主要以使用機能與貴重機能爲主，又可分爲：

1. **基本機能**（**Basic function**）：客觀的基本機能，絕對的要求機能。

2. **一次機能**（**Primary function**）：主觀的基本機能，希望的要求機能。

3. **二次機能**（**Secondary function**）：部分機能，如附加機能、重複機能或追加機能等。

　　價值分析所考慮的範疇要廣，進行「機能研究」，透過「組織之努力」才能真正抓住產品或服務的「必要機能」。所謂產品或服務，是指價值分析的著眼點不僅只是產品，其他有關的工程、作業、手續與組織等事務均適用。

圖 3-6　機能分類架構

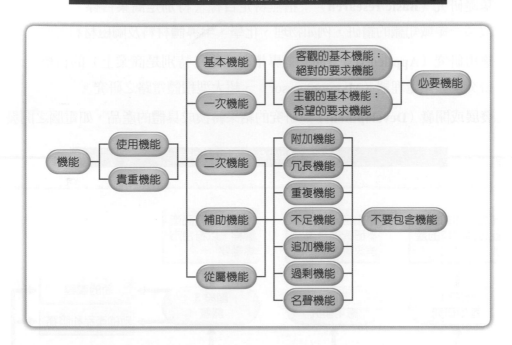

五、提高價值的五種主要途徑

　　價值分析原則上是以功能分析為核心，使產品達到適當價值，即用最少投入實現經濟效益，使產品或作業實現應有的必要功能。投入的人、機、物要儘可能的少、生產時間儘可能短，生產產品是符合產業需要的。提高價值的五種主要途徑主要為：

1. 功能提高，成本不變（ $F \uparrow / C \rightarrow = V \uparrow$ ）。
2. 功能不變，成本下降（ $F \rightarrow / C \downarrow = V \uparrow$ ）。
3. 功能大幅度提高，成本略有增加（ $F \uparrow \uparrow / C \uparrow = V \uparrow$ ）。
4. 功能略有下降，成本大幅度下降（ $F \downarrow / C \downarrow \downarrow = V \uparrow$ ）。
5. 功能提高，成本降低（ $F \uparrow / C \downarrow = V \uparrow \uparrow$ ）。

3-7 研究發展的種類

一般而言，研究發展可進一步區分為基礎研究、應用研究與發展（或開發），各階段有特定的研究發展任務，如圖 3-7，茲說明如下：

1. **基礎研究（Basic research）**：指無特定目標（特別是商業目標）的研究，求取某一領域知識的鑽研，例如物理、化學、半導體材料及陶磁材料等研究。

2. **應用研究（Applied research）**：專指有固定（特別是商業上）的目標所作之研究，如微處理器（Microprocessor）、超大型積體電路之研究。

3. **發展或開發（Development）**：研究的結果轉換成具體的產品，如電腦之開發。

圖 3-7　研究發展階段性流程

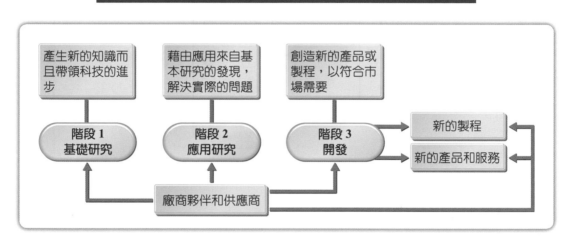

工管小常識

製造業管理規劃 R&D 作業流程

一、R&D 作業流程（I）

R&D 作業流程成功的因子：

1. 切合市場的需求。

2. 提供完善的用料技術服務。

3. 研發、品管、生產銷售之團隊合作。

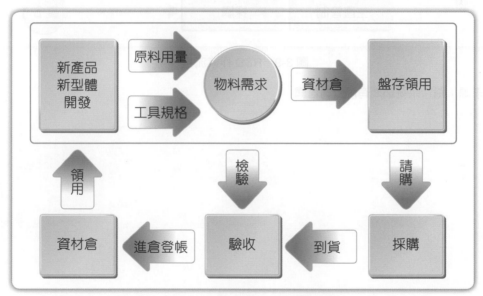

圖 3-8　製造業管理規劃 R&D 作業流程（II）

二、R&D 作業流程（II）

　　R&D 就選訂之開發項目，提出開發計畫並舉行提案說明，於實驗室培育開發完成的項目，於移轉上線進行線上試製前，尚需經過新產品開發審核小組之審議核可，研發、品管、生產、銷售等擔任委員，線上試製過程之進度追蹤與因應，產品別之新產品推動小組中定期檢討，對於新產品開發策略面的議題，召集相關單位主管舉行新產品開發委員會。

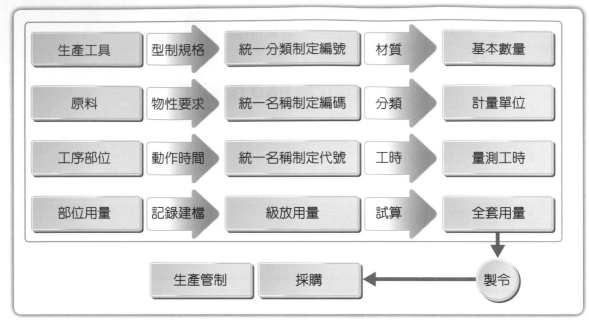

圖 3-9 R&D 作業流程

資料來源：路特系統顧問有限公司官網

一、 選擇題

(　　) 1. 產品生命週期（PLC），穩定、高利潤、銷售額成長趨緩、競爭者開始退出市場，獲利下滑，需要有創新的產品：　(A) 導入期　(B) 成長期　(C) 成熟期　(D) 衰退期

(　　) 2. 某成衣製造公司，有鑑於國內老齡人口逐漸增加，為了開拓此一市場，特別在既有的產品線中，增加長青級的成衣：　(A) 強化公司既有的產品線　(B) 現有產品的改良與修正　(C) 產品目標市場的重新定位　(D) 降低成本的新產品

(　　) 3. 遞送給內部顧客或外部顧客的服務流程，同時履行服務功能：　(A) 消費組合（Consumption bundle）　(B) 遞送媒介（Delivery medium）　(C) 產品（Product）　(D) 服務套件（Service package）

(　　) 4. 用以描述以及分析服務流程：　(A) 柏拉圖（Pareto chart）　(B) 流程圖（Flow chart）　(C) 服務藍圖（Service blueprint）　(D) 檢查表（Check sheet）

(　　) 5. 服務藍圖可以用來描述以及分析服務流程，首要步驟為：　(A) 建立服務範圍並決定細部水準　(B) 確立顧客與服務行為的次序　(C) 建立流程中各步驟的估計時間與時間變異　(D) 分析獲利的情況

(　　) 6. 當某產品壽命其達到飽和期或衰退期時，下列哪一種途徑有可能延長該產品的壽命週期？　(A) 加強電視廣告　(B) 提升產品技術　(C) 產品重新設計或改善　(D) 增加銷售人員

(　　) 7. 根據市場需求或技術與科學發展等趨勢，提出產品構想，而此初步的產品構想必須通過審核，否則予以放棄請問是在描述：　(A) 初期評估　(B) 產品構想　(C) 概念設計　(D) 產品發展

(　　) 8. 從顧客立場去思考產品對顧客的價值，再從設計的觀點在不提高成本的情況下，分析如何增強產品的功能，這種做法稱為：　(A) 製程管制　(B) 公差設計　(C) 機能展開　(D) 價值分析

(　　) 9. 維持一物原有的功能下，降低成本，或在成本不變下，提高一物的功能的一種方法稱為　(A) 價值分析　(B) 方法分析　(C) 成本分析　(D) 更新分析

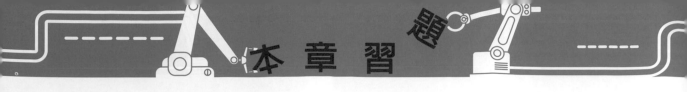

( ) 10. 下列何者為「價值工程」之解釋？ (A) 價值工程為建築物價值評估的工作 (B) 價值工程為估計營建成本的工作 (C) 價值工程為評選工程之各種替選方案，達成降低成本或改善品質之工作 (D) 價值工程為建築師自我評價之方法

( ) 11. 企業處在產品生命週期的下列那一階段時，對於爭取高市場占有率或追求當期高利潤兩者，是相當難以取捨的問題？ (A) 導入期 (B) 成長期 (C) 成熟期 (D) 衰退期

( ) 12. 就產品生命週期理論而言，下列的行銷策略中何者較不適合廠商用來提高成長期的銷售量？ (A) 提供消費者試用品 (B) 增加新產品的功能與特色 (C) 使用新的行銷通路 (D) 進入新的市場區隔

( ) 13. 下列選項為產品生命週期各時期有關行銷重點描述之配對，請選擇正確的答案 (A) 求最大市場佔有率－導入期 (B) 維持市場佔有率－成熟期 (C) 減少支出並增加利潤回收－成長期 (D) 提高產品知名度及產品試用－衰退期。

( ) 14. 新產品上市之前，須經過新產品開發流程的許多步驟，上市前為避免產品失敗的風險，公司往往須進行下列何者？ (A) 商業化 (B) 試銷 (C) 商業分析 (D) 產品發展

( ) 15. 有關新產品開發過程，下列敘述何者正確？ (A) 新產品的構想常來自顧客、研究人員與競爭者 (B) 新產品開發的組織負責編列研發費用 (C) 市場測試是最花錢的階段 (D) 業務分析通常是在行銷策略發展之前

二、 填充題

1. 微笑曲線（Smile curve）將曲線分為左中右段，是以「附加價值」的高低觀點來看待企業競爭力。_____其附加價值（中段）最低，只有最前端擁有智慧財產權的_____（左段），以及末端行銷的_____（右段），能維持高附加價值，因此研發工作是企業永續成長的關鍵因素。

2. 新產品或流程開發對整體營業額與利潤佔公司總額 30% ～ 40%，高科技產業更達_____，新產品（創新）對企業利潤貢獻在 70 年代佔 1/4，80 年代則佔 1/3，領導性品牌產品在市場上一般可領先三年。

3. 很多產品推出後，其銷售史會呈現 S 型，經歷導入期、成長期、成熟期、衰退期，此即所謂的＿＿＿＿＿＿（Product life cycle, PLC）。

4. 在產品生命週期中，可以透過製程創新概念，讓企業邁向另一階段的產品生命週期，製程創新有以下四種方法：(1)＿＿＿＿＿（Fundamental）；(2) 根本面（Radical）；(3)＿＿＿＿＿＿（Dramatic）；(4) 過程面（Process）。

5. 公司所定義的「新」及相對於市場的「新」，將新產品歸類成以下六大類：(1) 新產品（New-to-the world products）；(2)＿＿＿＿＿＿＿＿＿（Additions to existing lines）；(3) 現有產品的改良與修正（Improvements/revisions to existing products）；(4)＿＿＿＿＿＿＿＿＿＿（Reposition）；(5) 產品目標市場的重新定位（Reposition）；(6) 降低成本（Cost reduction）的新產品。

6. 服務（Service）指的是一種行為，透過服務遞送系統（Service delivery system）為顧客提供某些事情。＿＿＿＿＿＿（Product bundle）並非只是單純的服務，而是結合商品與服務，提供給顧客。

7. 服務套件（Service package）的開發與改進，內容包括：(1) 需要＿＿＿＿＿＿；(2) 遞送購買的商品給消費者，同時履行服務功能；(3)＿＿＿＿＿＿（實質／核心的服務，如稅務服務）；(4)＿＿＿＿＿＿（從屬／額外的服務，如友善禮貌的服務態度）。

8. ＿＿＿＿＿＿（Service blueprint）可以用來描述以及分析服務流程。

9. ＿＿＿＿＿＿（Value analysis, VA）為一種「功能導向的科學方法」（Functional oriented scientific method），是以最低的總成本達到產品或服務之必要機能，基本概念即是在維持一定的產出品質，減少產出之成本。

10. 研究發展可進一步區分為基礎研究、應用研究與發展（或開發），各階段有特定的研究發展任務，說明如下。(1) 基礎研究（Basic research）：指無特定目標（特別是商業目標）的研究，純粹係求取某一領域知識的鑽研，例如物理、化學、半導體材料及陶瓷材料等研究。(2) 應用研究（Applied research）：有固定（特別是商業上）的目標所作之研究，如微處理器（Microprocessor）、超大型積體電路之研究。(3)＿＿＿＿＿＿（Development）：研究的結果轉換成具體的產品，如電腦之開發。

三、 簡答題

1. 請簡述產品生命週期四階段的特性差異。

2. 簡述價值分析的程序。

3. 簡述服務藍圖的步驟。

4. 列出研究發展的種類。

5. 請列出服務設計流程的階段。

6. 簡述產品或服務設計或重新設計的原因。

關鍵字彙

1. 產品生命週期（Product life cycle）
2. 價值分析（Value analysis）
3. 產品包裹（Product bundle）
4. 服務套件（Service package）
5. 服務藍圖（Service blueprint）
6. 基礎研究（Basic research）
7. 應用研究（Applied research）
8. 發展或開發（Development）

Chapter

04 產能規劃

 ## 學習目標

1. 解釋產能的意義及其重要性
2. 衡量產能、效率與利用率的關聯性
3. 描述影響有效產能的主要因素
4. 獲取足夠可用產能的方法
5. 如何分析損益平衡分析手法
6. 簡短描述決策理論的意義
7. 列舉決策理論與產能規劃關聯性

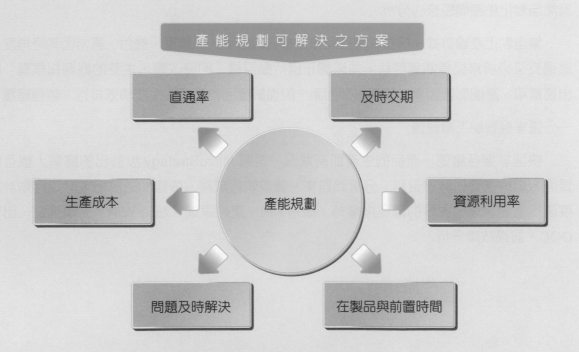

管理個案新知

富士康智能工廠管理

富士康利用 MicroStrategy 達成智能工廠管理,主要著重在以下的四個方向:

1. 聚焦自動化生產設備管理的重要核心

　　保障產能與品質的重要關鍵就是能精準掌握生產機台的所有狀況。透過 MicroStrategy 可以從整體概況中向下鑽取查詢機台的即時產出、耗材使用等訊息,並可藉由系統查詢同一產線設備的產出量與稼動差異。主要的觀測指標有:機台產出達標率、工單結案、首末件不良分析、機台產出比較。

2. 產線即時查詢與叫修平台

　　依據產線人員所在線別、工段、工站、工位,以圖形及顏色分別標記,查看授權的生產數據,產線組長每 15 分鐘可得知產能、良率是否達標、追蹤工單進度、出勤狀況相關訊息,並提供「快速叫修」功能,有效提升設備稼動率,降低設備故障對產能的影響,主要的觀測指標有:產能監控、良率監控、工單結案、出勤狀況、設備稼動。

3. 聚焦自動化生產問題核心分析

　　集自動化產線數據,探討影響產能未達標各項因素,以樓層、機台、異常因素等角度,透過交叉分析來聚焦關鍵問題,並確認正確行動目標、即時改善,主要的觀測指標有:產出達標率、產能影響因素、質量影響因素、設備影響因素排行、生技績效排行、製程總覽。

4. 一分鐘掌握智能工廠營運

　　快速掌握各廠區、產品的生產即時狀況,透過 MicroStrategy 設計出的簡單人機互動頁面,鑽取視覺化數據資料、分析問題集、驗收執行成果。依據即時訊息,訂定行動計畫或確認重要決策,主要的觀測指標有:機台 KPI、產能達成、超時 WIP、工單追蹤、出貨 OQC、設備故障分析。

下圖為智能工廠營運頁面的示意圖，圖片來源為 iPASP 新一代智能規劃分析排程平台。

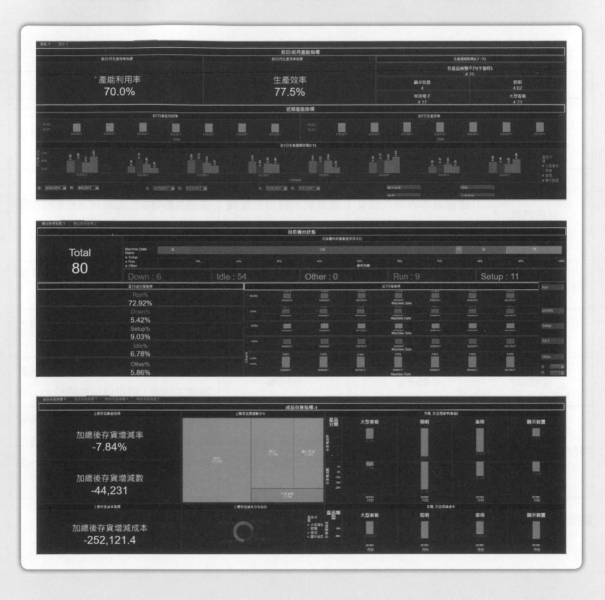

達成效益：

改善層面	過去	現在	改善內容
叫修流程	3 小時	30 分鐘	利用一鍵叫修，自動通知維修單位到場處理，並可以線上即時追蹤維修進度。
資訊傳遞	透過紙本表單、公文傳遞訊息	互動看板即時展現圖表資訊，包含生產資訊、目標達成、瓶頸工站等	透過互動看板即時展現重要指標的圖表資訊。
監控頻率	每天一次	每 15～60 分鐘一次	關鍵指標由「事後檢討」，轉為「事中控制與事前預防」，提高效率。
異常回應	每 4 小時一次	每 15 分鐘一次	對於問題能夠更為迅速反應與溝通，提高管理能力與稼動率。
稼動率	95.5%	98.5%	掌握製程中耗材的使用壽命，預估更換需求時間，提前備料與調校。
時時品檢降低重工	「一次良率」與「最終良率」較差	「一次良率」與「最終良率」優於以往	透過首末件、換刀、每日設備檢測等維運作業，依據品檢記錄對特定機台進行針對性的保養與調校，改善一次良率及最終良率。

資料來源：析數智匯股份有限公司官網

產能（Capacity）是流程或系統的最大輸出效率。產能規劃主要是針對現場的生產資源，例如，人力或設備資源加以規劃以符合產出需求。產能規劃（Capacity Planning）如有缺陷則會直接影響生產活動，過高的產能顯然是資源的浪費，是所有企業極力避免的現象；產能過低則會影響交貨日程，降低競爭力而將商機拱手讓人。管理者必須要能清楚了解本身系統所適用的產能規劃目標以定義較合理的衡量指標。

圖 4-1　產能管理之內容

4-1　產能的分類與意義

產能是指人力、機器、工作站、生產線、工廠或組織在一段時間內可生產出的能力。基本上產能有三種不同的適用情形：

1.　**設計產能（Design Capacity, DC）**：理想狀況下，可能達成的最高產出，因此亦可稱為理想產能（Ideal capacity）。

2.　**有效產能（Effective Capacity, EC）**：考慮產品組合的改變、機器保養、午餐休息、排程及生產線平衡等實際狀況後，可能達成最高產出。

3.　**實際產出（Actual Output, AO）**：實際達成的產出。

一般而言有效產能往往低於設計產能，實際產出低於有效產能（由於人員缺席、機器損壞、缺料等原因）。圖 4-2 指出這三者之間的關係，亦即有效產能小於設計產能，而實際產出通常亦常小於有效產能。

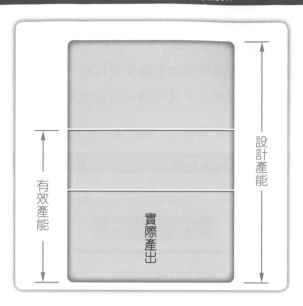

圖 4-2 三種產能之間的關係

這三種產能的衡量可推導出生產、作業系統的績效指標：效率（Efficiency）與產能利用率（Capacity utilization）。前者為實際產出除以有效產能，後者則為實際產出除以設計產能。若以公式表示則為：

$$效率 = \frac{實際產出(AO)}{有效產能(EC)} \qquad （式 4\text{-}1）$$

$$產能利用率 = \frac{實際產出(AO)}{設計產能(DC)} \qquad （式 4\text{-}2）$$

例題 4-1

已知某工廠的設計產能為每天 400 單位，有效產能為每天 200 單位，實際產出為每天 180 單位，試求：

1. 其效率與產能利用率為何？

2. 若其有效產能提高為每天 250 單位，產出不變，則效率及產能利用率為何？

3. 若實際產出亦提高為 200 單位，其效率及產能利用又如何？

解答

1. 效率 $= \dfrac{180}{200} = 90\%$

   產能利用率 $= \dfrac{180}{400} = 45\%$

2. 效率 $= \dfrac{180}{250} = 72\%$

   產能利用率 $= \dfrac{180}{400} = 45\%$

3. 效率 $= \dfrac{200}{250} = 80\%$

   產能利用率 $= \dfrac{200}{400} = 50\%$

4-2　影響有效產能的主要因素

一、有效產能的因素

影響及限制功能因素，如圖 4-3，說明如下：

1. **實體（Physical）**：包括實體設計、廠址位置、工廠佈置與工廠環境，實體愈透明化，有效產能愈高。

2. **產品／服務（Product / Service）**：產品設計愈精密，則某一時期系統所能提供之產能會下降。產品／服務種類愈複雜，則有效產能因產程規劃而下降。

3. **製程（Process）**：產量的能力和品質的能力（Capability）整合程度高，則有效產能會提高。

4. **人為（Human resource）**：包括工作內容、工作設計、訓練與經驗、士氣與激勵、薪資、學習率及缺席與離職率。作業者人力素質提高，有效產能相對提高。

5. **作業（Operation）**：包括排程、物料管理、品質保證、維護保養政策與設備故障率。作業績效良好，有效產能相對提高。

6. **外在環境（External environment）**：包括產品規格標準、安全法規、公會與汙染控制標準。能夠面對外在環境變化，有效產能相對提高。

影響有效產能因素彙整如表 4-1。

表 4-1 影響有效產能因素彙總表

因素	項目
實體	廠房設計、廠址位置、設施佈置、工作環境。
產品	產品與服務設計、產品 / 服務種類。
製程	產能的能力、品質的標準。
人為	工作內容、工作設計、訓練與經驗、士氣與激勵、薪資水平、學習率、缺席與離職率。
作業	排程規劃、物料管理、品質保證、設備維護與保養政策、設備故障回應速度。
外在	產品規格標準、安全法規、公會要求、汙染控制標準。

圖 4-3 影響及限制功能因素

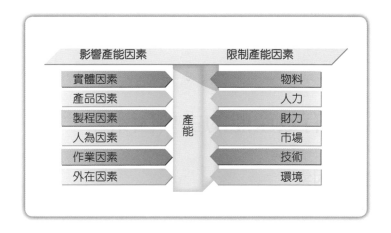

二、產能規劃（Capacity planning）

　　產能規劃是指決定滿足優先順序計畫之需求產能程序與獲取足夠可用產能的方法。需求管理如圖 4-4 說明，包括整合資源需求規劃（Resource Require Planning, RRP），透過粗略產能規劃（Rough-Cut Capacity Planning, RCCP）確認主生產排程，藉由產能需求規劃（Capacity Requirement Planning, CRP）產生物料需求規劃。進而產生計畫訂單與採購計畫，透過生產工單進行生產工作。

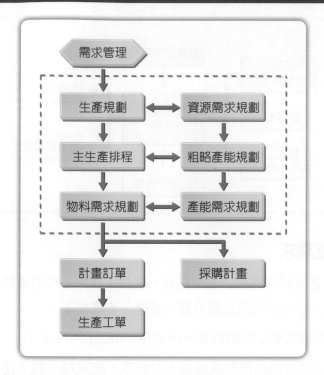

圖 4-4 需求規劃架構

1. **資源需求規劃**：掌握完成預定生產計畫所需配合的資源，這些資源包括了人力、資本、機器設備、廠房周邊設施等，評估預定生產計畫的可行性達到「供給」、「需求」平衡，作為修正原生產計畫的依據。

2. **粗略產能規劃**：目的在檢核主生產排程的可行性，提出可能的瓶頸警示，確保工作中心或設備的使用率，進一步建議供應商須準備的產能需求。主要評估主生產排程之可行性而嘗試平衡產能供給與需求的過程，經粗略產能規劃後，應該會產生一個可行的產能規劃；若其產能負荷超過預期，則其為不可行方案，將會修改或提出新的主生產排程方案，直到其粗略產能規劃可行為止。

3. **產能需求規劃**：建立、衡量及調整產能界線及水準的功能。圖 4-5 說明產能需求規劃是詳細決定需多少人工和機器以完成生產工作的過程。物料需求計畫中之已發放工作命令單（Shop order）與計畫訂單（Planned orders）會被輸入至產能需求規劃中，透過途程與標準工時轉換成依工作中心在一定期間內的工作小時。產能需求計畫的運作與物料需求計畫有直接關係，其過程承接自物料需求計畫，主要是物料需求計畫展開出來的物料需求轉換成設備及人力資源需求。

図 4-5　產能需求計劃

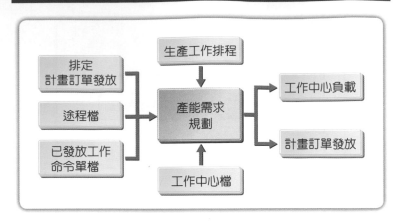

三、確定產能需求

　　負產能需求必須個別將產品的銷售量，確認工作中心可用產能，考慮每一期的產能負荷，最後調整可用產能以配合需求產能，步驟如下：

1. **步驟 1**：預測個別產品的銷售量，決定每一個工作中心在每一期的可用產能。

2. **步驟 2**：估計符合產品預期設備和人力需求，決定每一個工作中心在每一期的負載，包括以下兩步驟：

   (1) 將優先順序計畫所需的產量轉換成每一個工作中心每一期完成生產所需求的工時。

   (2) 加總每一料件在每一個工作中心的需求工時，以決定每一個工作中心的總負載。

3. **步驟 3**：計算需求產能，優先順序計畫以配合可用產能。

$$產能需求 = \frac{年度需求量之加工與準備(Setup)總工時}{扣掉緩衝時間後之單一產能年度可利用工時}$$

$$M = \frac{[Dp+(D/Q)s]_{product1} + [Dp+(D/Q)s]_{product2} + ... + [Dp+(D/Q)s]_{productn}}{N[1-(C/100)]} \qquad （式 4-3）$$

　　其中，Q = 每批之單位數量

　　　　　s = 每批之準備（Setup）工時

例題 4-2　★標示為較難題目

某辦公樓的影印中心為準備為兩個客戶裝訂報告，整理和裝訂每本的處理時間取決於頁數等因素。影印中心每年運行250天，每天上班8小時，管理層認為容量緩衝約15%（超出時間標準的允許範圍）。目前擁有3台影印機，試根據下表資訊，計算需要多少台機器影印。

項目	X 顧客	Y 顧客
年度需求影印量（本）	2,000	6,000
標準加工處理時間（本）	0.5	0.7
批量數（本 / 批）	20	30
標準準備時間（小時）	0.25	0.4

解答

項目	X 顧客	Y 顧客
年度需求影印量（本）（D）	2,000	6,000
標準加工處理時間（/本）（p）	0.5	0.7
批量數（本 / 批）（Q）	20	30
標準準備時間（小時）（s）	0.25	0.4

N 工作時數 = 250 天 × 8 小時 × 1 班 = 2,000 小時

$$M = \frac{[Dp+(D/Q)s]_{product1}+[Dp+(D/Q)s]_{product2}+...+[Dp+(D/Q)s]_{productn}}{N[1-(C/100)]}$$

$$M = \frac{\left[2,000\times0.5+(\frac{2,000}{20})\times0.25\right]_{X顧客}+\left[6,000\times0.7+(\frac{6,000}{30})\times0.40\right]_{Y顧客}}{2,000(1-15\%)}$$

$$= \frac{5,305}{1,700} = 3.12$$

經四捨五入後，需求 4 部機器。

例題 4-3　★標示為較難題目

SS 公司為一項關鍵業務制定產能計劃，衡量機器標準數量。SS 公司生產三種涼鞋產品（男士、女士和兒童涼鞋）。下表給為時間標準（處理和設置）、批量和需求預測。SS 公司實行 8 小時輪班制，每週 5 天，每年 50 週，緩衝數量 5%。試求：

1. 需要多少機器數量？

2. 假設現有 2 台機器，產能差距（Gap）為多少？

涼鞋產品	標準時間		批量（小時 / 批）	需求預測批量（雙 / 年）
	處理（小時 / 雙）	設置（小時 / 雙）		
0.05	0.5	240	80,000	女士
0.10	2.2	180	60,000	兒童
0.02	3.8	360	120,000	男士

解答

1. 每年的工作小時數 N 為 N = (2 班 / 天) × (8 小時 / 班) × (250 天 / 機器 - 年) = 4,000 小時 / 機器 - 年，則機器數量 M 為：

$$M = \frac{[Dp+(D/Q)s]_{男士} + [Dp+(D/Q)s]_{女士} + [Dp+(D/Q)s]_{兒童}}{N[1-(C/100)]}$$

$$= \frac{[80,000(0.05)+(80,000/240)0.5]+[60,000(0.10)+(60,000/180)2.2]+[120,000(0.02)+(120,000/360)3.8]}{4,000[1-(5/100)]}$$

$$= \frac{14,567 小時 / 年}{3,800 小時 / 機器-年} = 3.83 \text{ 或 } 4 \text{ 台機器}$$

2. 產能差距為 1.83 台機器（3.83 台 - 2 台）。除非管理層決定使用短期權變填補空白，否則應該再購買 2 台機器。

4-3 ▎ 評估方案的技術

4-3-1 ▎ 損益兩平分析（Break-even analysis）

　　損益兩平分析或稱成本數量分析（Cost-volume analysis），其重點是說明成本、利潤與產出數量之間的預期收益，有助於產能規劃中不同方案的評估。使用損益兩平技術時，符合假設才適用。一般而言假設如下：

1.　生產單一產品。

2.　所生產的產品均可銷售出去。

3.　每單位的變動成本是固定的，不隨產量而變動。

4.　固定成本亦是固定的，與生產數量多寡無關。

5.　每單位的收入不變（無銷貨折扣）。

圖 4-6　損益平衡點（Q_{BEP}）

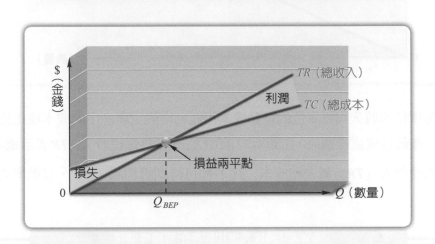

　　使用此種技術必須確認與生產產品有關的成本，並將其區分為固定成本與變動成本兩種。固定成本與生產數量的多寡無關，例如租金成本、設備成本、固定維護費用等；變動成本則與生產數量的多寡成正比，主要的變動成本為物料成本與人工成本。

　　而總成本（TC）與生產數量的關係可用下式表示：

$$TC = FC + VC = FC + c \times Q \qquad\qquad （式 4-4）$$

　　其中，FC = 固定成本

　　　　　變動成本 $VC = c \times Q$

　　　　　　　　c = 每單位變動成本

　　　　　　　　Q = 生產數量。

　　圖 4-7 為成本及生產數量之關係。

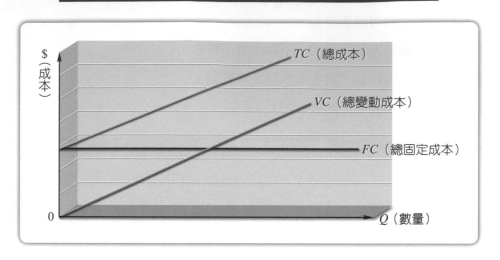

圖 4-7　固定、變動與總成本

　　而每單位的收入與每單位的變動成本相似，均假定與產出的成本成正比，因此收入與生產數量成直線關係，如圖 4-7（圖中 R_{ev} 表示每單位收入，TR 表示總收入）。

　　若將總收入（TR）減去總成本（TC）即可得到總利潤（P），以數學式子表示如下：

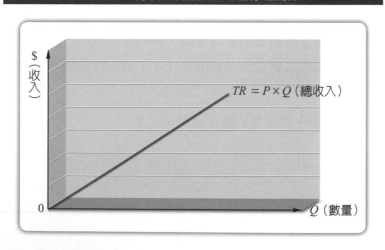

圖 4-8　總收入增加與產出呈線性關係

$$P = TR - TC = p \times Q - (FC + c \times Q) = Q(p - c) - FC \qquad （式 4-5）$$

損益兩平點（即不賺不賠）的生產量為 Q_{BEP} 時，利潤（P）為零，即如下式。

$$0 = Q_{BEP} \times (p - c) - FC \qquad （式 4\text{-}6）$$

$$Q_{BEP} = \frac{FC}{p - c} \qquad （式 4\text{-}7）$$

當然，如果想要獲得特定的利潤（SP），則其生產數量為 Q_s 可演變成：

$$Q_s = \frac{SP + FC}{p - c} \qquad （式 4\text{-}8）$$

例題 4-4

老爺蛋糕店只生產蛋糕一種產品，其正考慮是否設立第二家分店，總經理估計所需固定成本每週約需 \$30,000，而每塊蛋糕的勞工與材料成本合計為 \$6 元，每塊蛋糕銷售 \$16 元，試問：

1. 每週須賣多少塊蛋糕才能損益平衡？
2. 當一週銷售 10,000 塊蛋糕時其利潤為多少？
3. 如果想每週獲 \$120,000 則須賣多少塊蛋糕才能達成？

解答

1. $FC = \$30,000$，$c = \$6$，$p = \$16$

   $$Q_{BEP} = \frac{FC}{p - c} = \frac{30,000}{16 - 6} = 3,000 （塊 / 每週）$$

2. $P = TR - TC = (p \times Q) - (FC + c \times Q)$

   $$= (16 \times 10,000) - (30,000 + 6 \times 10,000) = 70,000 （元）$$

3. $$Q_{BEP} = \frac{SP + FC}{p - c} = \frac{12,000 + 30,000}{16 - 6} = 15,000 （塊 / 每週）$$

4-3-2 　決策理論

決策理論（Decision theory）適用於有風險（Risk）或不確定（Uncertainty）情況之下的方案評估，以機率的原理求其期望值，主要包括決策矩陣（Decision matrix）與決策樹（Decision tree）等兩種方法。分析的步驟一般如下：

1. 列舉決策者可能面對的方案（Alternatives）。

2. 估計未來可能發生的情況（State of nature）。

3. 估計各方案可能情況下的或損失（Payoff）。

4. 估計未來情況發生的機率（Probability）。

一、決策矩陣（Decision matrix）

在不確定的情況下，利用矩陣的形式來表示各種可能的情況、機率與報償（或損失）的各種資訊，此種矩陣有助於方案的比較與選擇。

例如：經理正在決定是建造小型設施還是大型設施，很大程度上取決於未來的需求，未來的需求可能很小或很大，每種選擇的收益都是確定的，未來需求如果低，最好的選擇是什麼？

表 4-2 　決策矩陣釋例

方案	未來的可能需求	
	需求低	需求高
小型設施	$200,000	$270,000
大型設施	$160,000	$800,000
無	$0	$0

矩陣中之數字表示不同需求狀況下可能獲得的現值收入（單位為百萬），若確定未來需求增加，則投資大廠最有利；若確定未來需求低，則投資小型設施有利。

1. 最好的選擇是預期報酬最高的方案。

2. 如未來的需求很小，公司應該建造一個小型設施，享受 $200,000，大型設施只有 $160,000 的回報

如果無法確知何種情況會發生，可用各種決策準則來評估。常用的決策準則有：

1. **最大最小準則（Maximin）**：亦即從各個方案中選擇最小的報酬，然後再從這些最小的報酬中選一報酬最大的方案。

2. **最大最大準則（Maximax）**：亦即由各方案中選出其最大的報酬，再比較選擇報酬最大的方案。

3. **拉普拉斯（Laplace）準則**：將每一方案求其平均報酬率，再從其中選擇報酬率最高的方案。

4. **最小最大悔惜值準則（Minimax regret）**：各種狀況中各方案會產生悔惜值（Regret）（此為各種情況下的最大報酬減去個方案報酬的差價，亦即機會損失的觀念），從各方案中，選取最大悔惜值後再選取悔惜值最小的方案。

例題 4-5

針對表 4-2，試求以下最佳選擇方案為何？

1. 最大最小準則
2. 最大最大準則
3. 拉普拉斯準則
4. 最小最大悔惜值準則

解答

1. 最大最小準則（Maximin）未來的可能需求：

方案	未來的可能需求		最小
	需求低	需求高	
小型設施	$200,000	$270,000	200,000
大型設施	$160,000	$800,000	160,000
無	$0	$0	無

應選擇小型設施。

2. 最大最大準則（Maximax）未來的可能需求：

方案	未來的可能需求		最大
	需求低	需求高	
小型設施	$200,000	$270,000	$270,000
大型設施	$160,000	$800,000	$800,000
無	$0	$0	

應選擇大型設施。

3. 拉普拉斯準則未來的可能需求：

方案	未來的可能需求		拉普拉斯準則
	需求低	需求高	
小型設施	$200,000	$270,000	0.5(200,000) + 0.5(27,0000) = 235,000
大型設施	$160,000	$800,000	0.5(160,000) + 0.5(800,000) = 480,000
無	$0	$0	

應選擇大型設施。

4. 最小最大悔惜值準則（Minimax regret）未來的可能需求：

方案	未來的可能需求		悔惜值		
	需求低	需求高	需求低	需求高	最大悔惜值
小型設施	$200,000	$270,000	200,000 − 200,000 = 0	800,000 − 270,000 = 530,000	530,000
大型設施	$160,000	$800,000	200,000 − 60,000 = 40,000	800,000 − 800,000 = 0	40,000
無	$0	$0			

右列顯示每個方案的最大悔惜值。為了最大程度減少悔惜值，選擇大型設施。
應選擇大型設施。

二、決策樹（Decision tree）

　　此一方法是將決策者的各種可行方案與結果利用圖形來表示，其圖形像樹枝狀故名之。決策樹可用來取代決策矩陣，而於分析一系列的決策時特別有用，決策樹圖形基本上包括節點（Node）與分枝（Branch），用方型結點代表決策點（Decision node），圓形結點代表機會節點（Chance node），分枝代表方案。而分析的基本原則是：由左至右分析，由右至左計算，遇「□」選擇（作決策），遇「○」則計算。

圖 4-9　決策樹

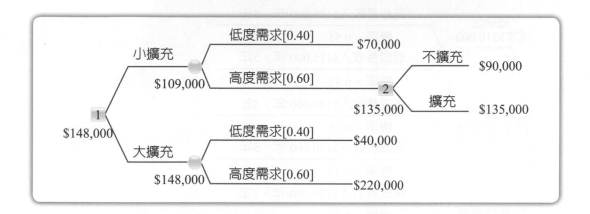

例題 4-6　　★標示為較難題目

南一電腦公司的老闆正思考，公司五年內應該如何經營。過去兩年銷售量成長尚稱良好，若在鄰近地區，設立一個大型電器商店的計畫，如果完工，將會帶來更多的商機。
南一的老闆有三個可能選擇：

1.　遷新址。

2.　擴大目前的店面。

3.　不改變。

擴張及遷移不用花太多時間，因此不會有收入的損失。若第一年不做改變，而市場高度成長，還是可以考慮擴張。等待時間若超過一年，會使競爭者進入，擴張則不可行。假設條件：

1.　由於電子公司設立，使得愛用電腦的人增加，高成長的機率為 55%。

2.　若移到新址且高成長，將造成每年 $195,000 的報酬，遷移新址及弱成長，則有 $115,000 的報酬。

3.　擴張且高成長會帶來每年 $190,000 的報酬，擴張及弱成長則有 $100,000。

4. 繼續留在現址且高成長，會帶來每年 $170,000 的報酬，若弱成長則有 $105,000 的報酬。

5. 原地擴張成本為 $87,000。

6. 遷至新址的成本為 $210,000。

7. 如果成長很強且現址於第二年擴張，成本為 $87,000。

8. 作業成本都相同。

解答

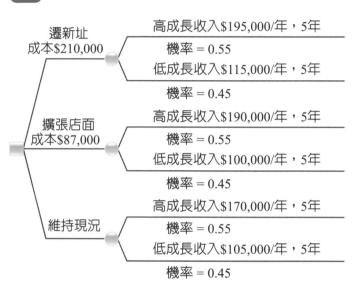

	遷新址 成本$210,000	高成長收入$195,000/年，5年
		機率 = 0.55
		低成長收入$115,000/年，5年
		機率 = 0.45
	擴張店面 成本$87,000	高成長收入$190,000/年，5年
		機率 = 0.55
		低成長收入$100,000/年，5年
		機率 = 0.45
	維持現況	高成長收入$170,000/年，5年
		機率 = 0.55
		低成長收入$105,000/年，5年
		機率 = 0.45

節點 A – 遷移至新址

高成長的收入	$195,000 × 5 年 = $975,000
低成長的收入	$115,000 × 5 年 = $575,000
A 點的期望收入	$975,000 × 0.55 + $575,000 × 0.45 = $795,000
減：移至新址成本	− $210,000
移至新址淨收入	$585,000

節點 B – 擴張現有的店

高成長的收入	$190,000 × 5 年 = $950,000
弱成長的收入	$100,000 × 5 年 = $500,000
B 點的期望收入	$950,000 × 0.55 + $500,000 × 0.45 = $747,500
減：移至新址成本	− $87,000
移至新址淨收入	$660,500

節點 C — 什麼都不改變

高成長的收入 　　$170,000 × 5 年 = $850,000

低成長的收入 　　$105,000 × 5 年 = $525,000

C 點的期望收入　$850,000 × 0.55 + $525,000 × 0.45 = $703,750

三成：不變的成本→ 0

維持現狀淨收入 = $703,750

4-4 偏好矩陣（**Preference matrix**）

偏好矩陣根據多個績效標準對備選方案進行評級：

1. 對所有比較的備選方案，應用相同的尺度，任何尺度上對備選方案進行評分。
2. 每個分數都根據其認知的重要性進行加權，總權重通常等於 100（或等於 1）。
3. 總分是所有標準的加權分數（權重 × 分數）的總和，與備選方案的分數進行比較，選擇最高的權數。

例題 4-7

下表顯示新蓄熱空調的性能標準、權重和分數（1 = 最差，10 = 最佳）。如果管理層只想推出一種新產品，而其他產品創意的最高總分是 800，公司是否應該追求新製造空調？

解答

尺度基準	權重 (A)	分數 (B)	權重分數 (權重 × 分數)
市場潛力	30	8	240
單位利潤率	20	10	200
操作兼容性	20	6	120
競爭力優勢	15	10	150
投資需求	10	2	20
專案風險	5	4	20
加權總合			750

權重分數低於 800，不應追求新製造空調。

例題 4-8

H 公司正在篩選三個新產品創意：A、B 和 C。由於資源限制，只允許其中一個商業化，下表顯示性能標準和評級，等級從 1（最差）到 10（最好）。H 公司經理對績效標準給予同等權重，如偏好矩陣法所示，哪個是最佳選擇？

尺度基準	權數		
	產品 (A)	產品 (B)	產品 (C)
需求不確定性和項目風險	3	9	2
與現有產品的相似性	7	8	6
預期投資報酬率（ROI）	10	4	8
與目前製造技術的可容性	4	7	6
競爭力優勢	4	6	5

解答

五個尺度基準中的每一個都獲得 1/5 或 0.2 的權重。

產品	權重分數	加權總合
A	$(0.2 \times 3) + (0.2 \times 7) + (0.2 \times 10) + (0.2 \times 4) + (0.2 \times 4)$	5.6
B	$(0.2 \times 9) + (0.2 \times 8) + (0.2 \times 4) + (0.2 \times 7) + (0.2 \times 6)$	6.8
C	$(0.2 \times 2) + (0.2 \times 6) + (0.2 \times 8) + (0.2 \times 6) + (0.2 \times 5)$	5.4

產品 A（＝ 5.6）和 C（＝ 5.4）在總加權得分方面落後產品 B（＝ 6.8），故產品 B 是最佳選擇。

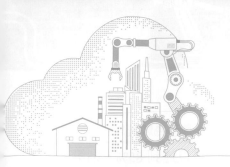

工管小常識

產能規劃宏觀角度之流程

● 需求規劃是在產能規劃指的是廠商生產者，把其可以支配的生產要素，轉變為商品（有形產品或無形服務）的過程，進而配送到顧客手中，本圖為工廠自動化。

需求規劃主要在彙總企業外部的市場需求（例如產品需求的預測與顧客訂單的訂購時間與數量），作為生產規劃模組擬定長期生產計畫的依據。圖 1 是產能規劃相關流程圖說明產銷營運管理顧客訂單先在「營銷中心」進行彙整，透過 A、B 製造公司開始生產前，必須先確認「生產進度至庫存」資訊相關情報，同時在營銷中心也要隨時掌握「產能與在製品」資訊與「生產進度」狀況，以隨時應付顧客查詢，並掌握交期。

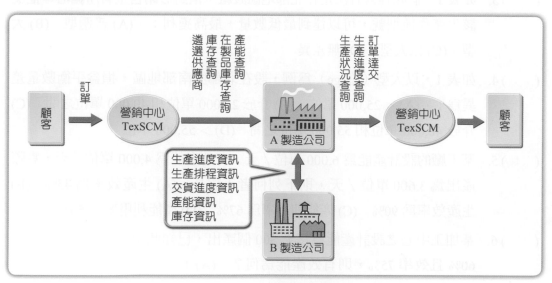

圖 4-10　產能規劃相關流程

一、選擇題   ★標示為較難題目

( )1. 假設第一單位的產品,需要投入 12 小時,學習指數可以達到 85%,則第 10 單位需要多久時間? (A) ≤ 7.0 (B) > 7.0,但 ≤ 7.5 (C) > 7.5, 但 ≤ 8.0 (D) > 8.0

表 1

某家企業準備導入新產品,產品規格包括普遍型(Regular)、大型(Large)以及巨大型(Jumbo),固定成本為視地區而定,北部地區為每年 $2.5(百萬),但南部地區則為每年 $1.2(百萬),銷售價格與變動成本,如表所示:

	規格模式		
	普遍型	大型	巨大型
變動成本	$5/ 單位	$7/ 單位	$10/ 單位
銷售價格	$25/ 單位	$41/ 單位	$68/ 單位

( )2. 如表 1,假設地區位於北部地區,以生產普通型(Regular size),其損益平衡點的數量為: (A) < 30,000 單位 (B) > 30,000 單位,但 < 80,000 單位 (C) > 80,000 單位,但 < 130,000 單位 (D) > 130,000 單位

( )3. 如表 1,假如經營者決定在北部地區設廠,但對於銷售量有所擔心,他應該生產那種型號,可以達到最低數量,最高獲利: (A) 普遍型 (B) 大型 (C) 巨大型 (D) 無差異

( )4. 如表 1,以大型(Large)為例,設在北部與南部地區,損益平衡數量差異為: (A) < 25,000 單位 (B) 介於 25,000 單位和 40,000 單位之間 (C) 介於 40,000 單位和 55,000 單位之間 (D) > 55,000 單位

( )5. 某工廠的設計產能為 6,000 單位 / 天,有效產能為 4,000 單位 / 天,實際產出為 3,600 單位 / 天,則下列何者正確? (A) 生產效率為 45% (B) 生產效率為 90% (C) 產能利用率為 67% (D) 產能利用率為 50%

( )6. 某加工中心之設計產能為每天 300 個產出,已知此中心之產能利用率為 60% 且效率 75%,則有效產能為何? (A) 135 (B) 145 (C) 240 (D) 245

( )7. 根據設計產能(DC)、有效產能(EC)和實際產出(AO)等三種產能定義產能,產能利用率為: (A) $\frac{EC}{DC}$ (B) $\frac{DC}{AO}$ (C) $\frac{AO}{EC}$ (D) $\frac{AO}{DC}$

(　　) 8. 小明失業後想開一家飲料店，經估計每月所需的固定成本為 150,000 元，每杯飲料變動成本為 20 元，每杯飲料售價為 50 元，則小明每月要賣多少杯飲料才能達到損益平衡？　(A) 2,500 杯　(B) 4,200 杯　(C) 4,500 杯　(D) 5,000 杯

(　　) 9. 某工廠考慮將外購的 IC 元件改為自製，若要自製則每年需花費 100,000 之固定成本，且生產每單位 IC 元件之變動成本為 10 元，而外購時每單位 IC 元件之成本為 120 元。請問當自製與外構具有相同之總成本時，每年之生產量應符合下列何者？　(A) 小於 800 單位　(B) 大於 800 單位但小於 850 單位　(C) 大於 850 單位但小於 900 單位　(D) 大於 900 單位

★(　　) 10. 某小型廠商有四種方案可供選擇，年固定成本（萬元）與單位變動成本（萬元）如表 2，以下敘述何者正確？　(A) 每年之需求為 20 單位時，方案三總成本最低　(B) 每年之需求為 50 單位時，方案二總成本最低　(C) 每年之需求為 80 單位時，方案一總成本最低　(D) 每年之需求為 100 單位時，四方案總成本相等

表 2

	方案一	方案二	方案三	方案四
年固定成本（萬元）	500	600	700	800
變動成本（萬元）	8	7	6	5

(　　) 11. 下列何者不是有效產能的決定因素？　(A) 人為因素　(B) 資金因素　(C) 製程因素　(D) 外部環境因素

(　　) 12. 某工廠生產某產品的固定費用為 20,000 元，單位變動成本為 80 元，若售價為 100 元，則損益平衡點為：　(A) 介於 500 與 700 之間　(B) 介於 700 與 900 之間　(C) 介於 900 與 1,100 之間　(D) 介於 1,100 與 1,300 之間

(　　) 13. 若某一工廠之設計產能每日 500 單位，有效產能 450 單位，實際產出每日 380 單位，則有關該工廠的效率及利用率之計算，何者正確？　(A) 效率 76%，利用率 85%　(B) 效率 90%，利用率 85%　(C) 效率 85%，利用率 76%　(D) 效率 76%，利用率 90%

( ) 14. C 工廠正在評估兩個新產品創意,管理層已決定應用偏好矩陣。表 3 顯示每個產品創意具有不同權重和分數的五個標準,如果管理層已確定 800 的權數值,應接受哪些產品進行進一步開發? (A) 產品 A (B) 產品 B (C) 產品 A 與產品 B 兩者 (D) 產品 A 與產品 B 兩者都不接受

表 3

尺度基準	產品分數 (A)	產品分數 (B)	權數
市場潛力	10	8	40
單位利潤率	8	8	30
操作兼容性	2	10	15
競爭力優勢	4	6	10
投資需求	6	8	5

二、 證照題

( ) 1. 某工廠考慮購買新機器來生產 A 產品,該機器每年的固定成本與潛在產量訊息如表 4。若生產 A 產品的單位變動成本為 20 元,單位收入為 50 元,以下敘述何者正確? (A) 購買 1 部機器的產量損益平衡點為 270 (B) 購買 2 部機器的產量損益平衡點為 500 (C) 購買 3 部機器的產量損益平衡點為 620 (D) 購買 4 部機器的產量損益平衡點為 900

(108-2 工業工程師—生產與作業管理)

表 4 機器每年的固定成本與產量範圍

機器數	每年固定成本	產量範圍
1	$9,600	0~300
2	S 15,000	301~600
3	S20,000	601~900
4	S25,000	901~1200

( ) 2. 假設某生產線的設計產能為 80,000 單位 / 天,有效產能為 40,000 單位 / 天,實際產出為 36,000 單位 / 天,則此生產線的產能利用率為何? (A) 45% (B) 50% (C) 60% (D) 90% (107-1 工業工程師—生產與作業管理)

(　　) 3. 老王開了一家蛋塔店，假設每個月的固定成本為 100,000 元，每個蛋塔的變動成本為 10 元，一盒裝有 8 個蛋塔，每個蛋塔的售價為 30 元。若老王每個月希望能淨賺 60,000 元，則每個月要賣出幾盒蛋塔？　(A) 8,000　(B) 6,000　(C) 5,000　(D) 1,000 （107-1 工業工程師—生產與作業管理）

(　　) 4. 假設某一生產線的設計產能（Design capacity）為每天 150 件產品，上個月的資料顯示這條生產線的有效產能（Effective capacity）為每天 140 件，而利用率（Utilization）為 90%，則此生產線上個月的效率（Efficiency）約為多少？　(A) 88%　(B) 90%　(D) 92%　(D) 96%
（106-2 工業工程師—生產與作業管理）

(　　) 5. 針對產能規劃與總體生產規劃的描述，下面敘述何者不正確？　(A) 產能擴張有領先（Lead）需求、落後（Lag）需求，或是滿足平均（Average）需求等策略　(B) 對於需求穩定或資源充足的企業而言，不太需要進行總體規劃　(C) 服務業的需求波動性較為嚴重，主要的瓶頸來自於人力資源　(D) 產能規劃為企業規劃生產資源的程序，大多數的活動是屬於三個月內的短期的活動　（106-2 工業工程師—生產與作業管理）

三、填充題

1. ＿＿＿＿＿＿＿＿（Capacity）是流程或系統的最大輸出效率。

2. ＿＿＿＿＿＿＿＿ $= \dfrac{\text{實際產出（AO）}}{\text{設計產能（DC）}}$ 。

3. ＿＿＿＿＿＿＿＿（Capacity planning）是指決定滿足優先順序計畫之需求產能程序與獲取足夠可用產能的方法。

4. 需求管理，包括整合資源需求規劃（Resource require planning, RRP），透過粗略產能規劃（Rough-cut capacity planning, RCCP）確認主生產排程，藉由＿＿＿＿＿＿＿＿（Capacity requirement planning, CRP）產生物料需求規劃。

5. 基本上產能有三種不同的適用情形：(1) 設計產能（Design capacity, DC）；(2)＿＿＿＿＿＿＿＿（Effective capacity, EC）；(3) 實際產出（Actual output, AO）。

6. ＿＿＿＿＿＿＿＿（Break-even analysis） 或 稱 成 本 數 量 分 析（Cost-volume analysis），其重點是說明成本、利潤與產出數量之間的預期收益。

7. ＿＿＿＿＿＿（Decision theory）適用於有風險（Risk）或不確定（Uncertainty）情況之下的方案評估。基本上，此法係用機率的原理來求其期望值，主要包括＿＿＿＿＿＿（Decision matrix）與＿＿＿＿＿（Decision tree）等兩種方法。

8. 如果無法確知會發生何種情況，則可用各種決策準則來評估。常用的決策準則有：(1)＿＿＿＿＿＿（Maximin）；(2) 最大最大準則（Maximax）；(3) Laplace 準則；(4)＿＿＿＿＿＿＿（Minimax regret）。

9. ＿＿＿＿＿＿＿＿是將決策者的各種可行方案與結果利用圖形來表示，其圖形如樹枝狀故名之，基本上包括＿＿＿＿＿（Node）與＿＿＿＿＿（Branch）。

10. ＿＿＿＿＿＿（Preference matrix）是根據多個績效標準對備選方案進行評級的一個表單。

四、 簡答題

1. 簡述粗略產能規劃。

2. 使用損益兩平技術時，必須注意哪些假設條件？

3. 欲使用學習曲線理論需注意下列幾點？

4. 列出有效產能的因素。

5. 簡述決策理論分析的步驟。

6. 何謂學習曲線？

7. 某家咖啡連鎖店，預定開設一家新的店面，預估需要量三種狀況，分別為弱勢，適中以及強勢，機率分別為 0.25、0.30 以及 0.45，假如該咖啡連鎖店只賣咖啡，則每星期報酬分別為 –$25,000（弱勢）、25,000（適中）及 $100,000（強勢）。假如擴充到其它餐點的銷售，則必須加蓋廚房，每星期報酬分別為 –$200,000、 –$25,000 及 $500,000，試作：

   (1) 請畫出決策樹。

   (2) 請問最佳的決策為？

關鍵字彙

1. 產能（Capacity）
2. 設計產能（Design capacity）
3. 有效產能（Effective capacity）
4. 效率（Efficiency）
5. 產能利用率（Capacity utilization）
6. 產能規劃（Capacity planning）
7. 資源需求規劃（Resource require planning）
8. 粗略產能規劃（Rough-cut capacity planning）
9. 產能需求規劃（Capacity requirement planning）
10. 損益兩平分析（Break-even analysis）
11. 決策理論（Decision theory）
12. 決策樹（Decision tree）

Chapter

05

整體規劃

學習目標

1. 解釋何謂整體規劃意義與架構
2. 瞭解整體規劃程式過程與因素
3. 描述整體規劃之特性
4. 比較整體規劃需求與供給變數之差異
5. 如何分析整體規劃之技術
6. 列舉整體規劃主要層面

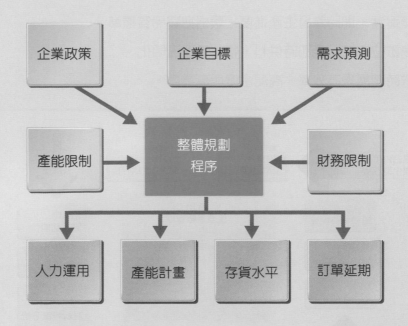

管理個案新知

華城電機 MES 接軌智慧製造

一、認識華城電機

　　成立於 1969 年，為國內外知名重電領導商，主要生產製造配電及電力變壓器、開關設備、配電盤、相關配電器材及工程承包。是臺灣產品線最完整、變壓器產品容量最大、台電認證最多、最具規模的專業重電工廠。華城以與時俱進的開發、創新產品及技術，並積極落實國際化經營策略，是勇奪國內輸配電設備外銷金額第一、外銷比例第一的金貿獎得主。

二、企業挑戰

　　重電產品的生產製造物料體積龐大，但工廠空間有限，因此物料庫存與控管對華城電機來說顯得相當重要，並且華城電機想改善手抄生產記錄，導致生產資訊與進度不即時且不完整等狀況，期望導入 ciMes 串接整合生產數據，達成智慧工廠建置的目標。

三、導入效益

　　1. 整合 ERP 與供應商系統，提高資訊流精準度。

　　2. 生產履歷追溯，即時掌握生產進度，嚴格把關品質標準。

　　3. 與供應商數位串流，能即時供料，物料管理透明化。

　　4. 導入團隊時刻展現高效率、高配合度與專業度。

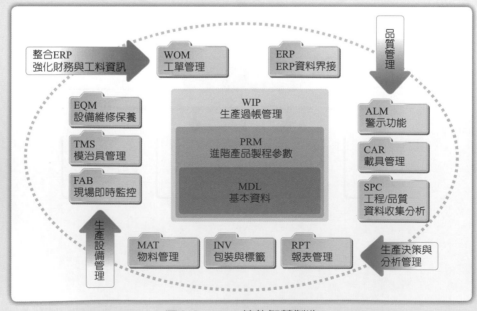

圖 5-1　MES 接軌智慧製造

「由於屬客製接單、設計、生產的商業模式，物料管控就成為很重要的課題。」這是走過半世紀的重電大廠華城電機多年來遇到的瓶頸。近期成功導入資通電腦 MES 優化工廠產線製造能力與生產流程效率，透過構建智慧製造數位管理平台，改善華城電機對物料紀錄、生產資訊與進度取得不即時、不透明等狀況，實踐透明化、數據化與即時化的生產管理，逐步達成智慧製造數位轉型。

華城電機具備工業 4.0 觀念，思考如何將智慧製造融入工廠中。導入 MES 前已有智慧製造經驗，但因產品特性因素，決定尋找一套符合電機廠生產流程的 MES 系統，協助落實智慧製造應用管理。

四、整合 ERP 與供應商系統，提高資訊流精準度

MES 就如同中樞神經系統的骨髓，可串接多個異質系統，整合不同系統的生產數據，成為電機廠產線運作順暢的關鍵！」華城電機向來對製造流程與資訊流精準度要求很高，透過 MES 對內精準接軌企業資源規劃工單、料號、物料清單 及完工等資訊，對外整合供應商系統，以減少人員重複作業、掌握供應商交期並確保資訊一致性，讓營運與生產流程得以順利進行。

五、生產履歷追溯，即時掌握生產進度，嚴格把關品質標準

為改善過往人工抄寫生產紀錄及生產進度掌握不即時、不完整的問題，PDA（Personal digital assistant，個人數位助理）條碼化管理及 WIP（Work in process，在製品管理系統）在此次導入過程扮演關鍵要角。透過刷入條碼紀錄工單、人員、機台、物料等生產資訊，由 MES 系統勾稽整合，即時追蹤掌握生產進度，並建立生產履歷，達到精實管理的目的。

六、與供應商數位串流、即時供料，物料管理透明化

因電機廠生產所需物料又大又重，在工廠空間有限無法囤積物料的情況下，物料何時抵達便成為生產流程的最關鍵因素，透過與供應商數位串流以及 MMS（Material management system，物料管理系統），整合各供應商物料條碼，除了收集更詳細的物料資訊外，也能反應製造現場物料使用狀況，並根據料況即時補充供料，協助電機廠做到物料管理透明化。

資料來源：資通電腦官網

5-1　整體規劃的意義與特性

一、整體規劃（Aggregate planning）之意義

　　整體規劃是建立在企業生產策略和總體生產能力計畫的基礎之上，並決定企業的主要生產計畫和以後的具體作業計畫的訂定。總生產計畫是在一定的區域及一段時間內，利用已知的員工人數、設備產能水準、產品的需求預測及完成品的存貨水準等投入資源，以生產成本最小化爲目標，進行產出規劃。

　　組織的產能決策有三種層級：長期、中期及短期，如圖 5-2。長期決策是有關產品及服務的選擇、設施的地點與規劃、設備決策及設施位置，長期決策必須要確定中期規劃運作所需的產能限制。中期決策是關於一般的僱用水準、產出及存貨等，並依次建立與短期產能決策之間的界限。短期決策涉及排程工作、人員與設備等。

1. **長期規劃（1 年以上）**：計算公司所需之資源需求，對於機器設備與人力之規模大小之決策。

2. **中期規劃（2 個月～1 年）**：依照公司資源所決定之產能，以整體性之考量來平衡生產與銷售之問題，並決定公司之存貨水準、勞動力需求與生產速率，一般稱爲整體生產規劃階段。

3. **短期規劃（少於 2 個月）**：決定生產之零組件需求與每一訂單之生產順序與交貨期限，本階段爲「生產活動控制」階段。

圖 5-2　整體規劃之階段性內容

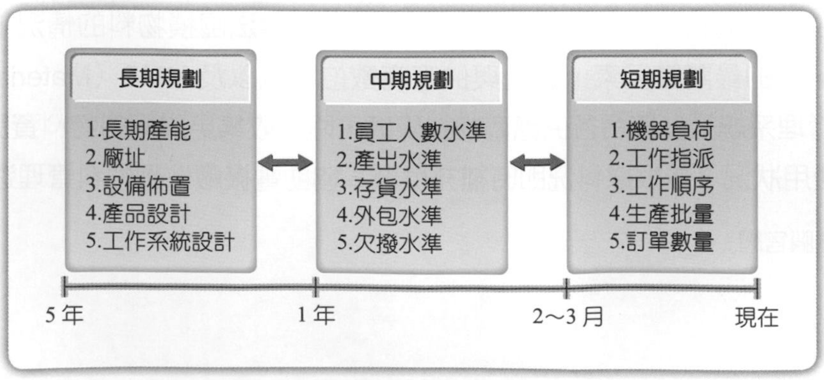

　　整體規劃通常屬於中期的產能規劃，基於設備無法變動，故決策者只能由加班、員工人數的增減、存貨水準、外包、價格、廣告等方面著手調整，而使供給和需求得以配合。整體規劃是採取總體觀點發展出整個組織的生產計畫，它考慮的是所有的產品，而非針對某一特定的產品項目。衡量產品時大都用每月多少人工小時、機器小時或每個月多少產出表示。其關聯如下：

1.　資源規劃（**Resource planning, RP**）：提供企業的長期資源運用計畫，並配合生產規劃，進而規劃出合理且具成長性的長期生產計畫。亦可稱生產規劃結合資源規劃為「總合生產規劃」（Aggregate production planning, APP）。

2.　需求規劃（**Demand planning, DP**）：主要在彙總企業外部的市場需求，作為生產規劃模組，擬定長期生產計畫的依據。

3.　主排程規劃（**Master scheduling, MS**）：規劃的對象為產品群組，並非單一產品。當完成產品群組的生產規劃後，需再規劃單一產品的主生產排程。換言之，以生產計畫的總體資料為依據，將之分解（Disaggregate）為可執行的主生產排程計畫。

二、整體規劃之特性

　　由於產品或服務需求很少是穩定的，因此管理當局必須發展一套有效的方法來因應需求的變化；就一年的時間而言，基於設備無法變更，故決策只能運用先前所提的需求預測和產能規劃的資訊制定價格、促銷、缺貨訂購、新需求、雇用或裁員、加班、減少工時、兼職員工、存貨水準及外包等決策，而使供給和需求相配合。

　　整體規劃決策的重點強調共通性而非特殊性，考慮整體項目而不注重個別項目。例如，百貨公司的空間配置通常是一種整體決策，也就是管理者決定把服飾部的 30% 有效空間配置給婦女運動服、20% 擺設青少年服飾、10% 配置給童嬰服飾等，而不需考慮提供何種品牌的青少年服飾會過時等。

　　整體規劃對生產多樣產品與服務的大型作業更具有價值，對一些小規模的單一產品公司而言，整體規劃就像是主生產排程，只是整體規劃所涵蓋的時間較長，它所考慮的是所有產品，而非某一特定產品。整體規劃特性有：

1.　設備為固定無法變動及長期之產能固定。

2.　同時操作供給和需求變數。

3. 同時考慮多個目標，例如，加班、外包、廠雇人員、聘用臨時工等。

4. 假設需求式波動且不確定，且需求是以整體數量來表示。

5. 規劃水準約 12 個月，且可能每月定期更新計畫。

5-2 整體規劃流程與因素

　　整體規劃讓管理階層在生產或勞務循環週期的一開始，面對處理需求與產能的問題，確保最具成本效率的產能解決方案，滿足顧客的需求。整體規劃人員所考量的是企業的變動資源及固定資源對組織產生的影響，包括：生產資源、需求預測、公司政策及成本資料等，如表 5-1 說明。

表 5-1　整體規劃因素

資訊來源類別	生產資源	需求預測	公司政策	成本資料
項目	◆ 生產人員數量 ◆ 設備數量 ◆ 生產速率	◆ 季節因素	◆ 員工是否資遣 ◆ 加班能量 ◆ 外包數量 ◆ 兼職人員數量 ◆ 存貨水準 ◆ 缺貨欠撥與否	◆ 正常產出成本 ◆ 存貨成本 ◆ 缺貨成本（預收訂單成本） ◆ 加班成本 ◆ 資遣 / 增雇成本 ◆ 外包成本

　　整體規劃流程如圖 5-3，整體規劃區分為短、中、長期產能規劃。長期產能規劃是整合資源需求規劃（Resource requirement planning, RRP）。確認中期產能規劃之企業整體規劃（Aggregate planning, AP），透過配銷需求計畫（Demand requirement plan, DRP）確認主排程（Mater schedule, MS），考慮粗略產能計畫（Rough capacity planning, RCP）確認主生產排程再進行主生產排程計畫，進而決定短期產能規劃之負荷安排。

圖 5-3　整體規劃流程

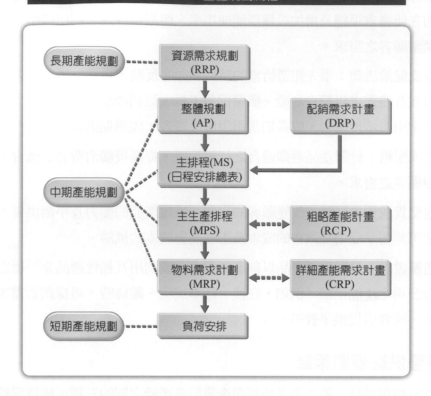

5-3　需求與供給變數的運用

　　整體規劃是基於設備無法變動下，所進行供給（生產規劃）與需求管理（行銷規劃）配合調整。整體規劃關心的是如何使供需能夠平衡，處於規劃期間，產能超過公司需求，則決策者要考慮如何刺激需求（如廣告）或減少產能（如解雇或增加存貨）。調整策略主要包括：調整需求變數策略與調整供給變數策略。

一、調整需求變數策略

　　運用行銷管理中的 4P 組合：產品（Product）、價格（Price）、促銷（Promotion）與通路（Place），當需求上升或下降時，運用 4P 組合的行銷手段，改變市場需求的變化。

1. **定價**：採取不同的價格，用來降低尖峰時間的需求或增加離峰時間需求的手段，目的在使需求平穩及增加設備產能使用率。價格彈性高，利用價格策略較能有效調整顧客之需求。

2. **廣告及促銷活動**：事先知道恰當的時機和顧客反映，再進行廣告及促銷，往往能有效改變需求以符合產能。慎選促銷工具，以利產品之銷售，例如，產品導入期常用告示性廣告，成長期常用說服性廣告，成熟期則常用提醒性廣告。

3. **通路或配銷**：針對產品選擇適合之行銷管道，提高接觸消費者之機會，如此可改變顧客之需求。

4. **延遲交貨或預先訂購**：改變顧客的需要，減緩產能的壓力及平衡供需，唯此一方法可能要承受增加銷售的成本及影響商譽成本的風險。

5. **創造新需求**：發展出新產品以創造新需求，或利用互補性產品來平衡需求，以配合公司之產能供給。例如，在淡、旺季或尖、離峰時，可採創新需求來平衡產能、速食店提供早餐等。

二、調整供給變數策略

建立整體規劃時，顧客需求預測與企業製造產能之間的三種可能情況為：

1. **需求與產能幾乎相等**：規劃者的任務為設法使現有的產能與預測的需求在最有效率的狀況下一致。

2. **需求超過產能**：需要採取擴張廠房或轉包給其他製造商的額外行動。

3. **產能超過需求**：額外的產品促銷，以便把停滯的需求提升到目前的產能水準。

藉由生產策略之採用來調整產能，主要生產策略有三種不同的規劃原則：平穩策略、追逐需求策略與混合生產的策略。

1. **平穩策略（Level）**：生產規劃主要以有限資源為考量，訂定一固定的生產水準，有以下兩種策略：

   (1) 平穩生產策略（Level-utilization strategy）：保持勞動力不變的策略，透過加班、減班和排班計劃，調整利用率以配合需求預測，使短缺成本降至最低，但存貨成本相對的會提高，且會持續累積存貨，需搭配有良好的存貨管理與需求規劃功能、產能利用率必須充分發揮的產業。

(2) 平穩存貨策略（Level-inventory strategy）：規劃水準內顧客之需求加以平均後，換算成所需員工數、工時與產量，且在三者固定下，藉由存貨水準高低影響成本及顧客滿意度。

2. **追逐策略（Chase strategy）**：生產規劃完全以滿足需求計畫為原則，調整勞動力水準（Work-force level），透過僱用或解僱的方式，產能可以與需求配合。目的在使供應鏈中的存貨成本下降，但也會導致人工成本較低廉的環境。追逐策略方法將嚴格考驗企業的採購與生產運籌管理與作業能力。藉由調整產能配合顧客之需求，員工人數、工時與產量每期可能不同，又可細分為改變勞動力及改變生產率。

(1) 改變勞動力：員工人數增減不大，可節省人力成本，但員工之訓練及資遣費用相對增加。

(2) 改變生產率：藉由生產速率調整產出，包括加班、減班或外包，提供員工穩定工作，提高工作士氣。加班費影響生產成本上升，外包可以減少固定資產之投資，但外包品質不易控制，增加管理成本。

3. **混合生產策略（Mixed strategy）**：混合策略乃是結合上述兩種策略而成，一般企業較常使用此種策略，利用小幅彈性加班、外包、增加輪值或是臨時工，解決短期的高需求量。混合生產方法可避免大幅度的調整產能與人工的使用，亦可避免庫存成本或短缺成本過高。

5-4　整體規劃之技術

整體規劃之技術如表 5-2 說明，可分成以下三種求解方式。

1. **嘗試錯誤法**：是一種透過不斷嘗試與修正的方法，例如圖解法與模擬法。
2. **數學方法**：整體規劃之求解方法可利用數學方法加以解答，得到最佳解，例如線性規劃法、線性決策法則與運輸問題模式。
3. **啟發式解法**：只能得到可行解而不一定為最佳解。

表 5-2 整體規劃技術彙總表

求解方式	整體規劃技術	特點
嘗試錯誤法	圖解法	直覺方式，易於了解，但解答並不一定是最佳解。
	模擬法	電腦模擬各種情況，求得可接受的解答，但不一定可得到最佳解。
數學方法	線性規劃法	運用電腦求解，但線性之假設並不一定適合各種情況。
	線性決策法則	複雜，需要獲得合適的成本資料來建立模式，但成本之假設不一定合適。
	運輸問題模式	運用電腦求解，但線性之假設並不一定適合。
啟發式解法	參數生產規劃	使用搜尋法則，求得有關參數，並發展可行決策。
	管理係數模式	多元迴歸整合管理績效模式，增進決策績效。

一、線性規劃法　★進階內容（偏難）

　　線性規劃（Linear programming, LP）應用於成本及其變數之關係為線性，是為了得到最小成本或最大利潤，其涉及分配稀少資源，以使問題求出最佳解。就一般組織而言，如各項資源間的利用與目標之達成均屬直線關係，可應用線性規劃這種計量決策工具求解。

　　線性規劃考慮目標函數與資源限制，在考慮各項資源限制下，目標函數可能是利潤極大化（Max）或成本極小化（Min），數學模式如下：

$$目標函數：Max \text{ or } Min \ Z = C_1X_1 + C_2X_2 + \cdots\cdots + C_nX_n \qquad （式 5\text{-}1）$$

$$資源限制：A_{11}X_1 + A_{12}X_2 + \cdots\cdots + A_{1n}X_n \leq B_1 \qquad （式 5\text{-}2）$$
$$A_{21}X_1 + A_{22}X_2 + \cdots\cdots + A_{2n}X_n \leq B_2$$
$$A_{m1}X_1 + A_{m2}X_2 + \cdots\cdots + A_{mn}X_n \leq B_m$$

例題 5-1

S 公司生產兩種基本類型的塑料管。三種資源對管材的產量至關重要：擠出、包裝和塑料原料的特殊添加劑。以下數據代表下星期的情況，所有數據均以 100 英尺管道為單位。

產品			
資源	型 1	型 2	可利用資源
擠出	4 小時	6 小時	48 小時
包裝	2 小時	2 小時	18 小時
添加劑	2lb	1lb	16lb

解答

步驟 1：定義決定產品組合的決策變數。

x_1 ＝ 下週生產和銷售的型 1 數量，100 英尺爲增量進行測
　　（例：$x_1 = 2$ 表示 200 英尺的型 1 管道）

x_2 ＝ 下週生產和銷售的型 2 數量

步驟 2：定義目標函數。目標是利潤最大化。

每單位 x_1 產生 34 美元，每單位 x_2 產生 40 美元。

目標函數爲 $\$34x_1 + \$40x_2 = Z$

步驟 3：限制條件。

$4x_1 + 6x_2 \leq 48$

$2x_1 + 2x_2 \leq 18$（包裝）

$2x_1 + x_2 \leq 16$（添加劑）

$x_1 \geq 0，x_2 \geq 0$

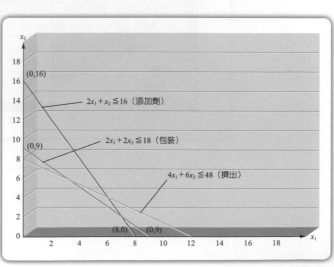

1. 最適（可行）區域：圖上包含同時滿足所有限制，解決方案的區域，包括非負數（大於零）。

2. 使用三個規則找到滿足有限制條件的區域：

(1) 對於 = 限制，只有線上的點是可行解。

(2) 對於 ≤ 限制，可行解：線上的點以及下方和 / 或左側的點。

(3) 對於 ≥ 限制，可行解：線上的點和上面和 / 或右側的點。

當限制左側的一個或多個參數為負時，繪製限制線並在其一側測試一個點：

$2x_1 + x_2 \leq 16$（添加劑）

$x_1 \geq 0$，$x_2 \geq 0$

$2x_1 + x_2 \geq 10$

$2x_1 + 3x_2 \geq 18$

$x_1 \leq 7$

$x_2 \leq 5$

$-6x_1 + 5x_2 \leq 5$

$x_1 \geq 0$，$x_2 \geq 0$

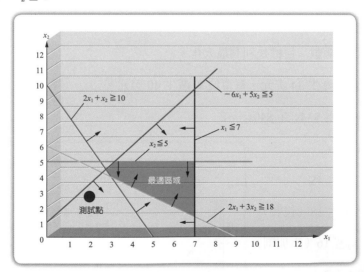

例題 5-2　★進階題型（偏難）

某大型配送中心必須制定人員配置計劃，使用兼職理貨員，將總成本降至最低（使用追逐和平穩策略）。平穩策略需要以最少的加班時間滿足需求，不考慮安排假期排班計畫，每個兼職員工每週最多可以正常工作 20 小時，且不支付加班費，非高峰期縮短每個兼職員工的工作天數，高峰期則可以使用加班。目前有 10 名兼職員工，下表為預測人力資料。

時期	1	2	3	4	5	6	總計
預測人力	6	12	18	15	13	14	78

限制與成本資料如下：

1. 新員工人數限制在不超過 10 人。

2. 不允許延期交貨；滿足每個時期的需求。

3. 加班不能超過正常時間的 20%。兼職員工最多可以工作 $1.20 \times 20 =$ 每週 24 小時。

4. 可以分配以下成本：

    (1) 正常時間下：\$2,000 / 20 小時 / 週

    (2) 加班：正長時間的 150%

    (3) 雇用成本：\$1,000

    (4) 解雇成本：\$500

請問有哪些產能決策策略？

解答

有以下二種產能決策策略：

1. 追逐策略：

    (1) 固定的員工數滿足需求，但當需求過多時，根據需要調整勞力以滿足需求。

    (2) 行列勞力與預測需勞力相同。

    (3) 因為現有的員工人力是 10 人，第一期所需的員工只有 6 人，從裁員 4 名兼職員工開始。

(4) 總成本為 $173,500。

時期	1	2	3	4	5	6	合計
預測人力	6	12	18	15	13	14	78
人力水準	6	12	18	15	13	14	78
減班	0	0	0	0	0	0	0
加班	0	0	0	0	0	0	0
預測							
人力運用	6	12	18	15	13	14	78
雇用	0	6	6	0	0	1	13
解雇	4	0	0	3	2	0	9
成本計算							
人力成本	$12,000	$24,000	$36,000	$30,000	$26,000	$28,000	$156,000
減班成本	$0	$0	$0	$0	$0	$0	$0
雇用成本	$0	$6,000	$6,000	$0	$0	$1,000	$13,000
解雇成本	$2,000	$0	$0	$1,500	$1,000	$0	$4,500
總成本	$14,000	$30,000	$42,000	$31,500	$27,000	$28,000	$173,500

2. 平穩策略：

(1) 為了減少加班時間，必須在高峰期盡可能使用加班時間。

(2) 可使用的加班時間是正常時間的 20%，w。

$1.20 \times w =$ 高峰期需要 18 位員工（第三期）

$$w = \frac{18}{1.20} = 15 \text{ 位員工}$$

(3) 15 名員工的規模，平穩策略減少加班時間。

(4) 因為由於員工中已經有 10 名員工，可再僱用 5 名。

(5) 總成本為 $164,000。

3. 總成本比較：

策略	總成本	備註
追逐策略	$173,500	
平穩策略	$164,000	最低成本

5-5　整體規劃產出

一、整體規劃之產出

　　主排程表（MS）又稱日程安排總表，或勞動力排程（Workforce schedule），是將總體計畫分解的結果，顯示出在排程期間特定最終項目的數量和時程。主生產排程則指在考慮期望交貨的數量及現有庫存下，計畫生產的數量與時程。圖 5-4 說明透過整體規劃產出甲產品之需求主排程，再整合為個別產品項的主生產排程。

圖 5-4　整體規劃展開排程計畫

月	1	2	3	4	5
需求量	100	200	200	100	300

整體規劃

1月	1	2	3	4	2月
預測需求	30	30	30	30	30
訂單	33	20	10	4	2
預計存貨	31	1	41	11	51
主生產排程			70		70
可承諾計畫	31	11	71	67	135

甲產品主排程

$$31 = 64 - 33 \quad 1 = 31 - 30 \quad 135 = 67 + 70 - 2$$
$$41 = 1 + 70 - 30$$

	月	1	2	3	4	2月
個別產品項	甲	70	70	140	70	140
	乙	10	50	20	10	80
	丙	20	80	40	20	80
	產品族	100	200	200	100	300

主生產排程

例題 5-3

某產品未來八週的銷售預測和顧客訂單數量如下表所示，現有存貨數量為 120 單位，生產批量為 300 單位，假設當預計存貨（Projected on-hand inventory）低於 30 單位時，即安排生產批量 300 單位，請發展主生產排程。

週	1	2	3	4	5	6	7	8
銷售預測	100	100	100	110	110	110	120	120
顧客訂單	110	90	60	120	40	30	－	－

解答

期初存貨 120	1	2	3	4	5	6	7	8
銷售預測	100	100	100	110	110	110	120	120
顧客訂單	110	90	60	120	40	30	－	－
預計持有存貨	310	210	110	290	180	70	250	130
MPS	300			300			300	
可承諾量	160	70	10	190	150	120	300	180

可承諾量（ATP）：

期初庫存 + MPS − 下一期 MPS 前顧客訂單總和 = 120 + 300 − (110 + 90 + 60) = 160

二、整體規劃後續作業

（一）粗估產能需求規劃

此一程式乃是將 MPS 轉換成關鍵資源之產能需求，然後決定主生產排程對產能限制是否可行，若不可行則必須修改 MPS 以配合產能的限制，如圖 5-5 所示。

圖 5-5　粗估產能需求規劃流程

（二）服務業的總體規劃

服務業的總體規劃仍然要考慮到顧客需求、設備產能與人力產能，產生的計畫是以時間為基礎、服務人員需求的規劃。

整體來說，服務業的總體規劃與製造業應該是大同小異，不過有些重要的差異如下說明，其中最大的差異在於製造業中的產品通常是實體可見，並且是可以儲存的，而服務業的產品，通常是不可見，不可儲藏的，這樣的基本差異造成的服務業與製造業在根本上的不同。

1. **支付與服務同時發生**：例如財務規劃、顧問諮詢等服務業，通常是不可見、不可儲藏的，因此，不可能在預測未來需要趨勢的狀況下，選擇建立存貨水準。另一方面，未被使用的服務產能，亦不可能明年繼續使用，只能視為今年產能之浪費，產品與服務需要配合為服務業重要策略。

2. **很難預測服務業的需求**：服務業的變動需要變化很大，例如，對於航空業而言，必須以氣象、落地情況、航班的機會需求及搭機旅行之成長率，預測服務需求，可能暑假期間是黃金需求，但亦可能因天災人禍而導致需求的降低，這些因素導致航空業者必須維持一定現金流量與合理利潤，規劃必要措施，因為有可能太少或太多架飛機、或即使是數量剛好的飛機但放錯地方，都有可能造成經營利潤損失，因此，服務業者必須花更多的心思規劃產能水準。

3. **難以預測產能可用性可能**：服務業產能，確定隨時都有足夠的產量，但何謂足夠的產量，有時亦會變動很大，與製造業的零工式生產方式有類似的狀況。例如，一家餐飲服務業平常日與假日產能的需要就有很大的差異，服務業所需的工作種類，可能很多，包括前場與後場作業，需要備多少料，符合多少顧客數，服務空間有多大的範圍，服務動線如何安排，都會影響產能的規劃，因此只能建立一個適當的產能範圍。

4. **人力彈性運用是服務業的優勢**：服務業之經營以人力資源為核心，人力佔服務業的比例與重要性高於製造業，人力資源是服務業最重要的資產，若是人力資源組合或調配數量運用不當，相對就成為經營管理負荷很大的成本。因此服務業除了必須掌握很重要的正確方向，更注重人力資源的彈性運用，善用各類人力組合業務運作，以最經濟人力成本，發揮最大的人力資源效能。例如，採取自助服務系統（Self-services system），顧客會自動調整，配合服務需求分解總體計畫。

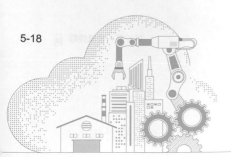

工管小常識

產銷模型

　　產銷協調就是由生產及銷售雙方以協商或經驗判斷的方式達成共識，包括生產什麼、生產多少及何時交貨等。

　　當產能衝突時，排程的優先順序，通常存在以下幾種策略：(1) 最大利潤策略；(2) 最大競爭優勢策略—依客戶重要性；(3) 最小總成本以現貨，在製品滿足訂單需求，追求小批量投產（具快速換模 / 換線能力）；(4) 最高顧客服務水準策略，以成品存貨直接供貨；(5) 延遲策略：預測對象為產品系列，而非單一品號，總量的預測誤差會小於個別誤差的總和，因此有助降低預測不準確的風險，也就是往前拉到研發設計階段，就將模組共用，可以縮短加工時間，加速交付的時效。

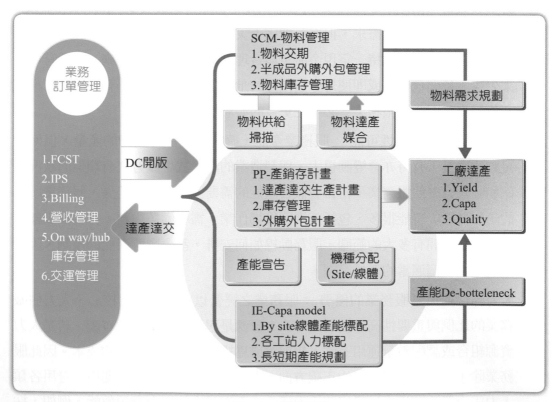

圖 5-6　產銷系統

資料來源：http://iem.csu.edu.tw/wSite/public/Attachment/f1539570840029.pdf

一、 **選擇題（單選題）** ★標示為較難題目

( ) 1. 生產規劃完全以滿足需求計畫（Demand plan）爲原則，目的在使供應鏈中的存貨成本下降，但也會導致人工成本較低廉的環境： (A) 追逐市場需求（Chase）策略 (B) 平穩存貨策略（Level-inventory strategy） (C) 混合生產（Mixed）策略 (D) 以上皆非

( ) 2. 生產規劃所規劃的對象爲產品群組，並非單一產品，當完成品群組的生產規劃後，須在規劃單一產品的： (A)資源規劃 (B)總體生產規劃 (C)需求規劃 (D) 主生產排程

( ) 3. 下列四項與生產相關的功能：I 總合生產規劃（Aggregate production planning）、II 物料需求規劃（MRP）、III 市場需求估計（Market demand estimation）及 IV 主生產排程（Master production scheduling），其導出之先後順序爲？ (A) II－I－III－IV (B) I－III－II－IV (C) III－I－IV－II (D) III－II－I－IV

( ) 4. 進行整體規劃時，若公司主要政策在使存貨降至最少，而以靈活並具彈性的產能供應能力來應付需求的變化。則公司應採用下列何種策略？ (A) 追逐策略 (B) 平穩生產策略 (C) 平穩存貨策略 (D) 維持穩定的勞動水準策略

( ) 5. 下列何者不是決定主生產排程所需要的資訊？ (A) 顧客訂單 (B) 期初存貨 (C) 預計存貨 (D) 需求預測

( ) 6. 下列何者不屬於調整產能供給方法？ (A) 加班 (B) 外包 (C) 僱用或辭退員工 (D) 調整產品訂價

( ) 7. 下列何者不屬於調整產能需求方法？ (A) 調整產品訂價 (B) 促銷活動 (C) 僱用或辭退員工 (D) 創造新需求

( ) 8. 對整體規劃的描述下列何者有誤？ (A) 可以用線性規劃求解 (B) 可以追求產能供需平衡 (C) 可以用來規劃公司的生產規劃 (D) 可以精確估計個別產品的生產計畫

( ) 9. 就一般之生產規劃程序而論，產能需求規劃（CRP）、物料需求規劃（MRP）、主生產排程（MPS）此三者之規劃先後次序應爲？
(A) MPS → MRP → CRP (B) CRP → MRP → MPS
(C) MPS → CRP → MRP (D) MRP → CRP → MPS

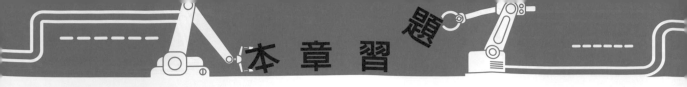

(   ) 10. 以下哪項是對整體規劃的實體限制的最佳案例？   (A) 庫存存儲空間   (B) 缺貨水平   (C) 加班   (D) 安全庫存水平

(   ) 11. 以下哪一項條件有利於製造業的水平策略（Level strategy）？   (A) 作業工人的彈性運用   (B) 存貨的保存期短   (C) 高度自動化的設備和庫存生產的策略   (D) 庫存持有成本高

(   ) 12. 大學行政和維修人員在寒假期間初期間裁減 50%，學生都已不在大學與學生宿舍裡。這種類型的行政和維修人員時間表是   (A) 假期排班計畫   (B) 兼職時間計畫   (C) 加班時間計畫   (D) 季節性時間計畫

B 公司生產旋轉式風扇，生產計劃期限為半年。生產計劃允許定期、兼職、加班和外包生產以滿足需求，但每種方法最多可生產 12 台。預期庫存和延期交貨都是允許的。期初（或當前）庫存為 20 個單位。他們對整體計劃產生以下結果。請回答第 13 ～ 15 題：

	1	2	3	4	5	6	總計
投入							
需求預測	100	125	120	80	75	70	570
人力需求	80	80	80	80	80	80	480
兼職	12	12	12	12	12	12	72
加班	0	0	0	0	0	0	0
庫存資訊							
期初庫存	20	12	0	0	0	0	
期末庫存	12	0	0	0	0	2	
延後訂單	0	21	49	37	20	0	127
計算							
人力成本 $5	400	400	400	400	400	400	$2,400
兼職成本 $6	72	72	72	72	72	72	$432
加班 成本 $7.5	0	0	0	0	0	0	$0
外包成本 $8	0	0	0	0	0	0	$0
持有成本 $5	80	30	0	0	0	5	$115
延後訂單成本 $20	0	420	980	740	400	0	$2,540
Total	$552	$922	$1,452	$1,212	$872	$477	$5,487

★( ) 13. 根據生產計劃第四期，未使用的加班產能是多少？ (A) 0 (B) 4 (C) 9 (D) 12

★( ) 14. 如果公司致力於正常生產和加班生產，那麼在第一期時需要多少預期庫存，才能導致第 6 期後的期末庫存為零？ (A) 9 個或更少的單元 (B) 10 至 17 單位 (C) 18 至 25 單位 (D) 25 至 32 單位

★( ) 15. 根據生產計劃，滿足第二期的需求後，第二期的期末總庫存是多少？ (A) −21 個單位 (B) 0 個單位 (C) 21 個單位 (D) 無法從提供的資訊確定

二、 填充題

1. _____（Aggregate planning）建立在企業生產策略和總體生產能力計畫的基礎之上，並決定企業的主要生產計畫和以後的具體作業計畫的訂定。

2. 整體規劃通常屬於_____產能規劃，基於設備無法變動，故決策者只能由加班、員工人數的增減、存貨水準、外包、價格、廣告等方面著手調整，使供給和需求得以配合。

3. _____（Resource planning, RP）：提供企業的長期資源運用計畫，並配合生產規劃，進而規劃出合理且具成長性的長期生產計畫。生產規劃結合資源規劃亦可稱為「總體生產規劃」（Aggregate production planning, APP）。

4. 組織的產能決策有長期、中期及短期三種層級：(1) 長期規劃（_____以上）；(2) 中期規劃（2 個月～ 1 年）；(3) 短期規劃（少於_____）。

5. _____（Level-utilization strategy）：保持勞動力不變的策略，透過加班、減班和排班計畫，調整利用率以配合需求預測，使短缺成本降至最低，但存貨成本相對會提高，且會持續累積存貨，需搭配良好的存貨管理與需求規劃功能，適用產能利用率必須充分發揮的產業。

6. _____（Chase）：生產規劃完全以滿足需求計畫為原則，調整勞動力水準（Work-force level）是以僱用或解僱的方式，使得產能可以與需求配合。

7. _____（Level-inventory strategy）：規劃水準內顧客之需求加以平均後，換算成所需員工數、工時與產量，且在三者固定下，藉由存貨水準高低影響成本及顧客滿意度。

8. _____（Linear programming, LP）適用成本及其變數間為線性關係，為了得到最小成本或最大利潤，涉及分配稀少資源，以使問題求出最佳解。

9. _____（Master schedule）或勞動力排程（Workforce schedule），又稱日程安排總表，是將總體計畫分解的結果，其顯示出在排程期間特定最終項目的數量和時程。

10. 整體規劃是基於設備無法變動下，所進行供給（生產規劃）與需求管理（行銷規劃）配合調整。整體規劃關心的是如何使供需能夠平衡，處於規劃期間，需求超過公司產能，則決策者要考慮如何刺激需求（如廣告）或減少產能（如解雇或增加存貨）。調整策略主要包括：調整_____變數策略與調整_____變數策略。

三、 簡答題

1. 列出整體規劃之特性。

2. 請簡述主排程的投入與產出。

3. 簡述組織的產能決策有哪三種層級？

4. 請列出服務業的總體規劃與製造業的差異。

5. 何謂 MS 及 MPS ？

關鍵字彙

1. 產品群組（Product groups）
2. 總合生產規劃（Aggregate production planning）
3. 資源規劃（Resource planning）
4. 資源需求規劃（Resource requirement planning）
5. 需求規劃（Demand planning）
6. 主排程規劃（Master scheduling）
7. 追逐策略（Chase strategy）
8. 平穩生產策略（Level-utilization strategy）
9. 平穩存貨策略（Level-invetory strategy）
10. 混合生產策略（Mixed strategy）

Chapter

06

物料需求計畫與
企業資源規劃

 ## 學習目標

1. 說明物料需求計畫的系統
2. 描述獨立性需求與相依性需求的特性
3. 說明物料需求計畫之輸入、輸出及其性質
4. 解釋物料需求計畫產品結構樹
5. 解釋物料需求計畫的處理邏輯,轉換成低階物料項目的需求
6. 討論物料需求計畫之進貨批量及其用途
7. 說明製造資源規劃及物料需求計畫之關係
8. 說明企業資源規劃

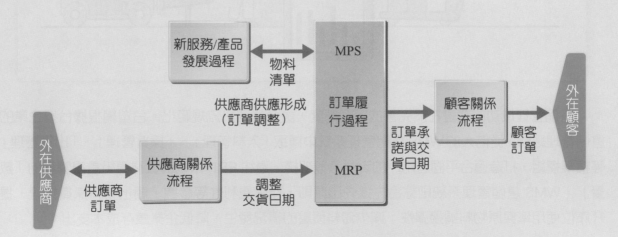

管理個案新知

WMS 倉儲管理系統

隨著工業 4.0 興起，少量多樣的生產模式成為常態，繁多的資材品項讓倉儲管理系統（Warehouse management system, WMS）愈來愈受重視，不論是原物料倉或是成品倉，資材管理都是製造企業智慧工廠中不可或缺的一環；倉儲管理系統（WMS）使用 RFID/ 二維碼資訊技術，對倉庫收貨、發貨、補貨、揀貨、送貨等各環節實施全程式控制，將貨物進行貨位、批次、保質期等二維碼標籤序號管理；實踐無紙化作業、改善倉儲管理流程，將有限資源作最佳配置，強化倉庫管理效率。

倉儲管理成功的關鍵在於完善的管理制度，讓企業資訊流規範化。台塑網根據台塑企業的倉儲管理經驗，從偌大的 WMS 倉儲管理系統中擷取「入料管理」、「揀貨管理」、「出貨管理」等精華模組，打造適合平面倉用戶的資材管理架構。過往 ERP 系統的資材模組重視物料的「數量」，WMS 倉儲管理系統則綜合先進先出原則，作業便利性等參數，簡化物料揀貨排程，提升庫位使用率與原物料調撥彈性；減少滯料積壓的情況發生，降低企業庫存成本支出。

由系統亦能減少倉管人員搜尋物品的時間成本；從源頭供應商進料開始，依「一次輸入，多次使用」的台塑管理概念，讓幕僚單位清楚了解庫存現況，毋須投入額外工時進行報表彙整，提升管理的準確性及即時度，協助製造業扎穩資材與倉儲智慧化的基礎，增加市場的競爭優勢。

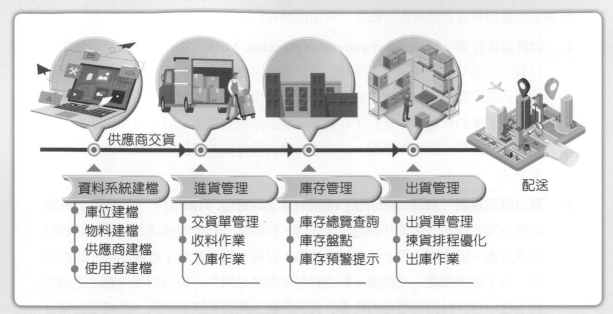

圖 6-1　台塑網倉儲管理系統（WMS）流程圖

系統效益：

1. 導入電腦數位化管理，確保庫存資料即時正確、料帳相符。

2. 庫存動態即時管理，有效控制存貨及訂單。

3. 透過條碼管理，提高倉庫作業效率及達到無紙化作業。

4. 整合 MES/MIS/ERP 系統資訊，避免重複輸入，節省人工、提升效能。

5. 通過主動通報異常庫存、先進先出管理等功能，縮短訂單處理時程。

6. 提高出貨正確率及客戶滿意度。

7. 安排貨物最適擺放位置，提升空間利用率。

8. 設定即時而準確的安全庫存警示，達成企業最佳庫存管理。

9. 定期對滯料提出警告，以利降低滯料積壓成本。

資料來源：台塑網科技

　　企業資源規劃演化歷程是漸進方式，它並不是一個全新的領域，沿習早期的物料需求計畫和製造資源規劃之概念，再加以擴充整合，說明如下：

1.　**物料需求計畫**（**Material requirement planning, MRP**）：在早期企業經營中，存貨被認為有益於企業，因為存貨可以即時因應顧客的需求、調節生產過程可能遇到的問題，所以存貨是資產的一部份。由於存貨管理的內容相當複雜，往往超過企業的負荷，於是有了存貨管理資訊系統的產生。另一方面企業為了處理客戶的訂單協調生產過程，必須連結物料及存貨的資訊，物料需求規劃應時而生。

2.　**製造資源規劃**（**Manufacturing resources planning, MRP II**）：隨著資訊系統將機台及工作站的生產計畫也包含在內，物料需求計畫演變成封閉迴路的物料需求計畫，但實際使用上仍有巨大缺陷：對每一機台產生了產能無限的錯誤假設。為了確實規劃生產排程，製造資源規劃隨之誕生。製造資源規劃注意到生產過程中會計科目的變化而將會計資訊系統、銷售系統都納入，形成全面整合的製造資訊系統，每一機台的產能都被詳細考慮，從接單、備料、生產、存貨、運送等一連串的生產機能都有賴製造資源規劃執行。

3.　**企業資源規劃**（**Enterprise resource planning, ERP**）：企業資源規劃系統的出現，代表資訊系統由生產支援工具，演化成為企業溝通平台。此時的系統不單是管理企業生產系統，更結合了人力、財務等功能，成為企業內部的神經網路。這是因為網路應用層面加大之後，企業之間的運作更需要緊密的結合所導致。

圖 6-2　商業系統的演化

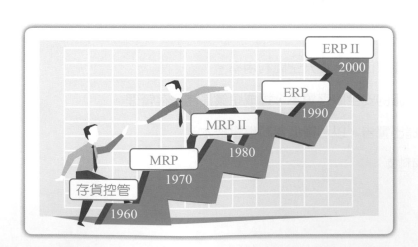

由上述的發展過程，企業資源規劃源於物料需求計畫，最大的價值在於有效的管理企業在生產過程中，不同部門對於資訊的不同需求。如存貨管理部門需知道貨物倉儲情形、生產部門需要知道訂單內容、業務單位需要知道生產能量等，都是不同部門針對同一件事所需要進行溝通的資訊。

6-1　物料需求計畫

物料需求計畫是用來訂定或處理相依需求存貨（如原物料、零組件）訂購量與時程之一種安排，特別以電腦資訊系統設計為基礎。主排程表、存貨或生產狀況有任何變動時，系統隨即重新調整命令發放的時間和數量，同時調整已發出之命令的到期時間和數量。

物料需求計畫主要將某特定需求量之成品轉換成其零組件的分項物料需求，並用成品及各零組件的生產前置時間資料倒推來決定何時該訂購與訂購多少。物料需求計畫以計畫時格（例如日或週）分析，依最終項目需求而推算低層零件的需求，從而安排訂購、製造與裝配日期，使得最終項目準時完成，同時保持最低的庫存量水準。

圖 6-3 說明物料需求計畫是由主生產排程、物料清單及庫存檔所構成；物料需求計畫系統乃是一套具有相關性的邏輯流程程序，決策規則和記錄之組合。產品製造量和完成時間的「主生產排程」（Master production schedule, MPS），利用物料清單（Bill of materials, BOM），轉換成各種零組件或材料的需求，根據每項零組件或材料的前置時間（Lead time），決定工作命令單（Working order, W/O）及採購單（Purchasing order, P/O）的發放時間和數量。

圖 6-3　MRP 之基本結構簡圖

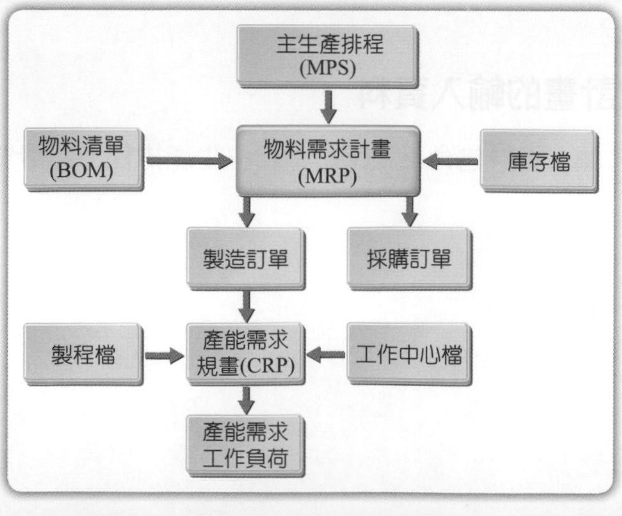

　　圖 6-4 則說明物料需求計畫透過電腦系統之運作。物料需求計畫的目的是將正確的物料以正確的數量在正確的時間提供給正需要的地方，設計用來解答與物料相關的三個基本問題：

1.　需求什麼（What）？

2.　需要多少（How many）？

3.　何時需要（When）？

圖 6-4　物料需求規劃運作方式

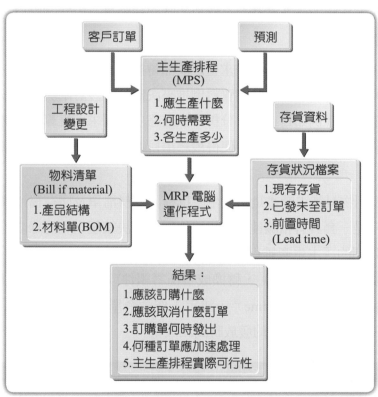

一、物料需求計畫的輸入資料

　　物料需求計畫輸入資料包含三大部份：1. 主生產排程；2. 清單檔案；3. 存貨記錄檔。

（一）主生產排程（Master production schedule, MPS）

MRP 的主要輸入，其內容乃根據顧客訂單及市場需求預測所製定的中期整體規劃內容加以分解，轉換為各產品項目的需求量及需求時間所調製而成，因此其中包括各單項產品為何？何時需要？以及生產量是多少等資料。

表 6-1　主生產排程範例

	6月				7月			
	1	2	3	4	1	2	3	4
A 產品	150					150		
B 產品				120			120	
C 產品		200	200		200			200
產銷計畫	670				670			

（二）物料清單（Bill of materials, BOM）

又稱產品結構檔，是生產所需配件之清單，表列或結構樹來表示。記錄產品的架構，在生產流程中顯示出各零組件相互關聯的資訊，在存貨項目、毛需求與淨需求的計算過程中，扮演相當重要的角色，若遇到工程設計改變或規格變更時，必須隨時更新此檔，以保持最正確的資訊。

物料清單檔案的排列有階級之分，顯示出一個最高裝配層次的一個單位所需之每一物料項目（括弧內）的數量，以產品結構樹來表示最為清楚。圖 6-5 表示最終產品 X 是由 3 個 B 及 1 個 C 所組成，且每個 B 都需有 3 個 D 及 1 個 E，每個 D 需要 5 個 E 所組成，需求以層次來表示。

圖 6-5　產品結構表

圖 6-5　產品結構表（續）

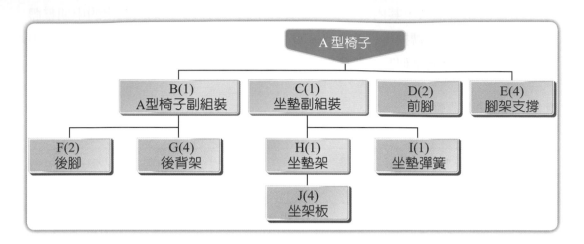

例題 6-1

請參閱附圖所示的產品 A 的物料清單。
如果沒有現有庫存和預定收貨，生產 5
件成品 A 必須購買多少件 G、E 和 D？

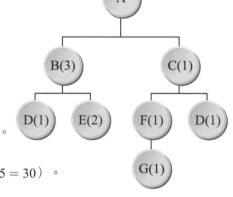

解答

1.　商品 G：$1 \times 1 \times 1 \times 5 = 5$ 個單位。
2.　商品 E：
　　單位用量表示生產 1 單位 B，需要 2 單位 E。
　　生產 1 單位 A，需要 3 單位 B；
　　5 個單位的 A 需要 30 個單位的 E（$2 \times 3 \times 5 = 30$）。
3.　商品 D：
　　(1) 消耗 1 單位 D 製造 1 單位 B，
　　　　每單位 A 消耗 3 單位 B 會產生 15 單位 D（$1 \times 3 \times 5 = 15$）。
　　(2) 單位用量的 C 中的一個單位和 D 中的一個單位會導致 A 單位用量，
　　　　共 5 個單位的 D（$1 \times 1 \times 5 = 5$）。
　　(3) 生產 5 個單位的 A 的總要求是 20 個單位的 D（$5 + 5$）。

（三）存貨記錄檔

　　主要包含每一物料的存貨狀況資料，決定淨需求，發生異動時（如收料，
發料）須加以改變個體存貨項目的狀況，存貨記錄也包含物料項目的前置時間、
批量方法等。存貨記錄檔至少應包括下列項目：1. 零件編號（Part number）；

2. 庫存量（On-hand quantity）；3. 在途量（On-order quantity）；4. 成本資料（Cost data）；5. 前置時間（Lead time）；6. 其他可能資料包括供應商名稱，購買批量等。

　　根據產品的特性與其組合型態，可將產品結構樹分成「基本型態」（圖 6-6）與「裝配型態」（圖 6-7）兩大類。

1. **基本型態：**

   (1) 單階型：專指製程較簡單且最終產品只包括一階的零件者，例如書夾。

   (2) 垂直型：最終產品系將原料經過多次轉換（或加工）過程而製程者，例如木材雕刻品。

   (3) 反向單階型：多種最終產品由一種材料所製成，例如石油製品。

圖 6-6　產品結構的基本型態

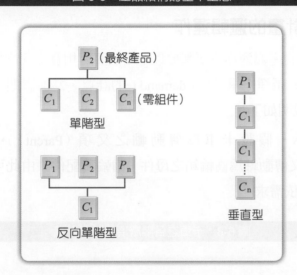

2. **裝配型：**由上述三種型態組合成，典型的機器產品即為此例。

圖 6-7　產品結構的裝配型態

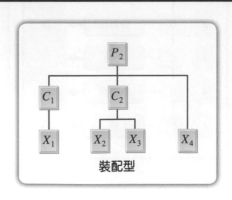

二、獨立需求與相依需求之差異

（一）獨立需求（Indepedent demand）

存貨項目的需求如與其他存貨項目的需求毫無關係，經由預測而求得消費者對製程品或最終產品或服務用零件的需求量，需求是相當穩定的。

（二）相依需求（Dependent demand）

某一存貨項目的需求是由其他存貨項目所引起，即指由於製造成品所衍生對零組件、原物料的需求。

例如，市場對汽車的需求為獨立需求，而為製造汽車所需的車燈、雨刷等，則為相依需求。

三、物料需求計畫的邏輯運作

物料需求計畫的邏輯運作主要基於以下兩個原理相互交叉應用而成：1. 由毛需求（Gross demand）至淨需求（Net demand）的計算，2. 前置期（Lead time）的逆推（Offset），茲說明如下：

如圖 6-8 所示，假設卡車為傳動軸之父項（Parent），傳動軸為配件（Component），又傳動軸為齒輪箱之母件，齒輪為配件。由此可知，卡車為獨立需求，其餘皆為相依需求。

図 6-8　卡車之各階層項目及庫存量

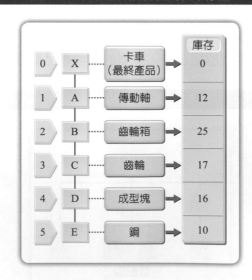

根據生產排程（MPS）及物料清單，逐層計算最終產品或相依的零組件之淨需求。假設剛接到 X 型卡車 100 輛的訂單時，可能會有人採用以下的方法來計算各物項的需求量：

A：$100 - 12 = 88$

B：$100 - 25 = 75$

C：$100 - 17 = 83$

D：$100 - 16 = 84$

E：$100 - 10 = 90$

以上的計算是不正確的，以齒輪箱 B 為例，由於其已有庫存量為 25，而傳動軸（其中亦有一個齒輪箱）有 12 個，故齒輪箱 B 的淨需求為 $100 - 12 - 25 = 63$ 個，其餘的項目淨需求如下：

X 需求量	100
A 毛需求	100
減：A 庫存	12
A 淨需求	88
B 毛需求	88
減：B 庫存	25
B 淨需求	63
C 毛需求	63
減：C 庫存	17
C 淨需求	46
D 毛需求	46
減：D 庫存	16
D 淨需求	30
E 毛需求	30
減：E 庫存	10
E 淨需求	20

四、物料需求計畫的輸出資料

物料需求計畫系統之輸出，公司之需要加以設計，主要項目可約略歸為以下六種：

1. **訂購行動**：顯示所需開出之工作單，包括採購單與製造命令單。

2. **優先順序之重排**：變更訂單之到期日，以因應供需方面的變化。

3. **優先順序之完整性**：保持優先順序之完整，有效並使存貨狀況與主生產排程密切配合。

4. **計畫訂單之排程**：根據已開出訂單之時間與數量，以作為產能需求計畫之輸入。

5. **執行之控制**：物料需求計畫所產生之「執行控制報表」可列印出實際與計畫之差異，提供給管理者參考。

6. **例外報表**：可提供「零件編號不正確」、「過期未完成」等例外訊息。

五、物料需求計畫所適用的環境及規劃重點

（一）適用環境

物料需求計畫導入企業之前應先瞭解企業產品的屬性，以及所面對的產業環境，對企業整體流程有一定的瞭解後，導入過程才會比較順利。

1. 最終產品頗為複雜，需經多層次裝配而成。

2. 最終產品頗為昂貴者。

3. 所需零件或原料之前置時間較長者。

4. 成品之製造循環週期較長者。

（二）規劃重點

企業決定使用物料需求計畫時，即面臨一項耗時耗錢又複雜的工作，要使物料需求計畫實施成功，規劃時就需要注重以下幾點：

1. 應慎重決定選購何種軟體或自行開發。

2. 對所有人員實施教育訓練。

3. 與物料需求計畫相關部門應合作無間，以減低推行阻力。

4. 高階管理人員需給予充分支持，才能使行為面的問題降至最低。

六、物料需求計畫的實施步驟與關鍵因素

（一）實施步驟

物料需求計畫的實施，實務上可分為以下十二個步驟。

1. 決定毛需求：毛需求的來源有：(1) 業務單位所收到的訂單；(2) 銷售量預測；(3) 決策階層調整產量。

2. 決定淨需求：淨需求 ＝ 毛需求 － 在途量 － 庫存量 － 已撥未領數量 ＋ 安全存量（目前已有）。

3. 安排主生產排程：由淨需求到期日、產能等因素，排定優先順序以完成主生產排程。

4. 分析物料清單：由安排主生產排程起逐層計算各零組件之毛需求、淨需求以及開出訂單量與開單時間。

5. 將物料予以 ABC 分類：依據年使用金額來分辨每項物料歸屬之類別，並決定以全部或部分物料（一般為 A 類）投入物料需求計畫。

6. 確定零組件之淨需求：由步驟 4 所得之毛需求，在調整在途量、庫存量及安全存貨等因素，即可確定淨需求。

7. 可考慮淨需求之耗損率：可經由經驗來預估其耗損率，且適度整淨需求。

8. 安排生產時序：生產量決定後要安排各組件之生產，其時間安排要能配合裝配之需要。

9. 展開一次層次之需求：有些組件是由其他零件所組成，再細分各個零件，重複 4 ～ 8 步驟。

10. 整合需求即決定生產量或訂購量：裝配之各層次可能需要一零件，將各裝配層次所需相同零件彙總一次發出生產命令或訂購單。

11. 訂購單及生產命令之下達。

12. 追查及時序安排之修正。

（二）關鍵因素

影響物料需求計畫實施的關鍵因素相當多且複雜，許多研究調查資料顯示有許多廠商進行物料需求計畫並不順利，除了直接因子外，必須克服管理盲點。

1. **直接因子**：包含 (1) 前置時間；(2) 計畫涵蓋期間與時格；(3) 批量；(4) 預期收穫量；(5) 物料清單結構與資料；(6) 存貨記錄。

2. **管理盲點**：包含 (1) 高階主管缺乏對物料需求計畫的承諾；(2) 缺乏對使用者教育訓練；(3) 主生產排程不符合實際狀況；(4) 企業基本資料不夠完整。

七、物料編碼原則

物料編碼工作是實施物料需求計畫的重要工作，基本原則為「一料一號」，其它重要原則如下：

1. **簡單性**：編碼應力求簡單、易用之原則。

2. **完整性**：任何一種物料皆應有編號。

3. **單一性**：同一個編號只用一種物料。

4. **一貫性**：編碼的原則，應力求一致。

5. **延伸性**：編碼結果不應妨礙新物料或設計變更物料的加入。

6. **組織性**：盡量力求整體組織的作法。

7. **易記性**：編碼結果應便於記憶，以提升管理效率。

8. **分類展開性**：編碼應盡量讓每一分類有展開的空間。

9. **實用性**：最好配合生產、行銷等單位使用。

10. **溝通性**：編碼結果需要考慮與外界現有物料編碼系統的溝通。

八、物料需求計畫的資料更新與維護方法

物料需求計畫的輸入資料會隨著訂單的修正而不斷更新或變動，因此物料需求計畫亦須隨之改變，資料的更新與維護，常用的方法有以下二種：

（一）再生法

每隔一段時間（例如一週或一個月），根據新的資料，將整個物料需求計畫重新執行一次。此特徵為：

1. 在主生產排程中，每項最終產品必須打破現狀（Exploded），亦即重新建入新的主生產排程。

2. 每一張物料表必須重新更正。

3. 各項存貨都必須重新計算。

4. 產生大部頭的輸出資料。

（二）淨變法

將物料需求計畫中有變化的部分予以更新。其主要的作法如下：

1. 視物料需求計畫是連續存在的。

2. 允許主生產排程隨時加以更新。

3. 對特殊情況之變化與定期發出之新日程予以相同對待。

顯然地，再生法較適用於需求穩定的情形，而淨變法則可用於需求變化較大的情形。再生法及淨變法的優缺點如表 6-2。

表 6-2　再生法與淨變法優缺點比較

	再生法	淨變法
優點	1. 處理成本較淨變法為低。 2. 一段時間再改變資料時，省去資料相互抵消，所需的計畫重新修訂等工作。	提供最即時的資料給決策者。
缺點	無法提供即時最新的資料給決策者。	處理成本高，任何微小的變化，淨變法均需處理。

6-2　物料需求計畫之進貨批量

進貨批量（Lot sizing）是存貨管理的重要課題之一，存貨管理的一般目的即在決定最適進貨量，以使訂購成本、持有成本與缺貨成本等成本總和最小。對物料需求計畫之相依需求而言，由於規劃的時間較短，不易決定進貨的經濟數量。

由表 6-3 可看出，A 零件的需求由 1 至 80 單位都變化極大，且任何兩期的需求皆不同，決定零件的採購量較為困難。就物料需求計畫的進貨批量而言，常用的方法有以下幾種：

表 6-3　A 零件的需求釋例

週期	1	2	3	4	5	6	7	8	9	10	11	12
需求	10	10	15	20	70	180	250	270	230	40	0	10

1.　訂購成本（**Ordering cost**）：$300 / 每次訂單

2.　存貨持有成本（**Holding cost**）：$2 / 單位、星期

3.　平均需求量（**Average requiremants**）：92.1

一、批對批訂購法（Lot-for-lot，或 L4L）

　　批對批方法（又稱批量訂購法），是所有決定批量大小方法中最簡單的一種。此法的主要精神在於訂購量的多寡完全由淨需求來決定，亦即由毛需求至淨需求的計算後，再逆推至前置期發出訂單，而其訂量即等於淨需求。L4L 可使持有成本達到最小，如果不動成本（或稱整備成本）可以降低的話，這種方法可以說是成本最低的方法。

　　批對批的訂單量規則是：

1.　批對批，即為分量訂單。

2.　固定批量，包含經濟訂購量、最少訂購量、複合訂購量以及最大訂購量。

3.　具活動性的批量，包含供應週期以及週期訂單量。

表 6-4　批對批訂購法　★進階內容（偏難）

週　期	1	2	3	4	5	6	7	8	9	10	11	12
需　求	10	10	15	20	70	180	250	270	230	40	0	10
訂購數量	10	10	15	20	70	180	250	270	230	40	0	10
期初庫存	10	10	15	20	70	180	250	270	230	40	0	10
期末庫存	0	0	0	0	0	0	0	0	0	0	0	0

1.　訂購成本：$300 × 11 = $3,300

2.　存貨持有成本：$2 × 552.5 = $1,105

3.　總成本：$3,300 + $1,105 = $4,405

二、定期訂購法（Fixed period requirements）

定期訂購法是將每一個訂購期間，按照決策原則加以合併，例如，以二個訂購期間爲基礎，每次訂購二期的數量。而該以幾個訂購期間爲基準下訂單，則須參考以前資料而定。

如表 6-5，訂購期間爲二期，即每次訂購二期之需求量，第 3 週期是第 1、2 期需求量和，如遇需求爲零（第 11 週期），則予以跳過。

表 6-5　定期訂購法　★進階內容（偏難）

週　　期	1	2	3	4	5	6	7	8	9	10	11	12
需　　求	10	10	15	20	70	180	250	270	230	40	0	10
訂購數量	20		35		250		520		270			10
期初庫存	20	10	0	20	0	180	520	270	0	40	0	10
期末庫存	10	0	20	0	180	0	270	0	40	0	0	0

1. **訂購成本**：$300 × 6 = $1,800
2. **存貨持有成本**：$2 × 1,072.5 = $2,145
3. **總成本**：$1,800 + $2,145 = $3,945

三、定量訂購法（Fixed order quantity）

定量訂購法係指若需要開出訂單，則每次的訂購量固定。如表 6-6 即指出，每次開出的訂單量爲 60 個單位，而由於每期的需求量或有差異，故會產生存貨；9 個期間內，淨需求爲 150 個單位，而開出訂單量的總和爲 180 個，因而產生 30 個存貨。

表 6-6　定量訂購法　★進階內容（偏難）

週期	1	2	3	4	5	6	7	8	9	合計
需求	35	10		40		20	5	10	30	150
訂購數量	60			60					60	180
期初庫存	60	25	15	15	35	35	15	10	0	210
期末庫存	25	15	15	35	35	15	10	0	30	180
平均存貨	42.5	20	15	25	35	25	12.5	5	15	195

1. 訂購成本：300 × 3 次 = \$900

2. 持有成本：195 × 2 = \$390

3. 總成本：\$900 + \$390 = \$1,290

四、零件期間訂購法（Part-period model）

這種訂購模式可以平衡整備成本及持有（或儲存）成本，所謂「零件期間」是指持有零件（即物料）的期數。例如，如果有 10 個零件持有 2 個期間，則共有 10 × 2 = 20 個零件期間。經濟零件期間訂購量（Economic part-period, EPP）即準備成本對一單位一期的持有成本之比例。

$$EPP = \frac{準備成本}{一單位持有一期的成本} \qquad （式 6-1）$$

例題 6-2 ★進階題型（偏難）

試利用零件期間法求下表的訂單數量。

	1	2	3	4	5	6	7	8	9	10
淨需求	0	30	40	0	10	40	30	0	30	55
期末存貨	0	40	0	0	70	30	0	0	55	0
訂購數量	70			80				85		

解答

$$EPP = \frac{200}{2}$$

合併的期間	試算批量	零件期間批量
2	30	0
2、3	70	$40 \times 1 = 40$
2、3、4	70	$40 \times 1 = 40$
2、3、4、5	80	$40 \times 1 + 10 \times 3 = 70 \ (50 + 10 + 10 = 70)$
2、3、4、5、6	120	$40 \times 1 + 10 \times 3 + 40 \times 4 = 230 \ (90 + 50 + 50 + 40 = 230)$
結合 2、3、4、5 期，因其零件期間批量最接近 EPP		
6	40	0
6、7	70	30
6、7、8	70	30
6、7、8、9	100	$60 + 30 + 30 = 120$

根據試算結果，向前調整試算，選取較佳解。

期　　間	1	2	3	4	5	6	7	8	9	10
淨 需 求	0	30	40	0	10	40	30	0	30	55
期末存貨	0	50	10	10	0	30	0	0	55	0
訂購數量	80				70			85		

總成本 $= 200 \times 3 + (50 + 10 + 10 + 30 + 55) \times 2 = 910$

6-3　製造資源規劃之意義與內涵

一、製造資源規劃（Manufacturing resources planning, MRP II）之意義

製造資源規劃是由物料需求計畫發展而來，要取代物料需求計畫而是在整個企業的策略規劃過程中，以物料需求計畫為中心，融入其他層面（如行銷、財務、工程等因素），強化企業整體經營效益。製造資源規劃首先企業針對經營目標與環境分析，決定其經營策略，由此發展出生產作業策略、行銷與財務等功能性策略，即進入細部產能規劃，最後確定現場的產能需求配合即進入執行、管制與考核階段，這一連串的活動，會形成一完整的資訊管理系統。

1. **財務**：由於物料需求計畫與其他部門的配合作進一步分析發現，因為製造部門無法提供正確的數字，因此會計部門必須另外建立一個系統來保存成本資料，因為物料需求計畫的成功經驗，是用金錢來衡量生產計畫中生產的數量與產品，以使公司能時時保有最新且正確的營運計畫，所以將財務觀念整合到生產功能內。可說是由封閉式物料需求計畫發展成製造資源規劃的關鍵所在。

2. **行銷**：主生產排程是物料需求計畫主要輸入資料，而行銷預測則是主日程的主要決定因素，而且主日程亦是一種最佳行銷工具。行銷人員可透過主生產排程而制定最能滿足顧客需要的策略，而物料需求計畫所提供的生產資料，更是行銷人員和顧客議價或做交貨承諾時，不可缺的參考資料，同時藉由生產行銷人員間的溝通可修正主日程，而改變製造的次序。

3. **工程**：當公司建立物料需求計畫後，工程部門所設計的產品結構資料及物料單等資料的正確性，更是物料需求計畫成功運作不可或缺的重要條件。

二、製造資源規劃內涵

製造資源規劃擴展生產資源規劃的方法，是將組織的其他功能性領域納入規劃程序之中，以及達成產能需求規劃。如圖 6-9 說明，除了必須管控物料之外，人力培訓、財務調度、產能規劃也成為企業管理的重點項目，在既有的物料需求計畫系統架構下擴充：計畫、執行與管制、考核三個階段。製造資源規劃的生產計畫中加入了財務、行銷和製造，其中財務和行銷是兩個最受影響的領域，進而影響製造計畫。

圖 6-9　MRP II 架構流程圖

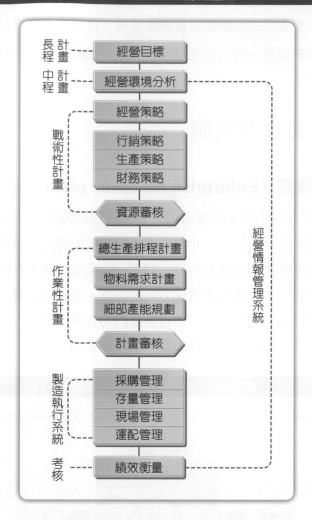

三、製造資源規劃之具體效益

　　許多報告中指出，製造資源規劃帶來下列具體效益：

1.　減少物料短缺造成生產線中斷的情形，使生產力得以提高 5% ～ 40%。

2.　減少文書作業及加班需要，使間接人工成本得以降低。

3.　減少生產人員所受的時間進度壓力，使得產品品質得以管制、改良。

4.　由於文書作業的減少，諸如價值分析之類的技術又漸被採用之故，使得採購成本得以降低。

5.　由於有適當的服務水準以及改良顧客資料，使得對顧客的服務得以改善。

6. 因為製造物料單的時間得以縮短，工程方面的生產力得以提高。

7. 公司上下都有要達成公司整體目標團隊精神，管理生產力得以提高。

8. 由於生產因素的資本、勞力、工具設備和原料都能得到更大利用，使得業主及股東獲利提高。

6-4 企業資源規劃

一、企業資源規劃（Enterprise resource planning, ERP）意義

企業資源規劃乃是「快速因應市場的需求，能及時整合與規劃企業一切的資源，作最佳化配置的資訊系統」。企業資源規劃系統的導入是企業電子化的基礎，能將全公司中所有的部門與功能整合於一個單一的電腦系統，其能服務所有部門之特定需要，例如財務、人力資源與倉儲方面的需要。完整的企業資源規劃系統應提供與企業營運有關的所有功能，並且整合各部門的資訊，自動分析資訊供管理階層制訂決策。企業資源規劃與電子商務的關係，如圖 6-10。

圖 6-10 ERP 與電子商務間的關係

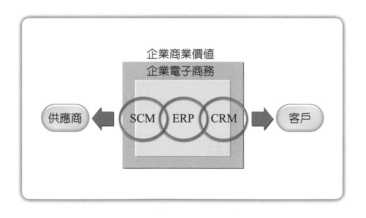

一個將企業內部價值鏈上主要的財務會計、銷售配送、生產製造、物流管理、人力資源等，所有跨部門的功能的資訊整合起來，提供最即時、正確、有用的資訊，以支援管理決策，使企業資源做最有效的運用的 IT 策略，如圖 6-11。

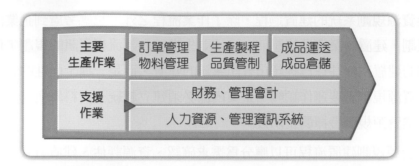

圖 6-11　ERP 系統整合之企業功能

二、企業資源規劃功能

　　企業資源規劃的運作概念是整合企業內部所有的運作資訊，讓資訊得以不同的形式在不同部門之間流動。透過這樣的機制，使得內部資訊不對稱的影響得以降低或是根本的消除，成為顧客導向的生產方式。

1. **從資訊整合與資訊流通的角度來看**：企業資源規劃是將企業內部各個部門，包括財物、會計、生產、物料管理、銷售與分銷、人力資源管理等作業，利用資訊科技以流線型的方式加以整合與連結。

2. **從企業流程改造（BRP）的觀點來看**：企業資源規劃是一種「企業流程再造」的解決方案，藉由資訊科技（Information technology, IT）的協助，以資訊系統實現企業的願景（Vision）、使命（Mission）、文化、營運策略與經營模式。

3. **以資訊交換平台的角度來看**：企業資源規劃是一個「交易的骨幹」（Transactional backbone），使用者可以從這個平台上取出他所要的資訊以做出更有智慧的決策。因此，可以將企業資源規劃視為是企業營運的軟體骨幹，結合企業內部供應、生產、銷售等資訊，已達成追求彈性生產、快速組裝、迅速交貨趨勢、快速回應市場需求以及低成本和高品質等的最新競爭策略思維。

4. **從軟體的角度來看**：企業資源規劃是由一群多模組的應用軟體所組成，用來協助企業日常營運活動進行，包括：產品計畫、零組件採購、存貨維持、供應商聯繫、顧客服務、訂單追蹤、財務活動以及人力資源等。

三、導入企業資源規劃的作業流程

　　企業資源規劃系統的建置過程，除了作業流程之外，也應考慮到企業內部的資訊硬體規劃，建置企業資源規劃前，必須要先進行內部流程資訊的規劃工作。企業資源規劃的建置工作往往已經超出資訊系統的建置，而是一種全面性的企業改革工作。企業資源規劃若要運作順暢，企業內部必須建立起統一資料庫與資料格式，才能夠使企業資源規劃發揮眞正功效。

　　企業資源規劃建置流程可以應分爲需求確認、資源評估、建置方式選擇、建置測試、正式上線運作等階段，如圖 6-12。

圖 6-12　ERP 建置流程示意圖

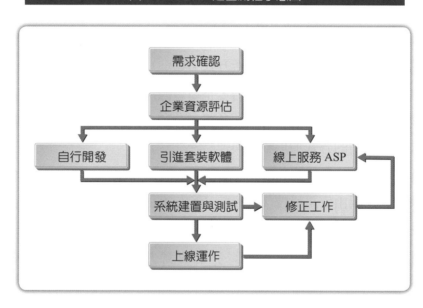

1.　**界定企業需求**：企業應針對本身的需求，定義出所需要的資訊系統型態及數量。並且預期這樣的系統能爲企業帶來多大的競爭優勢。該階段的工作是評估未來的競爭環境中，企業資源規劃系統所能支持企業策略的程度，瞭解未來的營運條件下，需要那些企業資源規劃系統功能，企業經營策略會影響企業資源規劃系統在企業內部扮演的角色。

2. **資源評估**：該階段企業針對內部現有的資源進行檢視工作，瞭解目前內部已有與可以獲得的資源數量、種類、品質等相關資訊。導入前的資源評估工作可以經由組織、策略、與企業內部資訊數量來衡量。企業必須檢視內部資訊系統的數量、資訊相關人力、營運流程整合能力等。瞭解現況與企業資源規劃建置所需的資源數量相差程度，填補資源缺口，作為導入前的準備工作。

3. **建置方式的選擇**：企業根據前兩階段的評估工作後，依照本身資源數量與需求選擇不同的建置方式。目前企業建置企業資源規劃的方式可區分為整合企業內部原有系統、自行發展、購置套裝軟硬體、利用線上服務（ASP）等三種不同的型態。這三種建置方式各有不同的優缺點，但企業在此階段必須透過完善的專案控管與追蹤工具，確認系統的建置進度並未落後與超出時程、預算。

4. **系統建置與測試**：將系統所需要的軟硬體設施安裝，同時也要落實教育訓練計畫，訓練成員使用新系統。該部分工作主要強調人員對新系統的熟練程度，並在測試過程中，將系統的作業能量與缺失先找出來加以修正，避免正式啓用運作後，發生不可預期的系統錯誤，影響企業日常營運工作。除了初步建立企業營運新系統之外，就系統的資料轉檔問題也在此階段進行測試與修改工作。將可能會發生的資料流失問題加以解決，避免企業必須同時維持兩套系統存在的情形。

5. **正式運作**：完成系統建置工作後，企業基本上已可運用新系統執行日常營運。在前一階段為未被發現的缺點會影響系統最終的運作表現，而企業系統需求可能因爲環境變化而有所改變，企業在該階段必須採取修正升級的工作，以克服這些問題。

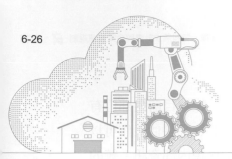

工管小常識

旺宏電子（MXIC）ERP 導入的案例

　　旺宏電子整合系統（Corporate integrated system, CIS），分成三階段任務（如圖 6-13）。在 ERP 階段性導入的過程中，旺宏電子組成 ERP 專案，建立使用者所有權（User ownership），每個部門都有一個代表。作為部門和管理資訊部門（MIS）的溝通介面，專案所有者（Project owner），並不是管理資訊部門，而是使用者部門，使用者（Owner）花更多心力在專案上（如圖 6-14 與圖 6-15）。

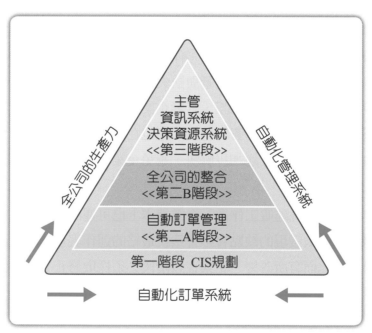

圖 6-13　旺宏 CIS 計畫的階段架構

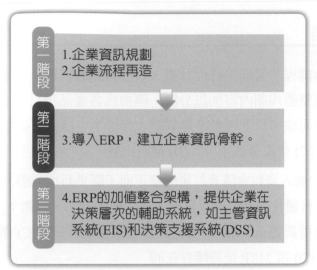

圖 6-14　電子整合系統（CIS）三階段任務

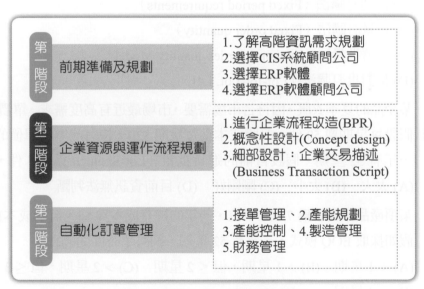

圖 6-15　導入 ERP 階段性的過程

一、 選擇題

( ) 1. 主生產排程，又稱主日程計畫，是根據顧客訂單及市場需求預測所製定的中期整體規劃內容加以分解，轉換為各產品項目的需求量及需求時間所調製而成，以下何者不是其基本條件？　(A) 單項產品為何　(B) 何時需要　(C) 生產量是多少　(D) 何時出貨

( ) 2. MRP 的輸入資料會隨著訂單的修正而不斷更新或變動，淨變法僅將 MRP 系統中有變化的部分與以更新，其主要的作法，是指：　(A) 每一張物料表必須重新更正　(B) 各項存貨都必須重新計算　(C) 產生大部頭的輸出資料　(D) 視 MRP 是連續存在的

( ) 3. 進貨批量是存貨管理的重要課題之一，存貨管理的一般目的即在決定最適進貨量，下列那個方法使進貨批量（Lot Sizing）有最低平均存貨水準？

(A) 定期訂購法（Fixed period requirements）

(B) 定量訂購法（Fixed order quantity）

(C) 經濟批量法（Economic order quantity Model）

(D) 批對批訂購法（Lot-for-Lot, L4L）

( ) 4. 某產品的夏季衣服，因符合市場需要，市場最近有高度需求，單價為 $40，假設每星期賣 50 件，訂購成本為每星期 $20，持有成本為單價的 20%，一年有 52 星期，假設目前的進貨批量（Lot Sizing）為 235 件，則：

(A) 太大　(B) 太小　(C) 剛剛好　(D) 目前資訊無法判斷

( ) 5. 某項產品年需求為 7,200 單位，一年的持有成本為 $8，訂購成本為 $16，假如採取 EOQ 模式，一年有 52 星期，則訂單時間間隔為？

(A) < 1 星期　(B) > 1 星期，但 ≤ 2 星期　(C) > 2 星期，但 ≤ 3 星期

(D) > 3 星期

( ) 6. MRP 系統可提供廣泛的報告，下列何者不是 MRP 的主要報告？　(A) 計畫訂單：未來計畫中擬進行的請購單或工令單數量及時程　(B) 訂單開立：授權執行計畫訂單　(C) 訂單變更：對於已發出之採購單。或工令單之變更建議，包括到期日、訂購數量或訂單取消的修正　(D) 供應商產能狀況：目前供應商之產能使用狀況及可能延誤交貨報告

( ) 7. 某產品組裝需編號 B、C、D、E、F、G 等六種零組件，其組裝所需數量標示於下列之結構圖。請問若需組裝 10 件產品 A，在不考量組裝良率損失情況下，則至少需多少零件 E？ (A) 140 (B) 160 (C) 170 (D) 180

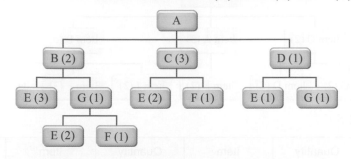

表 1

品項：ABC		批量（Lot Size）P = 2							
工作描述：		前置時間：2 weeks							
Date		1	2	3	4	5	6	7	8
毛需求		30	30	60		75	70		
預計入貨			60						
計畫庫存	0								
計畫入貨									
預計訂單									

( ) 8. 如表 1 所示，針對品項 ABC，前 5 星期的預計訂單為多少？
(A) 30、0、60、0、1410.86 (B) 60、0、145、0、0 (C) 0、30、60、0、0
(D) 30、0、60、145、0

( ) 9. 利用下面所展示的產品結構樹，判定下列敘述何者正確：現有期初庫存有 20 單位的 P，需要再多少個 K 組件才能組成 80 單位的 P？
(A) 1,680 單位 (B) 1,860 單位 (C) 1,960 單位 (D) 1,980 單位

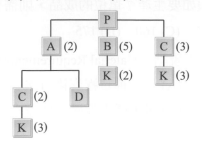

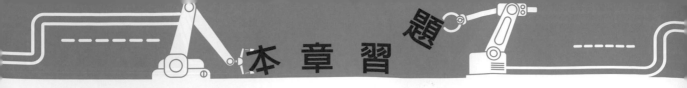

表 2

某公司 BOM 如下：

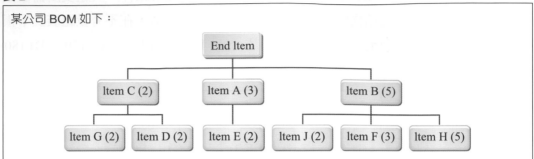

各品項的庫存如下：

Item	Quantity	Item	Quantity	Item	Quantity
A	7	D	3	G	22
B	6	E	4	H	15
C	3	F	5	J	11

( ) 10. 如表 2 所示，假如要生產 20 單位的成品，則需要 D 品項多少額外數量？
(A) < 75　(B) > 75，但 < 95　(C) > 95，但 < 115　(D) > 115

( ) 11. 如表 2 所示，如要生產 20 單位的成品，則需要 J 品項多少額外數量？
(A) < 175　(B) > 175，但 < 205　(C) > 205，但 < 245　(D) > 245

( ) 12. 如表 2 所示，假如要生產 20 單位的成品，則需要 H 品項多少額外數量？
(A) < 250　(B) > 250，但 < 350　(C) > 350，但 < 450　(D) > 450

( ) 13. 如表 2 所示，假如要生產 20 單位的成品，則需要 G 品項多少額外數量？
(A) < 50　(B) > 50，但 < 60　(C) > 60，但 < 70　(D) > 70

( ) 14. 如表 2 所示，假如要生產 7 單位的成品，則需要 D 品項多少額外數量？
(A) 0　(B) 19　(C) 22　(D) 33

( ) 15. 如表 2 所示，假如要生產 7 單位的成品，則需要 H 品項多少額外數量？
(A) 130　(B) 145　(C) 160　(D) 175

( ) 16. 下列有關物料需求規劃（Material Requirements Planning, MRP）的相關敘述何者不正確？　(A) 是一種日程安排方法　(B) 是一種存量管制方法　(C) 利用最終項目需求量來產生低層零件需求量　(D) 用來處理獨立性物項的訂購決策過程

( ) 17. 利用下述產品結構組成，目前庫存有 15 個 P、10 個 A、20 個 B、10 個 C、
200 個 N、300 個 T、200 個 M，則需多少個 N 組件才能組成 60 單位的 P？

P：2A's, 3B's, 3C's A：5M's, 2R's B：1D, 3N's

C：1T, 4N's M：1N

(A) 845 單位 (B) 855 單位 (C) 865 單位 (D) 875 單位

( ) 18. MRP 計算過程中，決定某物項訂購批量時，若其目標為該物項的存貨
持有成本最小化，則應採用下列何種批量訂購法？ (A) 定量訂購法
（Fixed-quantity ordering） (B) 定期訂購法（Fixed-period ordering）
(C) 批對批訂購法（Lot-for-lot ordering） (D) 經濟訂購量模型（Economic
order quantity model）

( ) 19. 定期更新的 MRP 系統，而非持續性更新的作法稱為： (A) 再生
（Regenerative） (B) 淨變化（Net change） (C) 回溯（Pegging） (D)
例外報告（Exception report）

二、證照題

( ) 1. 下列何者不是物料需求規劃（Material requirement planning）系統的三個
主要投入資料來源之一？ (A) 主生產排程（Master schedule） (B) 物料
清單（Bill of materials） (C) 存貨記錄（Inventory record） (D) 計畫訂
單（Planned order） （110-2 工業工程師—生產與作業管理）

( ) 2. 在物料需求規劃（MRP）試算表中，若 A 零件的當期毛需求數量為 2,000，
當期預計現有存貨數量為 600，計畫訂單發出量為 1,000，則當期淨需求
的數量等於多少？ (A) 2,000 (B) 1,400 (C) 1,000 (D) 400
（110-2 工業工程師—生產與作業管理）

( ) 3. 下列何者是物料需求規劃（MRP）潛在的弱點？ (A) 在製品存貨數量會
增多 (B) 不具有持續追蹤物料需求的能力 (C) 無法決定原物料的使用
量 (D) 假設前置時間為固定 （110-2 工業工程師—生產與作業管理）

( )4. 下列有關物料需求計畫（MRP）的敘述、何者爲非？ (A) 分解物料清單（BOM）後的數量就稱爲毛需求，但尚未扣除現有庫存量和預計接收量 (B) 確認淨需求是 MRP 程序的核心，是公司爲了取得物料而配合主生產排程產生的需求 (C) 採用 MRP 時，並沒有針對每一階層的產能是否可達成計畫來評估。因此，MRP II 系統改採封閉迴路的 MRP 來評估計畫可行性，即爲產能需求規劃 (D) 對相依需求來說，管理者通常採用經濟訂購量和經濟生產量模式 （110-1 工業工程師—生產與作業管理）

( )5. 公司接到產品 A 與 B 的訂單，A 產品需求 100 件；B 產品需求 80 件。每件 A 產品需要 2 個 C 零件；每件 B 產品需要 5 個 C 零件，該公司目前有 B 產品庫存 20 件、預期接收量 30 件，C 零件庫存 50 個，則 C 零件的淨需求爲多少？ (A) 200 個 (B) 250 個 (C) 300 個 (D) 550 個
（110-1 工業工程師—生產與作業管理）

三、 填充題

1. _____用來訂定或處理相依需求存貨（如原物料、零組件）的訂購量與時程，特別以電腦資訊系統設計爲基礎。

2. 物料需求計畫的目的是將正確的物料以正確的數量在正確的時間提供至正需要的地方。設計用來解答與物料相關的三個基本問題分別是：(1) _____（What）？(2) _____（How many）？(3) _____（When）？

3. _____（Master production schedule, MPS）又稱主日程計畫，是 MRP 的主要輸入，內容乃根據顧客訂單及市場需求預測所製定的中期整體規劃內容加以分解，轉換爲各產品項目的需求量及需求時間所調製而成。

4. _____（Bill of materials, BOM）又稱產品結構檔，是生產所需配件之清單，可用表列或結構樹來表示。其所記錄的產品架構，在生產流程中，顯示出各零組件相互關聯的資訊；在存貨項目中毛需求與淨需求的計算過程裡，扮演相當重要的角色，若遇到工程設計改變或規格變更時，必須隨時更新此檔，保持最正確的資訊。

5. 存貨記錄檔至少應包括下列項目：(1) 零件編號（Part number）；(2) 庫存量（On-hand quantity）；(3) _____ （On-order quantity）；(4) 成本資料（Cost data）；(5) _____ （Lead time）；(6) 其他可能資料，包括供應商名稱，購買批量等。

6. _____ （Independent demand）：一個存貨項目的需求若與其他存貨項目的需求毫無關係，則消費者對製程品或最終產品或服務用零件的需求，經由預測而求得其需求量，其需求相當穩定。

7. _____ （Dependent demand）：某一存貨項目的需求是由其他存貨項目所引起，即指由於製造成品所衍生對零組件、原物料的需求。

8. 物料編碼工作是實施物料需求計畫的重要工作，基本原則為「_____」。

9. _____是由物料需求計畫發展而來，其目的並非取代物料需求計畫，而是在整個企業的策略規劃過程中，以物料需求計畫為中心，融入其他層面（如行銷、財務、工程等因素），強化企業整體經營效益。

10. _____乃是「快速因應市場的需求，能及時整合與規劃企業一切的資源，作最佳化配置的資訊系統」。

四、 簡答題

1. 簡述再生法與淨變法。

2. 何謂 ABC 分類，請說明之間差異？

3. 簡述獨立需求與相依需求之差異。

4. 何謂 MRP ？

5. 何謂 ERP ？

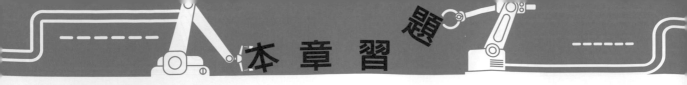

本 章 習 題

關鍵字彙

1. 物料需求規劃（Material requirement planning, MRP）
2. 物料清單（Bill of materials, BOM）
3. 毛需求（Gross demand）
4. 淨需求（Net demand）
5. 獨立需求（Independent demand）
6. 相依需求（Dependent demand）
7. 前置時間（Lead time）
8. 進貨批量（Lot sizing）
9. 批對批訂購法（Lot-for-Lot，或 L4L）
10. 定期訂購法（Fixed period requirements）
11. 定量訂購法（Fixed order quantity）
12. 經濟批量模式（Economic order quantity model）
13. 零件期間訂購法（Part-period model）
14. 製造資源規劃（Manufacturing resources planning, MRP II）

Chapter

07 豐田式生產管理

 學習目標

1. 解釋何謂豐田式生產管理系統
2. 列舉豐田式生產管理兩大支柱，解釋其內容
3. 說明及時生產系統的目標，解釋其重要性
4. 描述豐田式生產管理系統七種浪費，如何徹底消除七種浪費
5. 自働化與平準化之意義
6. 防呆裝置的案例

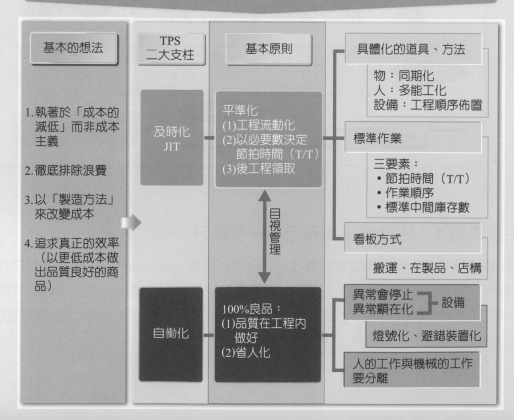

管理個案新知

透過精實管理發現企業的痛點──奇賓機械有限公司

　　精實的意義，焦點放在「專注流程」，要有衡量的指標，作業時間、產能與顧客滿意，同時精實與員工有相關性。價值溪流圖（Value stream mapping, VSM）是識別浪費，減少過程浪費的基本工具。精實流程中進行計劃，實施和改進的組織，價值溪流圖是必不可少的精實管理工具。VSM 協助奇賓機械創建可靠的實施計劃，確保有效地使用材料和時間，如圖 7-1。

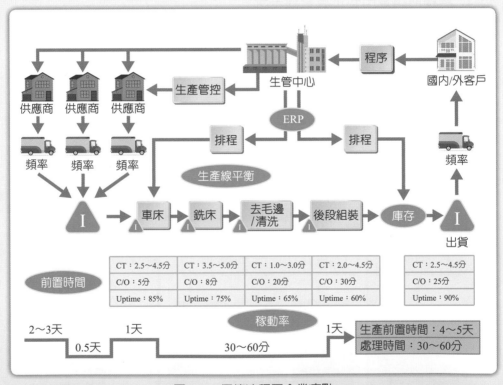

圖 7-1　價值流程圖企業痛點

▶ 企業痛點 1：生產線平衡有待進一步提升

　　奇賓機械有限公司現階段製程管理方式採取製程別（Function layout）佈置方式，屬於間歇性製程，佈置方式將製程依加工特性分別佈置流程之生產方式，在製品存貨成本會較高，流程與排程表造成不斷的挑戰，訂單整合性有其困難性，因設備生產過程中必須編譯加工方式、更換刀治具等造成加工停滯與工時等待的浪費。

▶ 企業痛點 2：庫存成本過高產生的浪費

原料、半成品與成品庫存過高，生產工廠分成 1～2 樓，但 2 樓完全是庫存區，廠房生產利用率為 50%，庫存過多佔用大量資金，制約資金的有效週轉。

▶ 企業痛點 3：前置時間到導致生產效率降低

前置時間（Lead time）是指採購方從開始下單訂購到供應商完成生產準備交貨中間所間隔的時間，奇賓機械有限公司前置時間，從下單到完成生產訂單的時間，從 1 天到 14 天（2 星期），生產單位為了避免延遲交貨，增加交付天數，提早投料生產，增加現場的在製品（WIP）。更多的 WIP 現場等待生產，生產工單的等待時間更長，突發狀況的風險更多，導致現場控制複雜度增加。

▶ 企業痛點 4：稼動率還有改善的空間

精實生產方式中為了追求設備的效率化，提升生產設備效率使用的指標，關鍵績效指標（KPI）稼動率（Availability/Uptime）。理想的 100% 效率與實際的設備效率進行比較，製造現場找出浪費的源頭、類型與課題的話，就能有效進行以提升設備效率為目標的改善循環。各種不同的浪費無法分門別類，必須掌握停止的浪費、性能的浪費等詳細內容。

收集現場機台所有浪費的內容，定義與統整各種浪費內容，列出所有可能發生浪費的項目，製作出關鍵要因圖，並將這些浪費做出分類與編號。為了找出浪費的項目，在現場進行巡視的工作抽樣是有效的方式。

▶ 企業痛點 5：ERP 物流（推式方式）有待轉型

奇賓機械有限公司按生產排程（推式生產），生產排程表只是預計工作站需要什麼，因生產過程中有各種不同的變化（臨時抽單、插單現象），生產排程無法與計劃精密地整合。工作站專注於自己的計劃表時，產生「生產孤島」狀況。生產機台都根據自身的特點，制定生產的批量，按工作站合理的節拍生產，而不是從整個價值流的角度去制定生產計劃。

資料來源：作者輔導產學個案

7-1　豐田式生產管理的整體架構

　　豐田生產系統（Toyota production system, TPS），是日本 Toyota 汽車建立的現代化生產管理模式，不但結合豐田集團的及時化與自働化兩大系統，且加入高度自動化生產與生產制度落實與規劃，漸漸發展成一套完整且包含經營理念、生產組織、物流控制、品質管理、成本控制、庫存管理、現場管理和現場改善的作業體系，能夠有效降低企業的生產成本、提高生產效率，且逐步改善產品的生產品質，是目前最受矚目的企業管理理論之一，圖 7-2 為豐田式生產管理的架構圖。

圖 7-2　豐田式生產管理的架構圖

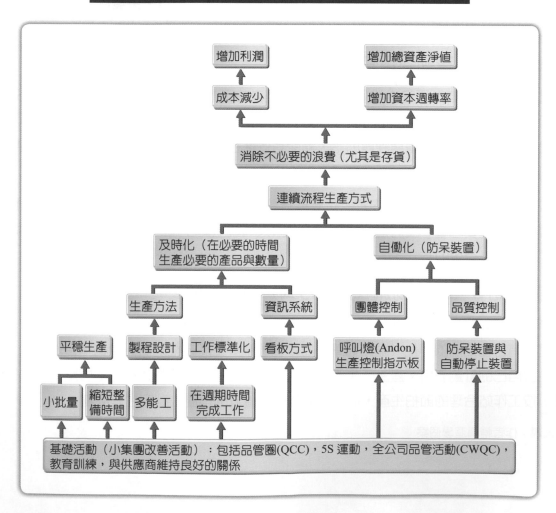

　　豐田式生產管理的主要目的在降低成本，同時可使資本週轉率增加，進而提昇生產力和競爭力。爲了使成本降低，所以需將影響生產成本的各種浪費徹底的消除，要消除這些浪費的手段是使生產連續流動。

　　達成生產連續流動的兩大方法：及時化（Just in time）及自働化（Jidoka），此兩種方法正是豐田生產方法兩大支柱，如表 7-1 說明。

1. **及時化**：爲了要能夠達成「把必需的東西，在必須的時候，僅供應必需量」，要完成及時化的理想，必須完成下列三項生產準備，即生產平準化、製程設計及工作標準化。而看板制度則擔任傳遞情報的功能，即將所需要的資料寫在看板上，流傳於各製程間，以便控制生產量，達到只在需要的時候才供給必須的量。

2. **自働化**：豐田式生產方式的另一支柱，加上人字旁的働，表示機器附加人類的智慧。自働化可說是自動缺點控制，可經由工廠全體發揮團隊力量來達成，這是實行即時化的必要條件。

表 7-1　二大支柱（目標）與作法

支柱	及時化	自働化
作　　法	1. 生產平準化。 2. 看板管理。 3. 生產同步化。 4. 取料及時化。 5. 重視協力廠商的輔導。	1. 不要怕停生產線。 2. 廢除專班檢查員。 3. 把空間分配給一人。 4. 連續質問 5 個為什麼（5Why）。 5. 防呆系統。
細部作法	1. 看板系統、2. 目視管理、3. 防呆系統、4. 多能工、5. 平準化、6. 同步化、7. 自動化。	

一、徹底排除浪費的觀念

　　豐田式生產方式是基於徹底消除浪費的思想，期能削減製造工時，達到降低成本，增加利潤的目標。豐田爲了消除浪費，減少不必要損失，將浪費分成下列七種來加以研究。

1. **生產過剩的浪費**：指生產過剩，在製品堆積所造成之人員、資金積壓的浪費。

2. **等待的浪費**：如機器自動加工，作業人員只有觀看而無法插手之浪費及前置程之零件沒來所造成之人員、機器具停止操作之浪費。

3. **搬運的浪費**：如超過正常搬運距離或物品未定位，造成暫時放置，重新放置或移動等所產生的浪費。

4. **加工本身的浪費**：如夾具製作不良、固定不勞，使物品加工不順，徒勞時間。

5. **庫存的浪費**：指零件、在製品，製成品的堆積所造成之種種的浪費。

6. **動作的浪費**：指各種不合動作經濟原則的操作，所造成的浪費。

7. **不良品的浪費**：指不良品重修，所增加額外的人力、物力等浪費。

圖 7-3 說明豐田式生產七大浪費，為了降低成本，惟有全面去除浪費、減少浪費，提高實際生產作業比率，使得相同的資源能產生更高的附加價值；由於消除浪費並未加重作業人員的負擔，也可避免引起作業人員的抗拒。

圖 7-3　豐田式生產管理七大浪費

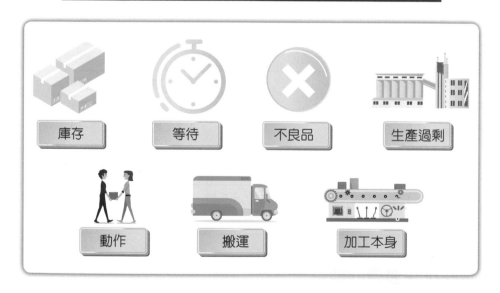

二、小批量與縮短整備（Set up）時間

（一）小批量生產（混線生產）

為了避免過量的生產與過多存貨符合市場的需求，可藉由小批量生產達成，即生產線已經不侷限於大量的製造某種特定產品，取而代之的是各生產線為了應付各

式各樣顧客的需求，同時生產各式各樣的產品，生產可以適應每天的需求變動，庫存量也可以降低。

　　例如，A、B 各生產 100 個單位，在圖 7-4 中，上圖是大批量生產方式（先生產 A，完成後再生產 B）；下圖是小批量混線生產方式（AB 混合生產）由此可看出存貨水準的差異，且可知混線生產式的存貨水準較低。

圖 7-4　大批量與小批量生產方式

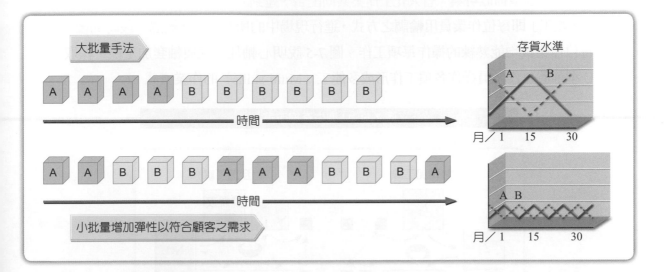

（二）縮短換線整備時間

　　為了使各種零組件每天能夠生產，縮短各個生產作業的整備時間，減少存貨水準、批量及生產前置時間，基本作法如下：

1.　**將外部整備與內部整備作業區分開**：內部整備是指必須把運轉中的機器停止，才能進行的整備作業；外部整備則是指機器在運轉時可同時進行的整備作業。

2.　**儘可能將內部整備改變為外部整備及消除調整程序**：外部整備可以事先做好而使內部整備只剩下裝與卸作業，如此即可以適應小批量多樣化的生產方式。

3.　**將整備作業完全消除**：(1)使用相同的產品設計，如各產品使用相同零件或模具；(2) 同一時間同時生產多種產品或零件。

4.　**外部整備作業的標準化**：模具、工具和材料的標準工作納入固定程序，並加以標準化與書面化。

5. **推動平行作業**：對大型機器的整備工作，在消除時間浪費與無效動作的前提下，衡量適當工作人員，採用平行作業，利用二人或多人進行工作。

6. **改進外部整備作業**：工作環境的整理，使其井然有序，利用顏色管理，減少搬運時間等均可使外部整備作業時間減少。

三、製造設計－ U 型佈置

　　U 型配置的著眼點是在生產後的出入口在同一位置，具有隨時調整作業員人數的能力，U 型佈置可與「省人化」作業共同配合，達到省人化進而培養「多能工」。「多能工」即每位作業員用輪調之方式，進行現場中的所有作業，經過一段時間後，每位作業員均能熟練的操作每項工作。圖 7-5 說明心軸加工線與軸套加工線，採取 U 型佈置，作業員操作各項工作形成多能工（Multi-skills）的作業方式。

圖 7-5　 U 型生產線改善

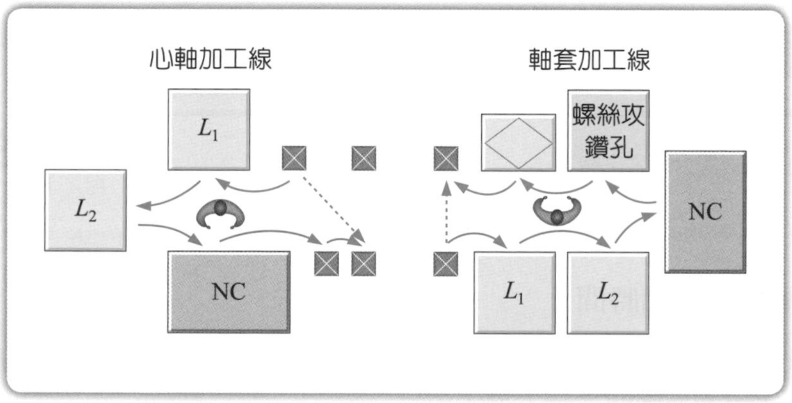

　　採用 U 型生產線的配置，有下列優缺點：

1. 觀察製程間呆滯品之分佈狀況，可以馬上目視到其製程之異常。

2. 入口與出口由一人控制，很容易發覺異常狀況。

3. 佔用的空間較小，生產線不平衡時，可藉由相互協助而解決。

4. 可加速兼顧數個製程之推行，促進團體合作。

5. 無法培養專業技術操作者。

四、作業標準化

作業標準化可作為現場提高作業效率之標準，依據豐田式生產方式之作業標準，包含下列三要素：

1.　**節拍時間（Takt time）**：一件物品必須以多少時間裝配或製造，一天的工作時間除以一天所需要生產的產品數量所需的時間。

$$一天的必要數量 = \frac{一個月必要數量}{實際工作日數}　　　　（式 7\text{-}1）$$

$$週期時間 = \frac{實際工作時間}{一天的必要數量}　　　　（式 7\text{-}2）$$

例題 7-1

一個月必要數量 25,000 件，實際工作天數 25 天，1 天工作時間 8 小時，依據豐田式生產作業標準之節拍時間為何？

解答

$$一天的必要數量 = \frac{25,000件}{25天} = 1,000 件$$

$$節拍時間 = \frac{8小時 \times 60分 \times 60秒}{1,000件} = 28.8 秒 / 件$$

2.　**標準作業順序**：作業員在加工物品時，由材料到加工完成程序的作業步驟。

3.　**在製品標準存量**：生產線保持最低之在製品數量（包括正在加工的製品在內）。

五、傳統的推式生產與豐田拉式生產的差異

傳統推式生產方式以計畫生產為多，生管部間擬定生產計畫，下製造命令給現場人員依計畫生產。但生產計畫卻常因預測偏差、物料管理錯誤、不良品的發生與整修、機器設備故障、出勤狀況的變化等原因而遭致更動，結果造成生產線上或為停工待料，或為庫存過剩，形成無數浪費。

　　豐田「拉式生產系統」採用「後製程在必要時間，由前製程製造必要的製品」，
前製程僅製造後製程所需的數量，利用看板，表明「在何時需要多少數量的何種物
品」，經由看板各個製程之間流轉，控制生產必需的數量，最後製程中被利用到的
各種零件，則向前製程領取，如此逆向製造程序向前推展，直到原物料準備部門為
止，連鎖式同步化，以滿足及時化生產的理想。

圖 7-6　推式生產與拉式生產的差異

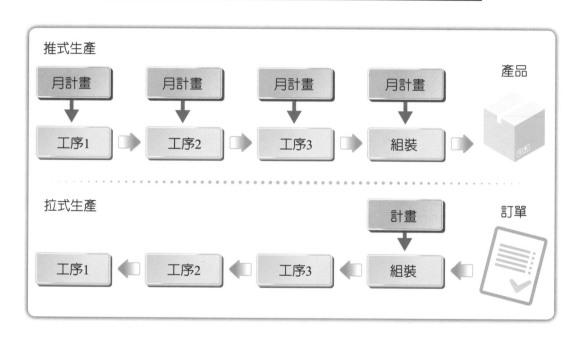

7-2 ▌ 看板制度（**Kanban**）運作方式與規則

　　看板方式可以說是以物品為中心的生產活動之管理方式。在生產活動上，從材
料加工到製品的過程中必然有物品的流動。看板方式就是對此物品的流動，利用看
板做為管理的手段。為瞭解看板方式的概念，利用簡單的模式說明，如圖 7-7。

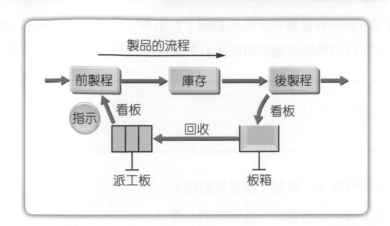

圖 7-7　看板流程

一、看板使用原則

　　生產所需的零件，是由後製程到前製程去領取，並在開始使用該零件時，把附置在零件的看板拆卸，放入板箱內（由後製程的作業員擔任），然後定期得由領班或專人把板箱內的看板回收，並懸掛在派工板上。領班依據派工板上的看板張數，作為對前製程的生產指示。在前製程完成零件加工後，作業員即在該零件上附置看板，當作庫存。

1. 後製程向前製程取貨要依照看板（需求看板）的指示領取。

2. 生產作業人員要依據看板（生產看板）的資訊來生產零件。

3. 如果沒有看板就不生產也不傳送零件。

4. 零件除非正在製造或搬運中，否則有關的看板必須放在容器內。

5. 生產人員在生產過程中要確保百分之百的良品率送到下一個製程，如果有不良品應該立刻停線，找出原因加以解決。

6. 應儘量減少看板張數，才可使製程持續的運轉。

7. 在實施看板系統前要先做好製程合理化的事情。

二、看板需求公式

兩部門間所需的容器數與下各項相關：1. 下游工作中心的需求率；2. 兩部門間的移動時間；3. 容器等候搬運的時間；4. 製造時間，可以下面數學式表示：

$$N \geq \frac{D(M+P)(1.0+S)}{Q} \qquad (式 7\text{-}3)$$

其中：N ＝ 看板卡片數目（即容器數目）

$\quad\quad\quad D$ ＝ 每小時需求率（後製程的生產率）

$\quad\quad\quad M$ ＝ 平均等候時間（包含後製程的操作時間）及移動時間

$\quad\quad\quad P$ ＝ 製造一容器所需的平均整備、加工及檢驗的時間

$\quad\quad\quad S$ ＝ 安全因子，用以彌補生產效率及生產率變動的百分率

$\quad\quad\quad Q$ ＝ 每一容器所盛裝的數量

例題 7-2 ★進階題型（偏難）

有一生產線，前製程為零件加工，後製程為裝配作業，每一標準容器的容量為 20 件。假設裝配部門的需求率每小時 40 件，移動時間為 0.25 小時，裝配時間為 0.5 小時，一容器零件的總加工時間為 0.4 小時，安全因子訂為 0.05，則看板片數為何？

解答

$$N \geq \frac{40(0.75+0.4)(1+0.05)}{20} \text{，} N \geq 2.415 \text{，故 } N \text{ 即 } 3 \text{ 個容器}$$

7-3 自働化的意義及其內涵

自働化指具有人類判斷力的自動化，換言之，就是一種發覺異常和缺陷的裝置，以及當異常和缺陷發生時，使生產線或機器停止的裝置。自動化的內涵，即自動化的機器正常運轉時，不需要人，只有在異常時才需要人工加以排除，因此一個員工可同時管理數部機器，以使效率大增，其具體作法如下說明。

一、目視管理（Visual Management）

豐田式生產方式爲使任何人都認清浪費，因此採行目視管理，其具體措施如下：

1. 決定製品、零件的放置場所，清楚的加以標示，看板上詳記地點號碼、藉此立即可以明瞭庫存管理、加工次序、進度狀況搬運作業等有無不正常情況。

2. 設置停止生產線標示板（燈籠），瞭解生產線之可動狀況、設備不正常之處、對策狀況等。

3. 將看板放在生產線前端，瞭解現在進行什麼步驟、下一步驟已準備妥善否、這條生產線的負荷狀況大或小，以及需不需要加班等。

4. 懸掛看板，瞭解週期期間、順序、標準現場庫存量等。

圖 7-8　目視管理範例

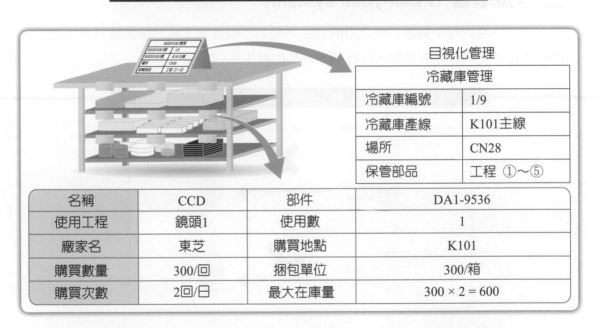

二、安燈（日語：あんどん，Andon）－生產異常標示板

凡是自己所做的作業，覺得不好或有不良品產生，作業員即可停止生產線，直至問題獲得解決。停止生產線的作法，乃在每一作業員前面設置停止按鈕，一有異常狀況，可按電鈕將整條生產線停止下來，生產線的前端的電光式標示板會顯示這條生產線，哪一處發生問題，這標示板稱爲安燈。當生產線正常運轉中，則顯示綠燈；若作業員要調整生產線，顯示黃燈；糾正異常事情而停止生產線，顯示紅燈。

圖 7-9　生產異常標示板範例

圖 7-9　生產異常標示板範例

三、防呆裝置（Poka-yoke system）

為在生產過程中製造百分之百的良品，必須在模具、工具、裝置器具等方面，添置防範不良品發生的裝置，以杜絕不良品的發生。

圖 7-10　生防呆裝置範例

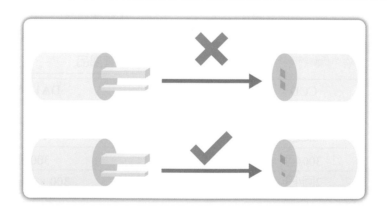

7-4 　品管圈與 5S

豐田式生產管理是以及時化與自働化為兩大支柱，其最基本的精神則是不斷的發掘問題並加以改進以提升生產效率，從而達到消除浪費並且能夠符合市場的生產方式。為了要不斷的改進並且尊重人性，必須採取小集團的活動來達成，經由小集團的活動，不只生產問題得以改進，而且可以增進員工的技能、團隊精神與士氣。而主要的小集團活動則包括品管圈與 5S 活動。

一、品管圈活動

品管圈（Quality Control Circle, QCC）是由日本發展出來針對品質及生產問題、改善活動而組成的小團體，這個小集團以提案制度之精神作為全公司改善之一環，它運用自我啓發，相互啓發，品管手法、IE手法、價值分析手法等來改善工作現況，杜絕浪費及一切不合理現象，亦是持續不斷的由全公司的成員參與的活動。

品管圈原則上由相同的工作單位 6 ～ 12 名員工組成一圈，基本的精神是尊重人性發揮潛能，不斷的改善以確保企業的發展與利益，它的目標是提高現場的技術水準與士氣、提高現場的品質亦是、問題意識與改善意識，使現場成為改善的重心，從而提高全公司的生產力。

品管圈活動目前隨著全公司品管（Company-wide quality control, CWQC）觀念的普及已不限於製造現場，而是全體公司所有部門，其中包括行銷、生產、研究發展、人事、財務等全體活動，共同謀求提高公司的生產力、品質、與利潤而努力。

二、5S 活動

5S 活動，是將「整理、整頓、清掃、清潔、教養」作為改善企業體質的手段，所以首先應該瞭解 5S 活動的目的、步驟、設定成果，推行 5S 活動，必須按部就班實施，才能獲得最後成果，因此，瞭解內涵是一件非常重要的工作和課題。

（一）整理（Seili）

需要與不需要的東西加以區分，工作場所中不要擺放不需要的東西，就是將工作場所混亂的狀態收拾成井然有序的樣子。5S 活動最終目的是改善企業的體質，企業整理就是改善體質的第一步，在工作程序中，首先要區分哪些是必要的，哪些是不必要的，拋棄不必要的，將必要的東西收拾的井然有序。

（二）整頓（Seiton）

將需要的東西擺放至任何人都可以立即取得的狀態。就是將分散各處的東西依功能及用途歸類，並擺放整齊。

當各項物件擺放的位置明確、清楚，使用時可立即取得，歸位時容易回復原位，又方便檢查物品是否歸位。目的是讓任何人在必要時，立即取得必要的東西，因此，規劃時需從使用者的角度來考慮。

（三）清掃（Seiso）

將看得到與看不到的工作場所清掃乾淨，保持整潔。就是清除垃圾、污物、異物，把工作場所打掃的乾乾淨淨，使物件保持在隨時可用的狀態。

雖然工作場所經過整理、整頓等二項程序，而且使用的物件位置都清楚標示，也能夠立即取得，但是這些物件、工具或是備用零件的狀態，都要保持在最佳使用狀態才行，這就是清掃的目的。

（四）清潔（Seiketsu）

貫徹整理、整頓、清掃的 3S，使同仁工作效率提升。就是保持工作場所沒有污物，非常乾淨的狀態。

如何貫徹實施整理、整頓、清掃是清潔最重要的課題，還要保持此一良好習慣。如果不能貫徹實施，持之以恆，久而久之，公司的運作就會恢復以前的混亂狀態。

（五）教養（Shitsuke）

由內心發出養成遵守紀律，並且以正確的方法去做。做好儀表和禮儀兩方面，養成大家嚴格遵守規定事項的習慣。要以整理、整頓、清掃、清潔 4S 為最後完成基本工作，並藉以養成良好習慣，也就是透過任何人都容易著手的 4S 來達成目標。

1. 工作場所中規定的事項，大家都按照規定，正確且徹底地去實行。
2. 為了貫徹教養，所有規定都公布在顯而易見的地方。

圖 7-11 說明 5S 管理循環過程，透過 5S 活動達到提高品質、降低售價、嚴守交貨期、提高安全性與可動率以及多品種生產彈性，最重要是養成確實遵守企業規定的習慣。

圖 7-11　5S 管理循環

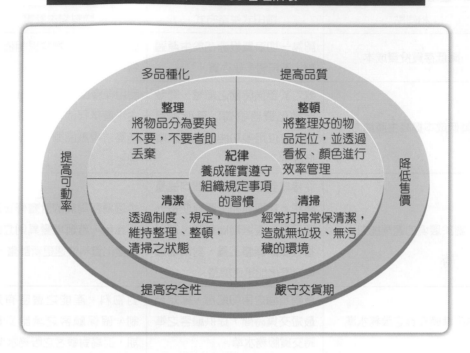

多品種化　　　提高品質

整理
將物品分為要與
不要，不要者即
丟棄

整頓
將整理好的物
品定位，並透過
看板、顏色進行
效率管理

提高可動率

紀律
養成確實遵守
組織規定事項
的習慣

降低售價

清潔
透過制度、規定，
維持整理、整頓，
清掃之狀態

清掃
經常打掃常保清潔，
造就無垃圾、無污
穢的環境

提高安全性　　　嚴守交貨期

7-5　豐田式生產方式與其它系統之比較

一、豐田式生產方式與物料需求計畫之比較

（一）相同點

　　豐田式生產方式與物料需求計畫，雖然實施環境及發展過程大異其趣，但從生
產管理目的而言，也有共同改善的目標，如表 7-2 之說明。

表 7-2　豐田式生產方式與物料需求計畫相同點

相同點	豐田式生產方式	物料需求計畫
降低存貨投資成本	認為一切浪費根源在於生產過剩，不再有多餘存貨。	強調獨立需求物料與相依需求物料之區別。
降低成本提高生產能力	致力於整備時間之縮短，開發自動化機器設備以降低不良品，並僱用多功能作業員以降低成本。	利用模擬技術（Simulation），主生產排程的準確度提高，產能需求規劃能夠有效率利用產能。
對於環境的適應能力	從接單到訂單處理時間均儘量縮短，採取混和生產線使每一產品之生產週期間較短，復以看板做為調整工具，對市場環境之變化能迅速調整。	透過精密周詳的計畫修正及模擬應用，若環境變異則立即輸入變化資料快速更新計畫。
提高準時交貨之服務水準	產銷方面之密切配合，縮短至最短交貨時間，提供顧客之準時交貨服務水準。	對物料、產能之嚴密有效控制，確保顧客之承諾交貨日期，提高對顧客之服務水準。

（二）相異處

豐田式生產方式與物料需求計畫兩者相異處如表 7-3 說明。

表 7-3　豐田式生產方式與物料需求計畫相異點

相異點	豐田式生產方式	物料需求計畫
物料管理管控方式	只生產下一製程所需之零組件，節省大量的庫存成本。	零件都保有些應急之安全庫存，提供長期規劃之安全保證。
對電腦之依賴程度	進行混線生產線排序，生產線上情報的傳遞則依靠看板，從最終至裝配線向前製程拉出所有層次需求之零組件。	產品結構表之展開計算需借助電腦快速的計算能力與記憶儲存能力，對於電腦之依賴程度較大。
生產進度之同步化	看板與目視管理之應用，當生產線上有任何製程發生異常，則停止全生產線，前後製程人員立刻會同協助，共同發現及解決問題，各製程間之生產同步化。	有異常情況時，其他製程能按照原訂計畫進行，不致影響其他製程之生產效率，對各製程生產進度同步化之要求較低。

表 7-3　豐田式生產方式與物料需求計畫相異點（續）

相異點	豐田式生產方式	物料需求計畫
對縮短換模時間的要求	縮短換模調整之整備時間，以達到經濟並有效率的生產。	規劃期間較長，採批量生產，對於整備時間長短的要求較不強調。
基準存貨量	製程間握有所有基準存貨量只需具備一單位的手頭庫存以供微調整所產生之需求差異。	以安全存量為主要考量。
製程微調整能力	若計畫有變更，只需在最終製程生產線上之混線生產線排序稍做調整即可。	應用模擬技術做出適當的調整，並通知生產線上各製程存貨管理人員，因而較麻煩。
不良品	不容許有不良品流入下一個製程，因而特別致力於防止盲目作業即自動停止裝置。	並未有不良率為零之要求，在系統中已把不良率因素於安全存量中考慮。
團隊精神	對整體生產線要求同步化，可按下安燈按鈕停止生產線，相當重視團隊精神。	強調精密的專業分工與密切配合，個人色彩較濃。
與供應商之關係	要求與供應商維持長期的供應關係，共同致力品質、生產成本、生產力等問題的改善。	較不重視此層關係。
產品自製力	及時化供應以降低庫存，並以看板作為傳遞情報的工具。	規劃期間較長，所以可以向外面企業訂購，甚至有充裕時間由外國進口。

二、製造資源規劃與看板系統的比較

　　物料需求計畫係將企業全部資源（工程、生產、行銷、人事、財務及研發等功能活動）皆納入系統內，提升企業之整體經濟效益。

　　JIT 生產系統的另一個領域是看板系統，其概念為利用看板來傳送生產資訊，是由生產線最後一道製程開始，相鄰兩製程間以逆回方式，依序向傳送生產及物料搬運資訊之一種拉式生產系統。兩者比較如下。

（一）相同處

製造資源規劃與看板系統皆在強調經營績效整合，考慮整體系統運作，以下為兩者之相同點：

1. 改善顧客服務，降低存貨及增進生產力等基本目標。

2. 存在於一個生產系統中的次系統。

3. 依照主生產排程決定生產何種產品。

4. 物料需求計畫與看板系統均為資訊系統。

（二）相異處

製造資源規劃與看板系統之間的差異在於製造資源規劃強調電腦整合，看板管理著重簡易看板工具，達到改善的目的。兩者的差異如下說明：

1. 物料需求計畫是電腦化系統，而看板系統則是一個手動的系統。

2. 看板系統的優點是簡易，而物料需求計畫的優點是能快速而有效地處理複雜的規劃和時間安排問題。

3. 物料需求計畫系統由物料需求計畫執行，而看板系統是由看板卡執行。

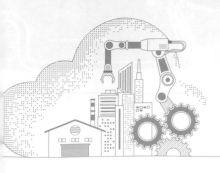

工管小常識

5W2H 分析法

　　5W2H 分析法簡單、方便，易於理解、使用，富有啓發意義，廣泛用於企業管理和技術活動，對於決策和執行性的活動措施非常有幫助，也有助於彌補考慮問題時的疏漏。

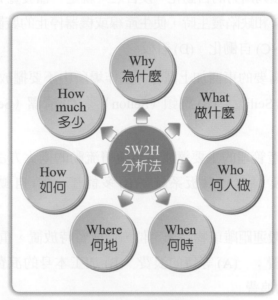

圖 7-12　5W2H 分析法

　　發明者用五個 W 開頭的英文單字和兩個 H 開頭的英文單字進行設問，發現解決問題的線索，尋找發明思路，進行設計構思，從而誕生新的發明項目，這就是5W2H 分析法。

What：是什麼？目的爲何？做什麼工作？

How：怎麼做？如何提高效率？如何實施？使用何種方法？

Why：爲什麼？爲什麼要這麼做？理由何在？爲什麼造成這樣的結果？

When：何時？什麼時間完成？什麼時機最適宜？

Where：何處？在哪裡做？從哪裡入手？

Who：誰？由誰來承擔？由誰完成？由誰負責？

How much：多少？做到什麼程度？數量多少？品質如何？費用多少？

資料來源：中文百科知識

一、選擇題

( ) 1. 一家公司使用看板系統,每日 A 零件需求為 300 單位,平均等待時間為 0.25 天,單一容器零件總加工時間的為 0.1 天,容器盛裝的數量為 10 單位,安全因子為 0.05,則需要多少看板片數? (A) 10 (B) 11 (C) 12 (D) 13

( ) 2. 指具有人類判斷力的自動化,換言之,就是一種發覺異常和缺陷的裝置,以及當異常和缺陷發生時,使生產線或機器停止的裝置: (A) 自動化 (B) 安燈 (C) 自働化 (D) 看板

( ) 3. 需要與不需要的東西加上區分,工作場所中不要擺放不需要的東西: (A) 整理(Seili) (B) 整頓(Seiton) (C) 清潔(Seiketsu) (D) 教養 (Shitsuke)

( ) 4. 豐田式生產管理的主要達成生產連續流動的兩大方法:及時化(Just in time)以及: (A) 看板系統 (B) 多能工 (C) 自働化(Jidoka) (D) 目視管理

( ) 5. 超過正常搬運距離或物品未定位,造成暫時放置,重新放置或移動等所產生的浪費: (A) 等待的浪費 (B) 加工本身的浪費 (C) 動作的浪費 (D) 搬運的浪費

( ) 6. 某一容器完成生產週期的時間是 120 分鐘,而一標準容器儲備 50 個零件,安全因子是 0.2,請求出適合於每小時使用 100 個零件之工作站的容器數目 (A) 2 (B) 3 (C) 4 (D) 5

( ) 7. 豐田式生產管理之主要的基礎是: (A) 平準化、自働化、看板制度、目視管理 (B) 合理化、自働化、看板制度、電腦化 (C) 標準化、電腦化、專業化、合理化 (D) 合理化、自働化、看板制度、目視管理

( ) 8. 以下何者有關 JIT 的敘述是錯誤的? (A) 適用於大批量生產 (B) 系統需要有快且低成本的轉換及設施作業 (C) 創始者豐田公司使用看板作為生產控制的方法 (D) 實際從事作業的員工,經常是建議改善作業的最佳來源

( ) 9. 下列對於安燈的燈號敘述何者正確？ (A) 生產線正常運轉中，則顯示綠燈 (B) 作業員要調整生產線，則顯示黃燈 (C) 為了糾正異常事情而停止生產線，則顯示紅燈 (D) 以上皆是

( ) 10. JIT 與 MRP 的比較中，下列敘述何者錯誤？ (A) 產品不良率近於零時應採取 JIT (B) 產品之製程變化很大時應採用 MRP (C) JIT 為小批量生產 (D) 兩者皆是拉式系統

( ) 11. 下列何者不是看板管理的基本原則？ (A) 不要把不良品交給後製程 (B) 後製程再需要的時候，到前製程領取需要的產品數量 (C) 為因應需求激烈的變化，看版張數可以大幅增減 (D) 製程必須安定化及合理化

( ) 12. 豐田式生產管理中，下列敘述何者錯誤？ (A) 製程設計採取 U 字型佈置與多能工 (B) 看板設計採取推式系統 (C) 團體控制採取安燈與看板 (D) 品質控制採取防呆與自動停止裝置

( ) 13. 下列何者不屬於 JIT 生產系統的特色？ (A) 注意預防性保養與維修 (B) 強調多能工 (C) 強調立即解決問題與持續改善的觀念 (D) 屬於推式系統

( ) 14. 下列何者不是 U 型生產線優點？ (A) 佔用的空間較小 (B) 可促進單一完成工作 (C) 入口與出口由一人控制，很容易發覺異常狀況 (D) 生產線不平衡時，可藉由相互協助而解決

( ) 15. JIT 適合下列何種作業？ (A) 重複性生產 (B) 零工生產 (C) 專案生產 (D) 管線式生產

二、證照題

( ) 1. 豐田生產系統有兩大支柱，及時生產（Just in time, JIT）及下列的哪一項？ (A) 自働化 (B) 自動化 (C) 智動化 (D) 智能製造
（110-1 工業工程師 - 精實管理）

( ) 2. 豐田生產系統運作中傳遞生產及物料需求之資訊，是利用下列哪一項工具？ (A) 生管排程的工單 (B) 現場領班的每日規劃 (C) 看板系統 (D) 管理資訊系統 （110-1 工業工程師 - 精實管理）

( )3. 豐田風範（Toyota way）有兩大支柱，是「對人的尊重」，及下列的哪一項？
(A) 及時生產　(B) 員工自主管理　(C) 追求員工福利　(D) 持續改善
（110-1 工業工程師 - 精實管理）

( )4. 豐田汽車每天只生產所需的數量，設 A 是當日的總工作時間，B 是當日所需數量，則 A/B 稱為？　(A) 前置時間　(B) 節拍時間（Task Time）　(C) 週程時間（Cycle time）　(D) 生產時間　（110-1 工業工程師 - 精實管理）

( )5. 標準作業的定義何者有誤？　(A) 剔除動作式作業浪費　(B) 有效率地作業順序進行反覆作業　(C) 以設備動作內容為中心　(D) 以上皆非
（110-1 工業工程師 - 精實管理）

( )6. 豐田生產系統中的節拍時間所指內容為何？　(A) 產品在生產工程所耗用的時間　(B) 產品在生產工程停滯所耗用的時間　(C) 產品的銷售速度　(D) 人工作業耗用的時間　（110-1 工業工程師 - 精實管理）

( )7. 何者非 5S 活動期待的效益？　(A) 習慣遵守規則　(B) 不論新人或其他人都能確保工作水準提升工作之質　(C) 物品放置整齊　(D) 作業順序及決定的業務有明確、可遵守的規則　（110-1 工業工程師 - 精實管理）

( )8. 5S 活動中的清掃所指為何？　(A) 區分要與不要的物品，並將不要品撤離職場　(B) 去除油污及髒亂　(C) 職場環境保持清淨　(D) 必要時可迅速取出必要物品的配置　（110-1 工業工程師 - 精實管理）

三、 填充題

1. 豐田生產系統（Toyota production system, TPS），是日本 Toyota 汽車建立現代化生產管理模式，結合豐田集團的＿＿＿＿＿＿（Just in time）與＿＿＿＿＿＿（Jidoka）兩大系統。

2. 豐田式生產方式是基於徹底消除＿＿＿＿＿＿的思想，以期能削減製造工時，達到降低成本、增加利潤的目標。

3. U 型配置著眼於在生產後的出入口在同一位置，具有隨時調整作業員人數的能力，U 型佈置可與「省人化」作業共同配合，進而培養「＿＿＿＿＿＿」。

4. ＿＿＿＿＿＿（Takt time）：一件物品必須以多少時間裝配或製造，一天的工作時間除以一天所需要生產的產品數量，得出所需的時間。

5. 豐田「＿＿＿＿＿＿」（Pull type production），採用「後製程在必要時間，由前製程製造必要的製品」，前製程僅製造後製程所需的數量，利用看板，表明「在何時需要多少數量的何種物品」，經由看板各個製程之間流轉，控制生產必需的數量。

6. ＿＿＿＿＿＿（日語：あんどん，Andon）：生產異常標示板，凡是自己所做的作業，覺得不好或有不良品產生，作業員即可停止生產線，直至問題獲得解決。

7. ＿＿＿＿＿＿（Poka-yoke system）：為在生產過程中製造百分之百的良品，必須在模具、工具、裝置器具等方面，添置防範不良品發生的裝置，以杜絕不良品的產生。

8. ＿＿＿＿＿＿（Quality control circle, QCC）是由日本發展出來針對品質及生產問題、改善活動而組成的小團體，這個小集團以提案制度之精神作為全公司改善之一環，它運用自我啟發，相互啟發，品管手法、IE 手法、VA（價值分析）手法等來改善工作現況，杜絕浪費及一切不合理現象，是由全公司的成員持續不斷地參與的活動。

9. ＿＿＿＿＿＿活動：將「整理、整頓、清掃、清潔、教養」作為改善企業體質的手段，首先應該瞭解 5S 活動的目的、步驟、設定成果。推行 5S 活動，必須按部就班實施，才能獲得最後成果，瞭解內涵是一件非常重要的工作和課題。

10. ＿＿＿＿＿＿（Seili）：區分需要與不需要的東西，工作場所中不要擺放不需要的東西，就是將工作場所從混亂的狀態收拾成井然有序的樣子。5S 運動最終目的是改善企業的體質，企業整理就是改善體質的第一步，在工作程序中，首先要區分哪些是必要的，哪些是不必要的，拋棄不必要的，將必要的東西收拾得井然有序。

四、 簡答題

1. 請簡述 U 型生產線的配置，有哪些優點？

2. 請簡述傳統的推式生產與豐田拉式生產的差異。

3. 請列出豐田式生產方式與 MRP 系統的相異處（列出五項）。

4. 何謂 QCC ？

關鍵字彙

1. 豐田生產系統（Toyota production system, TPS）

2. 及時化（Just in time）

3. 自働化（Jidoka）

4. 拉式生產系產（Pull type production system）

5. 推式生產系產（Push type production system）

6. 看板（Kanban）

7. 防呆裝置（Poka-yoke system）

8. 5S 活動

Chapter

08 廠址選擇與 設施規劃

學習目標

1. 描述廠址選擇角色、理由與目標
2. 列出廠址選擇二個層次
3. 解釋廠址決策評估模式
4. 說明設施規劃的意義、目標與時機
5. 描述設施佈置的形式
6. 列出設施佈置的進行步驟

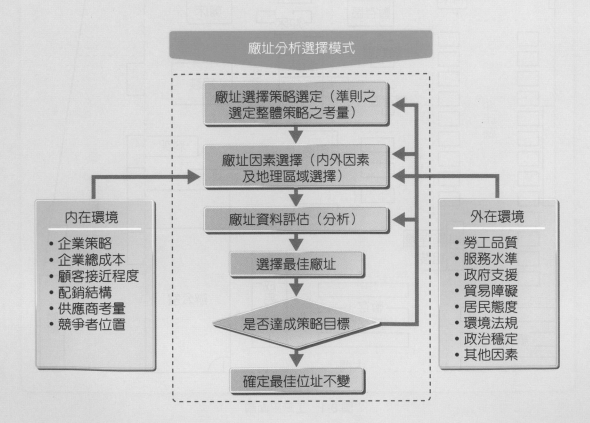

管理個案新知

Flexsim 應用於設施規畫之改善

　　導入設施規畫以及製造程序規劃理念設計，並結合 Flexsim 模擬軟體，探討現有工廠數據，
提出改善建議，改善前後數據資料可發現提升生產效率的方法。

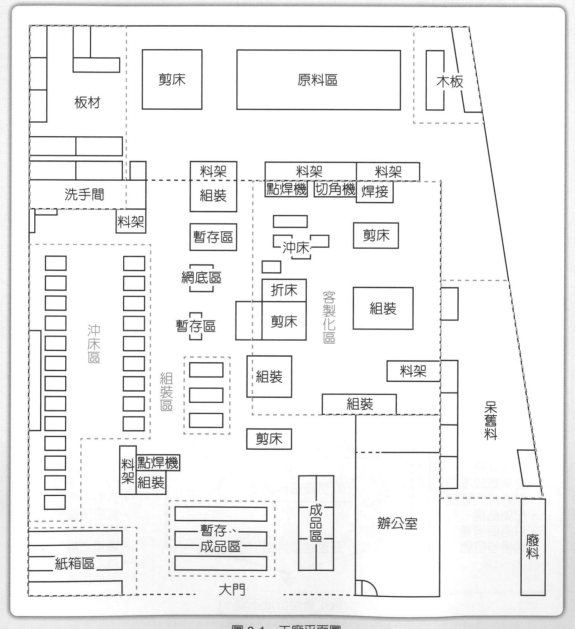

圖 8-1　工廠平面圖

使用模擬軟體進行工廠改善發現，機台擺放的順序雜亂，甚至有從前面跳到後面再跳回中間的情況，建議將機台擺放成直線或是閃電型，可提升生產效率，並將不常用的機台集中區分。機台重新放置前後如圖 8-1 和圖 8-2，利用 Flexsim 模擬軟體分析機台擺放位置和更改後的作業時間的差，模擬中採用每個機台都會有一位專屬的人員操作，每個產出單位都是 50 個成品，工作 8 小時只生產單一零件為前提。

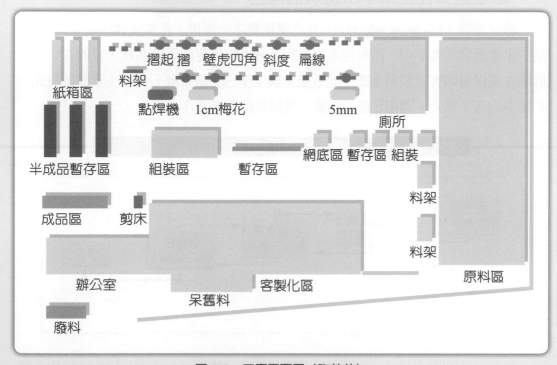

圖 8-2　工廠平面圖（改善前）

　　從 Flexsim 的模擬中可發現整個產線的不平衡。在充足的人手操作機台且無休息持續運轉 8 小時的情況下，重新調整機器設備的位置，有效的降低搬運所浪費的時間，從改善前後的每小時吞吐量圖中發現機台在改善前後有著差異，當機台吞吐量變大，工廠生產的成品也就越多，亦可帶動穩定生產；箱體的部分因換了新的模具，工作站數量從 7 站減少至 3 站，雖說產量略小於舊的模具，但換算成同樣數量的工作站，產量比舊模具更多，而且更少的工作站，將會減少人力所需的成本。

8-1　廠址選擇

無論是製造業或是服務業，正確廠址的決策不只會節省企業營運成本的與提高營業利潤，而且會使企業在全球性競爭化日益激烈的市場創造其競爭優勢，對企業未來之成長產生重大之影響。

一、廠址選擇在企業中所扮演的角色

廠址選擇（Location selection）是企業後勤之一部份，企業後勤如圖 8-3。即產品由生產送到顧客手中，所有促進物流與資訊流的穩定的管理系統，目的在於以較低成本來提高顧客之服務水準，此系統又稱生產－配銷系統，廠址決策即針對此一系統中的每一單元，選擇正確的地點，發揮整體系統運作之績效。

圖 8-3　企業後勤流程

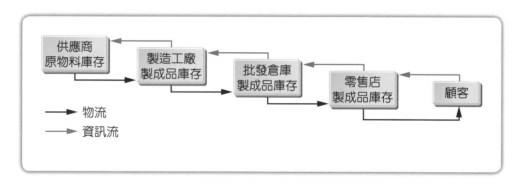

廠址決策的內容包括新的位址決策及已存在設施再重新安置，目的在於為一個新的或重新安置的各種可能的位址進行一個評估，以決定最佳廠址的位置。除此之外，廠址決策內容可能需考量到供應點與需求所在的位置與數量，與目前已有的設施之間的互補性及重疊性等相關因素。

廠址決策之所以重要其理由有三點：

1.　決策影響深遠，如果決策錯誤就很難恢復。

2.　廠址決策經常影響作業成本、收益及作業流程。

3.　整合企業的資源，創造產銷體系綜合績效。

二、廠址決策目標

　　廠址選擇是企業為購買，租賃、租用生產場所而做的決策。無論是服務業提供服務的「場址」，或製造業生產產品的「廠址」，所在位置的條件與優劣勢，都是業者最關心與最基本的考慮。廠址條件決定企業流程的互動形式與關係，影響到系統設計與作業管理方式，更影響到潛在的企業未來發展。決定廠址時，企業也可能同時決定未來所使用的建築、房舍、機械、設備、製程、原物料種類，以及儲存及供應、員工來源及管理、整個配銷體系的運作等日常決策。廠址目標與考慮因素，如表 8-1 所示。

表 8-1　廠址目標與考慮因素

目標	思考方式	考慮因素
利潤	新廠址對成本的影響。	(1) 降低營運費用。 (2) 降低產品總成本。
市場範圍	擴大後勤系統及市場範圍。	(1) 取得供需平衡。 (2) 提升服務水準。
策略規劃	培養長期競爭優勢。	企業及市場發展。

三、廠址選擇的時機

　　廠址選擇的時機，不只發生設立新廠設立，產品變更設計時或是改變生產方式，亦有需要進行廠址選擇，廠址選擇的時機有以下幾點因素：

1.　首次設廠－進入競爭市場。

2.　因生產因素耗竭，須另尋生產因素來源。

3.　生產產品市場有利因素消失，目標市場轉移（市場移動）。

4.　因人工成本快速高昇。

5.　現有產能擴充－擴大市場。

6.　開拓新市場－接近市場。

7.　法規的限制－易地生產。

四、廠址問題的三個層次

廠址問題的三個層次，如表 8-2 說明，可從地區或國際區域（Region / International）、社區（Community）與位置（Site）三種選擇因素結合，如以下說明：

表 8-2　影響廠址決策三個層次與因素

層次	主要因素	考慮重點
1.　地區或國際	◆ 原料的位置與供應 ◆ 市場位置 ◆ 勞力	◆ 接近程度，運輸方式與成本，可取得資源數量 ◆ 接近程度，配銷成本，目標市場，商業交易實務與限制 ◆ 一般與專業技術勞工取得難易，勞動力的年齡分配、工作的態度、工會力量、生產力、工資水準。
2.　社區	◆ 設施 ◆ 服務 ◆ 態度 ◆ 稅法 ◆ 環境法規 ◆ 公用設施 ◆ 獎勵措施	◆ 學校、宗教、購物、住宅、運輸、娛樂等 ◆ 醫療防火治安 ◆ 社區贊成／反對設廠 ◆ 直接／間接市場 ◆ 國家／本地 ◆ 成本取得難易 ◆ 稅負減免、低利貸款
3.　位置	◆ 土地 ◆ 交通運輸 ◆ 環境法令	◆ 成本，需要開發的程度、土質物性、擴展空間、排水狀況、停車位置 ◆ 型式（鐵路、公路、航空） ◆ 區域限制、土地使用限制

（一）地區或國際區域選擇因素

考量因素主要有：1. 與市場、顧客或原物料來源間之距離；2. 在該區域內之勞工型態及供應量；3. 土地、原物料、交通工具、水、瓦斯及其他重要生產元素或生產資源之供應；4. 氣候、稅賦、規章、政經環境等因素。

（二）選擇社區所考慮的因素

1. **當地的社交休閒、保健設施等是否充足**：例如，當地住宅是否充裕，有沒有學校、教堂、醫院、購物中心，當地的消防及治安警力，當地的稅制及其他成本，以及當地是否有大專院校等。

2. **社區對於企業是否抱持歡迎的態度**：由於政治、環保上的要求，世界各地已有許多反對外國企業或污染行業入駐當地的狀況。

3. **當地是否有合適的場地**：以便提供設廠所需空間。

（三）選擇位置考慮因素

確立的社區所在位置為社區中的適合地點，最後進入實際設廠階段，考慮因素包括：社區的態度、勞工成本、原物料及成品的運輸成本、地區稅負及能源成本。

五、國外設廠之考慮因素

國外設廠是企業重大的決策，不只要考慮市場掌握、或只掌握生產因素，同時亦包括組織生產策略的運用，亦要考量標的國對設廠的要求，考慮因素如下：

1. 本國政府對海外設廠的法律規定。

2. 標的國對投資廠商的法律規定，例如外資比例、國外員工比率。

3. 標的國的政治環境，例如政治的穩定性，對外資的態度。

4. 標的國的經濟環境，例如生活水準，國民所得成長狀況，財政穩定性。

5. 標的國的社會、文化環境，例如宗教信仰、民俗文化等。

六、廠址分析決策

（一）損益兩平分析（Break-even analysis）

損益兩平分析主要用於第一類廠址決策問題，亦即用來評估單一廠房的決策問題。此法可用經濟面的比較來決定較低成本（或較高收益）的廠址，若用圖形表示，則更容易進行評估工作，進行程序如下：

1. 決定各廠址的固定成本與變動成本。

   (1) 變動成本（c）：總成本中隨產量直接變動的成本。

   (2) 固定成本（F）：無論產出產量如何變化，總成本中保持不變的成本。

   (3) 數量（Q）：每年所能服務的客戶數量或生產的單位數量。

2. 繪出各廠址的總成本線。

$$總成本 = F + c \times Q \qquad (式\ 8\text{-}1)$$
$$總收入 = p \times Q \qquad (式\ 8\text{-}2)$$

3. 在預期的產出水準下，選出最低總成本的廠址。

$$總成本 = 總收入$$
$$p \times Q = F + c \times Q$$
$$Q = \frac{F}{p-c} \qquad (式\ 8\text{-}3)$$

　　損益兩平分析法的假設前提為：1. 固定成本維持不變，2. 變動成本與產出水準呈線性關係，3. 市場需求能夠準確地加以預估，4. 只生產一種產品。

例題 8-1

一家醫院正在考慮為每位患者提供 200 美元的新作業手術。每年的固定成本為 100,000 美元，每位患者的變動成本為 100 美元。這項新作業手術服務的損益兩平分析法人員數是多少？

解答

1. $Q = \dfrac{F}{p-c} = \dfrac{100,000}{200-100} = 1,000$

2. Q = 0 與 Q = 2,000 的比較
   Q = 0 和 Q = 2,000 的效益：

數量（患者）（Q）	總成本（\$） （100,000 + 100×Q）	總收入（\$） （200Q）
0	100,000	0
2,000	300,000	400,000

3.　損益兩平分析法

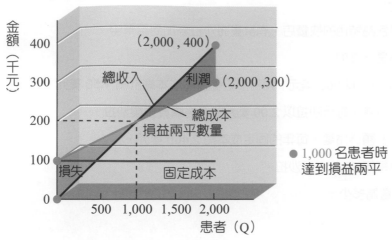

例題 8-2

承例題 8-1，如果損益兩平分析法中提議的服務的最悲觀的銷售預測是 1,500 名患者，那麼該新作業手術程序每年對利潤和管理費用的總貢獻是多少？

解答

$p \times Q - (F + c \times Q) = 200(1,500) - [100,000 + 100(1,500)] = \$50,000$

（二）自製或外購評估製程方法

外購總成本 $= F_b + c_b Q$

自製總成本 $= F_m + c_m Q$

$F_b + c_b Q = F_m + c_m Q$

$$Q = \frac{F_m - F_b}{c_b - c_m}$$　　　　（式 8-4）

其中，$F_b =$ 外購的固定成本　　　　$F_m =$ 自製的固定成本

$c_b =$ 外購的變動成本（每單位）　　$c_m =$ 外購的變動成本（每單位）

例題 8-3　★進階題型（偏難）

1. 一家以漢堡包為特色的快餐店，有計畫將沙拉添加到菜單中。

2. 客戶的價格是一樣的。

3. 固定成本估計為 12,000 美元，每份沙拉的變動成本總計為 1.50 美元。

4. 從當地供應商處，每份沙拉以 2.00 美元的價格購買預製沙拉。

5. 預裝沙拉需要額外冷藏，每年的固定成本為 2,400 美元。

6. 預計需求為每年 25,000 份沙拉。

請問損益平衡數量為多少？

解答

$$Q = \frac{F_m - F_b}{c_b - c_m} = \frac{12,000 - 2,400}{2.0 - 1.5} = 19,200$$

（三）重心法（Center-of-gravity method）

最適用於當公司有許多市場與工廠而想在其間選擇較好的位置設一中間倉庫，或是消防隊選擇其服務轄區內合適的地點來服務大眾時使用。

重心法的主要原理是利用座標圖繪出各有關服務標的的範圍與位置，然後利用下列公式求算重心，尋求合適的設立地點使其至各輸送目的地之距離約略相等。求算重心的公式如下：

$$C_x = \frac{\sum d_{ix} W_i}{\sum_i W_i} \qquad （式 8-5）$$

$$C_y = \frac{\sum d_{iy} W_i}{\sum_i W_i} \qquad （式 8-6）$$

其中，C_x = 重心的 x 座標值，d_{ix} = 在位置 i 的 x 座標值

C_y = 重心的 y 座標值，d_{iy} = 在位置 i 的 y 座標值

W_i = 移進或移出至 i 位置的產品數量（亦可視為加權的權重）

例題 8-4

某家企業決定其區域中心，以重力中心法，求其 (X，Y) 區域值：

區域	X 座標值	Y 座標值	需求量
A	10	11	150
B	21	18	150
C	15	12	200
D	21	15	250
總需求量			750

解答

x* = [10(150) + 21(150) + 15(200) + 21(250)]/750 = 17.20

y* = [11(150) + 18(150) + 12(200) + 15(250)]/750 = 14.00

（四）因素評等法（Factor rating）

前述的幾種方法大都偏重於經濟面或定量的考慮，而因素評等法則將定性（Qualitative）與定量（Quantitative）的因素一起考慮，進行的程序如下：

1. 決定有關廠址決策的各項重要因素。

2. 對於各項因素按其重要性給予權數，一般而言權數之總和設為 1。

3. 決定衡量各因素的尺度範圍（例如 0 ～ 100）。

4. 對每一可行方案按因素給予分數。

5. 將各方案之因素分數與權數相乘及加總其得分。

6. 選擇總和分數較高的方案即為廠址。

例題 8-5

某一製造工廠由於產能不足想要增設一新廠來滿足市場需求，該公司老闆注重的因素包括原料供應的接近性、勞力成本、水力供應、運輸成本、氣候與稅法，其個人主觀權數各為 0.1、0.05、0.4、0.1、0.2、0.15。經其運用因素評等法分析來比較 A、B 兩個可行廠址，如下表所示，請問應選擇何者為廠址？

因素	權數	分數		加權分數	
		A	B	A	B
1.　接近原料市場	0.1	100	60	10	6
2.　勞力成本	0.05	80	80	4	6
3.　水力供應	0.4	70	90	28	36
4.　運輸成本	0.1	86	92	8.6	9.2
5.　氣候	0.2	40	70	8	14
6.　稅	0.15	80	90	12	13.5
合　　計	1.00			70.6	82.7

解答

由加權分數來看，A 方案為 70.6，B 方案為 82.7，故選擇 B 方案 82.7 為廠址。

（五）構面分析法（Dimensional analysis）

構面分析法類似因素評等法，均是用於同時考慮定量與定性的因素之評估方案技術，亦可用於各類的廠址決策問題。主要的差別是因為有些定量的資料和定性的資料所使用衡量的單位不同；因素評等法是將定性與定量資料，轉換成分數來評分，而構面分析法則不使用主觀的評分法來評估定量資料，而是應用比率相乘使其形成一個多構面（不同衡量尺度）的綜合指標（綜合指標沒有單位）來評估選擇何址較佳，其應用的公式如下：

$$R = \frac{\text{廠址 A 之偏好}}{\text{廠址 B 之偏好}} = \left(\frac{O_{A1}}{O_{B1}}\right)^{W1} \left(\frac{O_{A2}}{O_{B2}}\right)^{W2} (\cdots\cdots) \left(\frac{O_{Aj}}{O_{Bj}}\right)^{Wj} \qquad \text{（式 8-7）}$$

其中，O_{Aj} 代表第 j 個考慮因素在 A 址的值

O_{Bj} 代表第 j 個考慮因素在 B 址的值

W_j 代表第 j 個考慮因素所佔的權數

例題 8-6　★進階題型（偏難）

某印表機工廠欲擴充產能而想蓋一新廠，經初步評估後有二個地點 A、B 可行，其有關資料如下，試問應選擇何址較佳？

考慮因素	A 址	B 址	權數
建築成本與設備成本（每年折舊值）	$300,000	$500,000	4
每年稅款	20,000	50,000	4
每年電力成本	30,000	20,000	4
社區態度	2	1	1
工人士氣與技能	3	2	4
彈性	6	1	3

解答

$$R = \left(\frac{300,000}{500,000}\right)^4 \times \left(\frac{20,000}{50,000}\right)^4 \times \left(\frac{30,000}{20,000}\right)^4 \times \left(\frac{2}{1}\right) \times \left(\frac{3}{2}\right)^4 \times \left(\frac{6}{1}\right)^3$$

$$= \left(\frac{3}{5}\right)^4 \times \left(\frac{2}{5}\right)^4 \times \left(\frac{3}{2}\right)^4 \times \left(\frac{2}{1}\right) \times \left(\frac{3}{2}\right)^4 \times \left(\frac{6}{1}\right)^3$$

$$= 0.1296 \times 0.0256 \times 5.0625 \times 2 \times 5.0625 \times 216$$

$$= 36.733$$

因此若 R 值大於 1，則 A 址較佳。

8-2　設施規劃

一、設施規劃的意義

佈置規劃（Layout planning）或設施設計（Facilities design）乃是生產管理系統運作，配合所生產的產品製造程序及物料流程，安排機器設備、人員、物料及辦公室所佔空間的相關位置，使產品的生產能自原料進入至成品完成出廠的過程中，以最迅速、最佳效率進行。

一般生產工廠，若是未對廠房進行一全盤性規劃，而於生產設備安裝後，才發覺物料流程不順，不但造成物料搬運上人力的浪費，也影響生產效率。由於產品生產成本包括直接材料、直接人工與製造費用，其中，直接原料成本的降低，有賴良好的管理與生產技術的配合以減少原料之損耗；直接人工成本的減少，則需致力於工業工程的研究，如工作研究、工作改善、設定標準工時、工作標準化等。

管理制度、生產技術或工業工程的改善，很容易從同業間的觀摩學習到相關技術，但並非如此即能使企業將產品成本減低到同業的水準之下，要具有生產競爭的優勢，尚必須透過佈置規劃來整合作業人力、物料投入、生產設備以及廠房特性的整體流程，發揮工業工程最大之工作效率。

二、設施規劃的目標

生產系統設計工作一般必須具備五項目標：可行性、安全性、經濟性、彈性化與舒適性，才能使生產活動達到最經濟的效益。

1.　**可行性**：配合製程之需求，考慮到資源的限制，達到最充分的利用，使生產流程在最有效率情況下順利進行，安排機器設備及工作場所，使物料能盡可能依流線化（Flow line）方式流動，盡量避免迴路（Backtracking）產生，使物料在流程中混淆不清，造成管理及操作上的困難。

2.　**安全性**：確保在運作過程中，使人、物、機能夠不受設施不良的威脅。

3.　**經濟性**：

(1)　減少物料的搬運：調查資料顯示，一般工廠之物料、半成品或零件，花在搬運和儲存上占廠內總時間的 80%，僅 20% 用在增加產品價值的生產性操作，搬運是生產過程中必要之惡，不能增加產品價值，故良好之佈置應盡可能將之降低。

(2) 在製品保持高度週轉率：欲提升生產效率，首先應使物料及在製品能在最短時間內，依流程移動於必須的製程之間，由於零件花在生產流程內的每一分鐘，都增加流動資本積壓資金，故在製程中使臨時在庫量降至最低，減少物料週轉時，相對可以減低在製品、減少庫存量。

(3) 減低設備投資：將機器、設備及部門位置加以適當配置，可以減低設備需求量，避免重複投資，產能得以充分發揮。例如，兩個不同零件均必須進行外徑研磨加工，但兩個零件僅佔該外徑研磨之部分產能，應設法安排流程或該部機器之位置，使兩個零件經過同一工作站，不必另再購買一部，減少第二部機器的購置成本，避免發生機器閒置。

(4) 廠房充分利用：閒置空間或浪費地面面積，增加廠房空間的負擔，規劃人員、物料移動所需空間走道後，對於工作站之間隔採取適當而最小之間隔。

(5) 增進人力之有效應用：不良的工廠佈置，浪費極大量人力資源於非生產性的搬運工作上，例如，某生產工廠曾發現作業人員必須從距離 20 公尺遠處的物料存放區，取物料到輸送帶邊以便裝配，整個裝配線上 20% 的工作時間，係用於工人往返搬運取件的走動時間，若是透過方法工程（Method engineering）之研究，使機器和操作者互相之間沒有不必要的走動空間，提供管理者良好督導的效果。

4. **彈性化**：維持可彈性調整的設備及製程。為符合多樣少量市場要求，必須經常改變生產能力，考慮生產能量可變更之範圍，具備彈性調整性質，將來重排設備以適應產量之改變，輔助或供應設施系統，亦應考慮日後設備重排。

5. **舒適性**：維持良好工作環境，必須注意燈光、溫度、通風安全、去除潮濕、污髒塵屑之各項因素，盡可能隔離發生極大噪音的機器，使用特殊設備緩衝機器之震動力，避免影響到鄰近的機器或人員之操作。

三、應用時機

設施規劃是產業不僅在企業運作之初面臨的問題，即使在正式運轉中也會遭遇到挑戰，而需重新佈置相關設計。設施規劃的應用時機歸納如下：

1. **籌設新廠房**：一項完整的佈置工作，首先必須先考慮廠址的選擇，設計時需有長遠計畫，考慮企業之成長性與發展的可能性，具有適度的擴展彈性。考量市場情況設定工廠之產能，投資興建廠房購入機器設備，符合生產能量所需，並適當佈置排列，以求最經濟有效的生產。

2. **擴增或縮減產品**：市場需求之變動，會改變某項產品的需求量，因此需要添購或減去部分機器設備，有時因產量之激烈變動、經濟成本之考慮改變作業程序，因此，需要整體重新佈置。例如，生產汽車之引擎部門，現行設備及空間足可應付目前的產能。一旦生產量要求增加，則需考慮增加整套的專用機器，以應付產能需求，同時調整操作程序。

3. **增設或遷移部門**：如果部門原來的佈置未符合理想，則為重新佈置之良機，如果有新產品加入生產行，有時候僅在某部門內增列該條生產線，但有時也必須增設新部門、增購機器設備。

4. **陳舊機器設備之替換**：當供需變化必須替換陳舊機器設備，設施規劃要考慮是否有足夠的空間，機器設備加以搬移整合，若是大幅度的設備更新時，更須重新考慮佈置。

5. **局部調整現行佈置**：因部分建築設計改變或發現新生產方法、檢驗方法、改變或採用新的物料搬運方式及設備，而局部調整現行佈置。

6. **降低成本而改變佈置**：有時為了降低生產成本，改變工作方法與物料搬運方式，加工程序與使用新材料，每一種方式都有可能涉及佈置改變。以物料搬運為例，現有重複通路、擁擠、遲延時間、停滯造成過多的物料暫存現象，為了降低成本，須將現行不合理之佈置加以改變。

7. **操作人員之方便**：作業人員的因素也會造成工廠佈置的修改，工作位置或機器佈置阻礙操作，降低工作效率，此時就應改變佈置。

8. **安全理由**：政府明文規定企業內之工業安全衛生，為了符合工業安全法令，必須做好相關的新佈置。

四、設施佈置的進行步驟

（一）設施佈置的形式

　　設施的佈置依其生產流程，一般有功能式佈置、產品式佈置、固定式佈置以及群組技術佈置四種基本型態與混合形式。

1. **功能式佈置（Functional layout）**：功能式佈置又稱為工作別或程序佈置，將類似的設備或功能集合在一起，如圖 8-4，例如，所有車床（Lathe, L）都在同一區域，沖壓機器（Drill, D）在另一區域。生產流程依作業流程，從一生產區域移動至另一生產區域，機器設備則配置在各個部門，如產品 A 先經過車床、再沖壓機器、再次車床加工。功能式佈置的代表性範例，如醫院，區域都依其科別分別佈置，例如婦產科、急救中心。

圖 8-4　功能式佈置

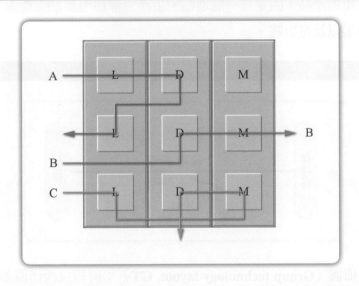

2. **產品式佈置（Product layout）**：產品式佈置又稱為流程別佈置，機器設備或工作程序的配置，依照生產流程的步驟設定，如圖 8-5，產品 A 依序經過車床（L）、沖壓（D）、車床（L）之加工流程。基本上產品流程都是直線式生產線。生產線如鞋子、化學工廠以及汽車生產都是屬於產品式佈置。

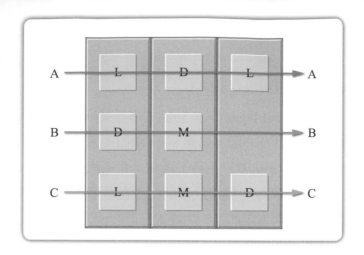

圖 8-5　產品式佈置

3.　**固定式佈置**（**Fixed-position layout**）：固定式佈置如圖 8-6，係指將體積龐大或重量太重的產品，固定在一個地點，生產設備移至產品生產處，例如，造船業、建築業以及電影院。

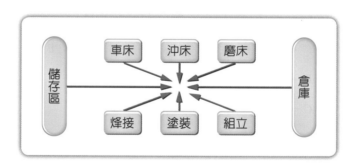

圖 8-6　固定式佈置

4.　**群組技術佈置**（**Group technology layout, GT**）：群組技術佈置如圖 8-7，係指機器設備分配到各個工作中心，將產品分類與系統編碼，特定機器編碼至各個加工單元，生產形狀相同或加工需求類似的產品。**群組技術佈置類似功能式佈置**，將工作中心依執行特定流程步驟排列，同時，也類似產品式佈置，是在工作中心執行特定產品加工。

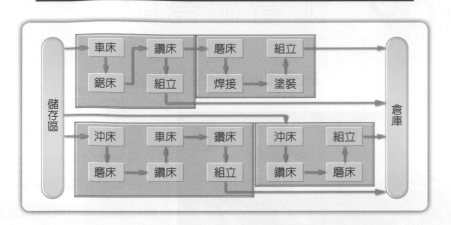

圖 8-7　群組技術佈置

5.　**混合式佈置（Mixed layout）**：產業的佈置型態都不是單一的類別，而是兩種佈置型態的組合，例如：

(1)　一個樓層採取功能式佈置，而另外一個樓層則採取產品式佈置。

(2)　一家工廠整體，其產品加工線、零件組裝線與最後組裝線是採取產品式佈置，而在產品加工線內採取功能型佈置，零件組裝線採取產品式佈置。

(3)　部門內採群組技術佈置，而整體工廠則為產品導向的佈置。

（二）設施佈置進行步驟

對於一個新廠而言，理想的設施佈置可分為四個階段進行，如圖 8-8 所示。

1.　**第一階段—選定廠址**：從數個廠址中選擇最適當之一處。

2.　**第二階段—全面基本佈置**：廠址選定後進行全面基本佈置。

3.　**第三階段—細部佈置**：當全面基本佈置完成時再進行整合性。

4.　**第四階段—建設**：實際建築安裝機器設備事項，圓滿完成設施佈置。

圖 8-8　全面基本佈置及細部佈置之時程

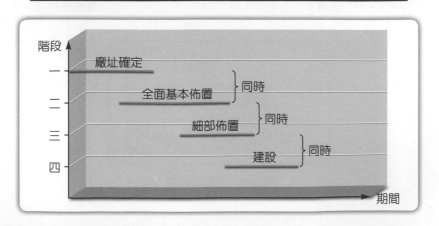

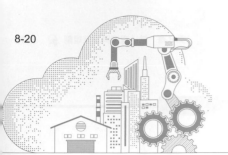

工管小常識

觀光旅館設施整體規劃

🌙 泰雅渡假村之露營區。

探討住宿旅館區，依各區之活動內容，首先將住宿區區分為 6 個功能區。觀光旅館的各區域分為如表 8-3，分析定義住宿區之功能區塊且分別對功能區塊進行關聯性分析（表8-4），整理繪製成作業關聯圖（圖 8-9），將作業關聯圖轉為工作底稿（表 8-5），由工作底稿各功能區塊之相對位置（圖 8-10），經由測量旅館總面積（表 8-6）。

表 8-3　觀光旅館各功能區塊

	功能區塊	空間內容
住宿區	區塊 1	木屋區
	區塊 2	販賣部
	區塊 3	餐廳
	區塊 4	活動中心
	區塊 5	溫泉
	區塊 6	露營區

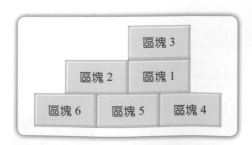

圖 8-9　活動關聯圖

表 8-4　區塊間關聯性考慮因素

代號	原因
1	減少移動時間
2	設施間相關性
3	區域間活動情形
4	喜好因子
5	便於使用設施

表 8-5　工作底稿

	接近關係等級				
	A	E	I	O	U
區塊 1	2,3	5	4		6
區塊 2	1	3,6	5	4	
區塊 3	1	2		4,6	5
區塊 4			1,5	2	3,6
區塊 5	6	1		2,4	3
區塊 6	5	2		3	1,4

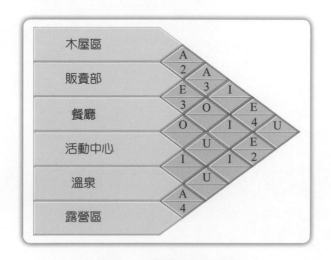

圖 8-10　區塊相對位置圖

表 8-6　各區塊面積

功能區塊	區塊設施	單位面積 (M^2)
區塊 1	木屋區	3,540
區塊 2	販賣部	200
區塊 3	餐廳	900
區塊 4	活動中心	1,200
區塊 5	溫泉	960
區塊 6	露營區	2,700

資料來源：　陳映君，觀光旅館設施整體規劃之研究（教育部，公 -12- 餐 -013），朝陽科技大學財務金融系，中華民國 98 年 3 月。

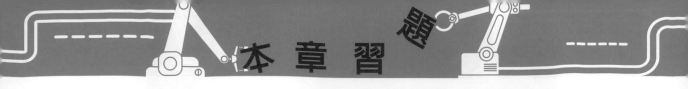

本章習題

一、選擇題

( ) 1. 一家香草公司供應五個大都會區域的服務，區域與需求量如表1所示，採取重力中心法（Center of gravity），區域物流中心位置，x軸與y軸：
(A) $x < 5$，$y > 5$　(B) $x < 7$，$y > 6$　(C) $x < 6$，$y > 6$　(D) $x > 6$，$y > 8$

表 1

市場	區位		需求預測量
	x	y	
臺北	3	1	1,000
新竹	12	9	1,200
臺中	9	14	900
臺南	8	8	400
高雄	2	10	1,500

( ) 2. 某廚房電器的損益兩平數量為 6,000 台。售價為每件 10 美元，變動成本為每件 4 美元。要在 6,000 台上實現收支平衡，固定成本必須是多少？
(A) 低於 35,000 美元　(B) 在 35,000 美元和 40,000 美元之間　(C) 在 40,001 美元到 45,000 美元之間　(D) 在 45,000 美元以上

( ) 3. 何者係指機器設備分配到各個工作中心，將產品分類與系統編碼，特定機器編碼至各個加工單元，生產形狀相同或加工需求類似的產品？
(A) 群組技術佈置　(B) 固定式佈置　(C) 功能式佈置　(D) 產品式佈置

( ) 4. 又稱為工作別或程序佈置，將類似的設備或功能集合在一起，例如，所有車床都在同一區域，而所有沖壓機在另一區域，是指：　(A) 群組技術佈置　(B) 固定式佈置　(C) 功能式佈置　(D) 產品式佈置

( ) 5. 又稱為流程別佈置，機器設備或工人戶程序的配置，依照生產流程的步驟設定，是指：　(A) 群組技術佈置　(B) 固定式佈置　(C) 功能式佈置　(D) 產品式佈置

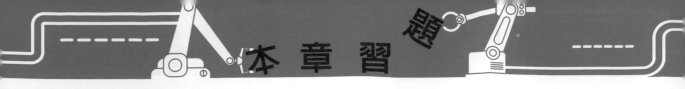

本 章 習 題

( ) 6. 以下條件哪些是最有利於使用固定位置佈置（Fixed position layout）？甲：產品太重或太大、乙：產品品項甚多，單一產品生產數量甚少（通常為1個）、丙：機台價格昂貴、丁：週期時間過長　(A) 甲　(B) 甲乙　(C) 甲乙丙　(D) 甲乙丙丁

( ) 7. 物料搬運負荷較重，最可能會發生交互搬運或逆回（Backtrack）現象的佈置方式為何？　(A) 程序式佈置　(B) 固定式佈置　(C) 產品式佈置　(D) 群組式佈置

( ) 8. M餐廳預定設立新地點，參考基準如表2所示，10代表最優，0代表最差，新地點應選擇哪個地點？　(A) A　(B) B　(C) C　(D) D

表2

因素	權重	權數			
		A	B	C	D
市場	35	8	10	6	8
生活品質	25	6	4	8	6
運輸	20	4	6	8	4
供應商	20	8	6	8	6

( ) 9. 某家企業預定選定新地點，經過分析後，預定有 A、B、C、D 四個地點，如表3所示，評估方式是1（最糟）到10（最好），每項基準點包括其權重（i.e.,權重愈高，表示相對重要性），應選擇哪個地點？　(A) A　(B) B　(C) C　(D) D

表3

基準	權重	區域權數			
		A	B	C	D
薪資	40	4	5	3	7
政府支持	30	8	5	7	5
政策	20	3	4	3	2
工會	10	7	3	6	4

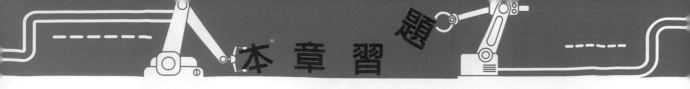

表 4

供應商 A	固定成本 = \$9,000/ 年	變動成本 / 單位 = \$2
供應商 B	固定成本 = \$3,000/ 年	變動成本 / 單位 = \$5

( )10. 一家公司正在考慮兩個供應商,購買製造所需的零件。詳情如表 4,試問兩個供應商之間進行選擇的年度損益兩平數量是多少? (A) 1,000 單位 (B) 2,000 單位 (C) 6,000 單位 (D) 12,000 單位

( )11. 續上題,年產量達到 3,000 單位時,應選擇哪個供應商? (A) 供應商 A (B) 供應商 B (C) 在 3,000 單位時,供應商 A 和供應商 B 成本相同 (D) 無法根據提供的資料確定供應商

( )12. 發展一個工廠佈置有下列六個程序,其發展的先後程序爲何? (1) 繪製關係圖或從至圖 (2) 利用模板表示每一區域 (3) 發展關係圖的圖形展示法 (4) 決定每個部門的面積 (5) 建立評估圖以衡量節點配置的有效性 (6) 將模板安排成關係圖的方式並調整成完整的建築形狀 (A) (4)(1)(3)(5)(2)(6) (B) (4)(1)(3)(2)(5)(6) (C) (3)(5)(1)(4)(2)(6) (D) (5)(3)(1)(4)(2)(6)

( )13. 設施規劃之目標,何者正確? (1) 廠址最佳 (2) 總體整合最佳 (3) 物料或半成品移動距離最短 (4) 最大化物料搬運 (5) 充分有效利用空間 (6) 提供安全、舒適、滿意、方便的工作環境 (7) 彈性最小化 (A) (1)(2)(3)(5)(6) (B) (1)(3)(4)(5)(6) (C) (1)(2)(4)(5)(6) (D) (1)(2)(5)(6)(7)

( )14. 以超級市場而言,下列敘述何者不當? (A) 適合產品式佈置 (B) 購物動線合乎邏輯且有統一路線 (C) 地點的選擇應以接近消費者爲宜 (D) 競手或環境改變會影響超市未來佈置

( )15. 某公司欲覓地建廠,今考慮甲、乙、丙、丁四地擇一地設廠,考慮因素如表 5,其最佳廠址爲: (A) 甲地 (B) 乙地 (C) 丙地 (D) 丁地

表 5

考慮因素	甲地	乙地	丙地	丁地	權數
每月可獲得利潤	4.6 萬元	2.3 萬元	3.5 萬元	3.0 萬元	3
氣候	1	2	3	2	1
產品品質	2	3	4	5	4
社區態度	1	6	2	6	2

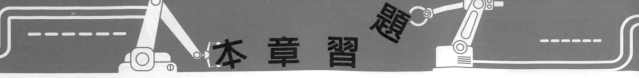

( )16. 辦公室位置之決定常使用何種圖形？ (A) 從至圖 (B) 操作程序圖 (C) 活動相關圖 (D) 流程程序圖

( )1. 下列哪一個為使用程序別佈置的優點？ (A) 由於大量且標準化的生產，單位生產成本較低 (B) 產品的流動迅速，單位物料搬運成本較低 (C) 適合不同產品製造，機具人員調派較有彈性 (D) 縮短週期時間，降低存貨水準 （110-2 工業工程師—設施規劃）

( )2. 已知三個廠址，表 6 為場址對應的固定成本和變動成本，請問當預期生產量超過多少個時應選擇 B 廠址為佳？ (A) 500 個 (B) 1,000 個 (C) 2,000 個 (D) 3,000 個 （110-2 工業工程師—設施規劃）

表6

廠址	固定成本	變動成本
A	10,000 元	25 元 / 個
B	20,000 元	15 元 / 個
C	30,000 元	10 元 / 個

( )3. 下列何種工廠佈置類型容易產生較高之在製品庫存？ (A) 產品式（Product oriented）佈置 (A) 固定式（Fixed oriented）佈置 (C) 程序式（Process oriented）佈置 (D) 製造單元式（Cell 細胞式）佈置 （109-1 工業工程師—設施規劃）

( )4. 以下哪些條件式最有利於使用固定位置佈置（Fixed position layout）？ (A) 產品太重或太大 (B) 設備太重 (C) P-Q chart 上，高 P 低 Q 或低 P 高 Q (D) 週期時間（Cycle time）是一個最主要的考量 （109-1 工業工程師—設施規劃）

( )5. 針對「群組別佈置（Group layout）」之優缺點，下列敘述何者正確？ (A) 生產控制將較容易 (B) 將增加任製品庫存 (C) 提高設備利用率，但總生產時間將提高 (D) 增加間接管理人員費用 （109-1 工業工程師—設施規劃）

(   ) 6. 某工廠有四個生產基地（F1、F2、F3、F4），目前該廠正規劃配銷中心倉庫（WH）的位置。提供下列四個生產基地座標位置及各生產基地與配銷中心倉庫間每月的貨運資料如表 7，請以重心法決定配銷中心倉庫的最佳座標位置？　(A) (2.5, 5.25)　(B) (3.55, 4.225)　(C) (4.75, 2.725)　(D) (5.125, 3.225) （109-1 工業工程師—設施規劃）

表 7

生產基地	座標位置 (X.Y)	貨運量
F1	(2,3)	75
F2	(3,5)	70
F3	(5,4)	30
F4	(8,6)	25

三、 填充題

1. _____（Location selection）是企業後勤之一部份，即產品由生產到送達顧客手中，所有促進物流與資訊流的穩定的管理系統，其目的在於以較低成本提高顧客服務水準，又稱生產－配銷系統，選擇正確的地點，發揮整體系統運作之績效。

2. 廠址問題的三個層次，可從地區或國際區域（Region / International）、_____ _____（Community）與位置（Site）三種選擇因素結合。

3. 廠址選擇是企業為購買，租賃、租用生產場所而做的決策。無論是服務業提供服務的「_____」，或製造業生產產品的「廠址」，其所在位置的條件與優劣勢，都是業者最關心與最基本的考慮。

4. _____（Break-even analysis）主要用於用來評估單一廠房的決策問題。此法可用經濟面的比較來決定較低成本（或較高收益）的廠址，若用圖形表示，則更容易進行評估工作。

5. _____（Center-of-gravity method）可用於倉庫廠址問題、零售店址問題，以及多廠址問題，應用範圍相當廣。最適用於當公司有許多市場與工廠，而想在工廠與市場間選擇較好的位置設一中間倉庫，或是消防隊選擇其服務轄區內合適的地點來服務大眾時使用。

6. _____（Dimensional analysis）類似因素評等法，是用於同時考慮定量與定性的因素之評估方案技術，亦可用於各類的廠址決策問題。

7. _____（Layout planning）或設施設計（Facilities design）乃是生產管理系統運作，配合所生產的產品製造程序及物料流程，安排機器設備、人員、物料及辦公室所佔空間的相關位置，使產品的生產能自原料進入至成品完成出廠的過程中，以最迅速、最佳的效率進行。

8. 設施的佈置依其生產流程，一般可分為_____、產品式佈置，_____以及群組技術佈置四種基本型態與混合形式。

9. _____（Group technology, GT）：係指機器設備分配於各個工作中心，將產品分類與系統編碼，特定機器編碼至各個加工單元，生產形狀相同或加工需求類似的產品。

10. 對於一個新廠而言，理想的設施佈置可分為四個階段進行：(1) 第一階段—選定廠址；(2) 第二階段—_____；(3) 第三階段—_____，當全面基本佈置完成時再進行整合；(4) 第四階段—建設。

四、 簡答題

1. 簡述理想的設施佈置可分為哪四階段進行？

2. 簡述產品式佈置。

3. 請簡述設施規劃。

4. 請列出損益兩平分析法的假設條件。

5. 列出因素評等法發展程序。

本 章 習 題

關鍵字彙

1. 廠址選擇（Location selection）
2. 地區或國際區域（Region / international）
3. 社區（Community）
4. 地點（Site）
5. 損益兩平分析（Break-even analysis）
6. 重心法（Center-of-gravity method）
7. 構面分析法（Dimensional analysis）
8. 佈置規劃（Layout planning）
9. 設施設計（Facilities design）
10. 功能式佈置（Functional layout）
11. 產品式佈置（Product layout）
12. 固定式佈置（Fixed-position layout）
13. 群組技術佈置（Group technology layout, GT）
14. 混合式佈置（Mixed layout）

NOTE

Chapter
09
製程選擇與佈置分析

🖊 學習目標

1. 描述製程選擇定位與分類
2. 列出產品流程生產、作業程序分類層次
3. 說明訂貨生產與存貨生產之差異性
4. 說明自動化、彈性製造系統與電腦整合製造之特性
5. 描述設備佈置設計的型式
6. 列出設施佈置計算步驟

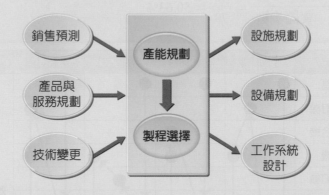

管理個案新知

傳統產業設步數效率分析

設施規劃佈置分析之相關技術與設計程序對於一家公司的重要性在於，藉由改善設施佈置，可以提升作業流程效率、使物流順暢、提高生產力、增加企業核心競爭力，本個案之精密科技公司，透過步數效率之分析，改善生產現場之動線分析。個別零件的流程以多項產品程序圖進行整體的分析，進行線圖（String diagram）分析與生產模式步數效率分析，目的是減少跳過及逆回現象。

理想步數與實際步數效率分析：步數效率 = $\dfrac{理想步數}{實際步數}$。

部門間距離一樣，從物料移動距離來看，如自動打釘物料移動實際步數（15步數）的總長度，為部門間移動理想步數（10步數）的1.5倍，改善前現況之步數效率為50.63%（圖9-1），理想步數是沒有跳過及逆回現象，改善後之步數效率為 100.00%，生產力增加為 97.51%。

一、改善前之步數分析

改善前步數效率 = $\dfrac{理想步數}{實際步數} = \dfrac{40}{79} = 50.63\%$

編號	手動作業	自動黏合	自動打釘	手動打釘	總步數
R 原料區	●	●	●	●	
A 手動打釘機	●			●	
B 自動黏合機		●			
C 綁繩機	●	●	●	●	
D 自動打釘機			●		
E 自動機械	●	●	●	●	效率：
F 接紙架	●	●	●	●	$\dfrac{40}{79}=50.63\%$
G 手動開槽機	●				
H 朗塞機	●				
I 手動印刷機	●				
S 成品出貨區	●	●	●	●	
實際步數	26	18	15	20	79
理想步數	10	10	10	10	40

圖 9-1　改善前之多項產品程序圖（受干擾之路徑）

二、改善後步數分析

$$改善後步數效率 = \frac{理想步數}{實際步數} = \frac{40}{40} = 100.00\%$$

$$生產力增加 = \frac{100 - 50.63}{50.63} = \frac{40}{40} = 97.51\%$$

編號	手動作業	自動黏合	自動打釘	手動打釘	總步數
R 原料區	●	●	●	●	
H 朗塞機	●				
I 手動印刷機	●				
G 手動開槽機	●				
E 自動機械		●	●	●	
F 接紙架		●	●	●	效率：
B 自動黏合機		●			$\frac{40}{40}$=100%
D 自動打釘機			●		
A 手動打釘機	●			●	
C 綁繩機	●	●	●	●	
S 成品出貨區	●	●	●	●	
實際步數	10	10	10	10	40
理想步數	10	10	10	10	40

圖 9-2　改善後之多項產品程序圖（未受干擾之路徑）

　　改善依生產模式之作業流程，以群組佈置（Group layout）分成三個區塊（Block），第一區塊：H 朗塞機、I 手動印刷機與 G 手動開槽機；第二區塊：B 自動黏合機、D 自動打釘機與 A 手動打釘機與第三區塊：C 綁繩機，根據改善前之多項產品程序圖之分析，第一區塊與第二區塊調整設備佈置，第三區塊依作業步數流程，進行設備佈置調整。

改善前	設備佈置調整	改善後
R 原料區		R 原料區
A 手動打釘機		H 朗塞機
B 自動黏合機		I 手動印刷機
C 綁繩機		G 手動開槽機
D 自動打釘機		E 自動機械
E 自動機械		F 接紙架
F 接紙架		B 自動黏合機
G 手動開槽機		D 自動打釘機
H 朗塞機		A 手動打釘機
I 手動印刷機		C 綁繩機
S 成品出貨區		S 成品出貨區

圖 9-3　設備佈置調整方案

三、結論

　　以多項產品程序圖進行整體的分析，分析步數效率，理想步數與實際步數之效率分析，改善前現況之步數效率為 50.63%，改善後之步數效率為 100.00%，步數效率提升為 97.51%。

資料來源：作者輔導產業個案

　　製程選擇（Process selection）係指在資金、設備與人力的限制下，進行製程技術（Process technology）或製程系統（Process system）的規劃，期使以最低的成本生產顧客所需的產品或提供服務，滿足顧客的需要。製程選擇決定現場所適合的生產過程或轉換過程（Conversion process）。

9-1　製程選擇分類

　　製程規劃依產品流程作業程序及其重覆性，製程型態可分為直線式、間歇式、零工式與專案式；依顧客訂貨方式，製程型態可分為庫存生產與訂貨生產。

一、作業程序分類法

（一）直線式（Line）

　　利用直線作業程序生產產品、服務；直線式生產流程的效率高，但較不具彈性，適用於產品、服務標準化程度高，且需求量大的情況。它又可區分為連續性（Continuous）生產與大量生產（Mass production）等二種情況。

　　連續性生產必須 24 小時持續地運作，避免昂貴的機器停工和復工的費用，例如油煉油工廠。

　　大量生產產品依照同系列的作業，在一定的時段內從事大量生產，例如汽車廠裝配式的生產作業。

（二）間歇式（Iintermittent）

　　相同或類似的機器設備與具備操作這些設備技能的員工予以彙集在一起，形成一個工作站或工作中心（Work center），當產品需要利用此一工作中心時，則運送至該中心進行加工或相關的工作。

　　生產流程的效率較低，但頗具彈性；由於在這類型態加工的產品數量都不是很大（與大量生產相對比較），對資源的需求差異性極大，以批量（Batch）的方式生產，一批批地變更轉換生產程序，亦稱為批量式生產流程，例如馬達工廠的生產。

（三）零工式（**Job shop**）

專門生產變化性大，且數量很少的特殊品（Specialized product），嚴格說來亦屬於間歇式生產。零工式生產型態下，產品每次經過的加工路線可能不同。常見的例子有小型零組件加工廠、修護廠、理髮廳等。

（四）專案式（**Project**）

需要整合不同部門資源的複雜系統之獨特性工作，具備高度顧客化程度但卻只有極少量的產品或服務需求特性的製程。

要蓋一座橋樑或開發新產品等，由於其所牽涉的活動較為複雜，需要特殊的技術，如計畫評核術（Program evaluation & review technique, PERT）或要徑法（Critical path method, CPM）加以處理。

圖 9-4 說明，依作業程序分類法，效能、彈性或單位成本由高（零工或專案）而低（連續流程），產品結構則依次由少量低標準化到多量高標準化的日常用品。

圖 9-4　作業程序分類

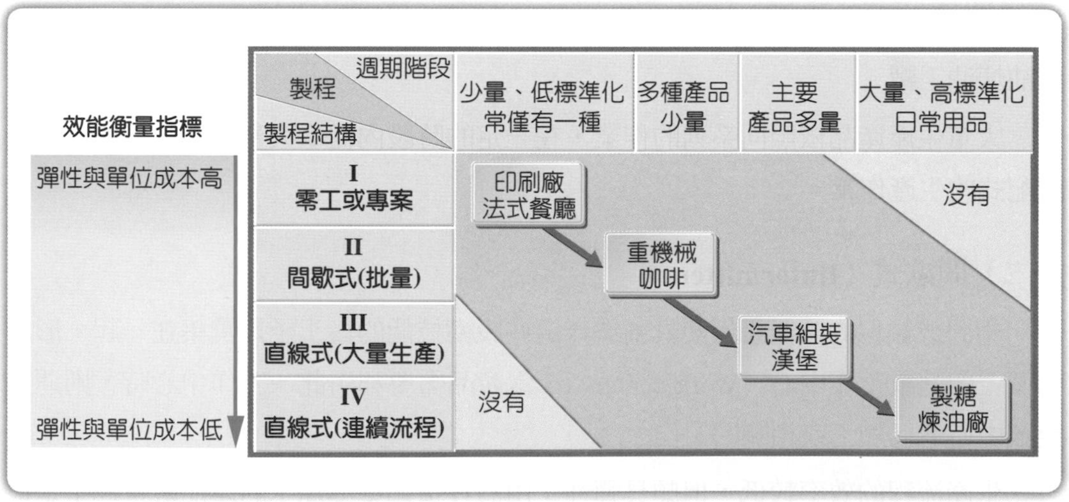

二、訂貨方式分類法

（一）庫存生產（**Make-to-stock production**）

　　庫存生產係指在接到客戶訂單前，就已經完成產品的生產，在這種狀況下，企業必須事先預測需求量，通常產品重複生產的機率高。例如五金、藥品、飲料、罐頭、建材、化妝品、家庭日用品等，依市場之固定需要數量有計畫性的生產，故亦稱計畫生產。

1. 方式：為供應市場需要，依某些規格生產產品，儲存於倉庫或中間商之倉庫，以便顧客訂購時能盡早供應，一般消費用品都是此類的生產模式。

2. 特色：

(1) 著重需求預測，然後計畫生產，以使生產能與市場銷售相配合，因而稱之「計畫性生產」。

(2) 產品在客戶訂單收到前就已經被做好且已存入倉庫。

(3) 對原料採購前置時間，下了訂單後就可安排運送並通知到貨時間。

(4) 因生產的產品是為未來訂單做準備的，採購交期相對縮短。

（二）訂貨生產（**Make-to-order production**）

　　訂貨生產係指在接到客戶訂單後才開始製造，國內中小企業生產工廠大多以接單為主，接到客戶訂單後開始生產，即是屬於訂單生產。有些工廠接單的產品會一再重複，有些則幾乎不會重複。生產管理的重點是掌握「交貨期」，按「交貨期」整合生產過程各環節作業。

1. 方式：依照顧客訂單所記載之特殊規格生產，適用於規格較不一致的工業用品，如工廠之生產設備機具。

2. 特色：

(1) 產品的生產是等收到客戶訂單之後才開始的。

(2) 訂單生產的廠商只需預測整個產品線上的需求。

(3) 原料的採購占總交期時間相當大的比例。

(4) 非加工所占時間較多，所需的交期較長。

　　產品流程、作業程序與訂貨方式分類法，如表 9-1 說明，依產品特性、勞動力、資料、目標與規劃和控制，而有不同型態存在當然，也要適應組織結構，有相對應的製程，因而沒有絕對的製程標準。

表 9-1　各類製程特性摘要表

特性＼製程	作業程序分類			訂貨方式分類	
	直線式	間歇式	零工或專案式	庫存生產	訂貨生產
產品				生產者設定規格產品不具多樣性，價格較低。	顧客規格，產品較多樣性，價格較高。
◆ 訂購方式	連續或大批量	批量	單一產品		
◆ 產品流程	循序	彈性	無		
◆ 產品多樣性	低	高	甚高		
◆ 數量	高	中等	單一		
勞動力					
◆ 技術	低	高	高		
◆ 任務型態	重複	非例行性	非例行性		
◆ 報酬	低	高	高		
資金					
◆ 投資	高	中等	低		
◆ 存貨	低	高	中等		
◆ 設備	專用設備	通用設備	通用設備		
目標				存貨、產能和服務平衡。	交期和產能之管理。
◆ 彈性	低	中等	高		
◆ 成本	低	中等	高		
◆ 品質	一致	變動較大	變動較大		
◆ 運送	高	中度	低		
規劃和控制				掌握預測、生產規劃與存貨控制。	掌握預測、生產規劃與存貨控制。
◆ 生產控制	簡單	困難	困難		
◆ 品質控制	簡單	困難	困難		
◆ 存貨控制	簡單	困難	困難		

作業程序與訂貨方式分類,可以組合為製程矩陣(2×2 方格)。如表 9-2 說明,以直線式流程為例,直線流程可以有存貨或訂貨生產的製程選擇,表示製程選擇會因產業屬性不多而有其彈性思考。

表 9-2 製程矩陣釋例

	庫存生產	訂貨生產
直線式	煉油、麵粉廠、罐頭工廠、自動餐廳。	汽車裝配廠、電話公司、電力公司。
間歇式	家俱、機械廠、速食、玻璃器具類。	機械廠、餐廳、醫院、珠寶店。
零工式或專案式	商業化電腦軟體。	電影、房屋、船、肖像畫。

9-2 系統化的製程設備

系統化的製程設備考慮因素,包括設備是自製或對外採購,也要考慮企業使用機器設備與勞力的組合程度,因應產品或服務的設計、產量或技術變更,企業能夠調整的製程彈性,如表 9-3,區分為經濟因素與非經濟因素。系統化的製程設備包括自動化、彈性製造系統與電腦整合製造,以下依序說明。

表 9-3 製程設備的考慮因素

經濟因素	非經濟因素
1. 投資報酬率 2. 預算的限制 3. 採購價格 4. 作業費用 5. 訓練成本 6. 裝設成本 7. 勞力節省 8. 稅的考慮 9. 雜項成本(例如設備的電腦軟體)	1. 裝設時間 2. 可獲得的訓練 3. 生產力的改進多寡 4. 銷售者的服務 5. 設備的適應性與彈性 6. 符合競爭策略 7. 備用零件的取得難易 8. 易於使用,安全性 9. 環境因素的考慮(溫度、濕度、空間等) 10. 機器的可靠度

一、自動化

自動化(Automation)係以機械代替人工,而此機械包括能夠自動運作之感應與控制裝置。和自動化有關的課題有二個,第一個課題為是否要自動化,若決定要

自動化，第二個課題則在於自動化到何種程度。雖然自動化常被用來當作提高競爭力的策略，但也有某些限制與缺點，和人力成本相比，自動化技術成本高昂，更是缺少彈性，一旦製程已自動化，調整空間比較沒有彈性，甚至，員工會畏懼導入自動化而失去工作。

二、彈性製造系統（Flexible manufacturing system, FMS）

彈性製造系統是由多個電腦數值控制機器所構成，協助整合及提升製造，利用電腦來安排機械自動加工，自動替換模夾具、刀具、加工物件等。彈性製造系統最大的特色，在於更換產品形態，只需要電腦軟體程式修正，而無須更換機械設備。因此彈性製造系統能適應市場的快速變化，從事多樣少量的生產，以滿足市場的需求。彈性製造系統發展有以下三階段：

1.　**單機自動化**：單機自動化是將原本仰賴人工的工件取換工作自動化，並設計供料機構能容納少數批量，儘量減少人工作業，達到「一人多機」之目的，不過本階段的設計方式因限於技術能力，僅能以專用機的方式設計，使供料設備與加工機結合而為一加工單元，由於使用專用機方式，因此變換工件相當困難且費時，不過卻可依據加工工程之特殊需求設計生產流程，可大幅提高設備之嫁動率。

2.　**彈性製造單元**：彈性製造單元的基本概念是連結可暫存少量工件的供料系統、具泛用性之搬送機具與加工機具，不但可達到單機自動化加工，且具工件種類變化之調整彈性。為使加工工件種類可變，改以獨立設置且可存放多種工件之供料台，物流搬送上以較具泛用性的機械手臂、輸送帶甚或搬運車等，另外一項較顯著的改變為加工機的控制單元必須與單元控制器連線，可於單元控制器上啟動加工機、傳輸加工程式及選擇加工程式。

3.　**彈性製造系統**：彈性製造單元的主要缺失在於缺乏彈性，因此若能連結數部加工機，並設置較大容量的物料暫存區，再以搬運車等設備連結加工單元與倉儲單元，即可較徹底的解決有關工件變化之問題，而這也即是發展「彈性製造系統」的主要精神。

三、電腦整合製造（Computer integrated manufacturing, CIM）

電腦整合製造係將各種生產都整合於一自動系統中，就是將生產所須的控制整合於電腦的系統中。圖 9-5 說明，主電腦提供產品分析研發、設計、製造、製造排

程、發票、物料控制、市場銷售與財務資訊等功能。以下說明電腦整合製造之發展
歷程：

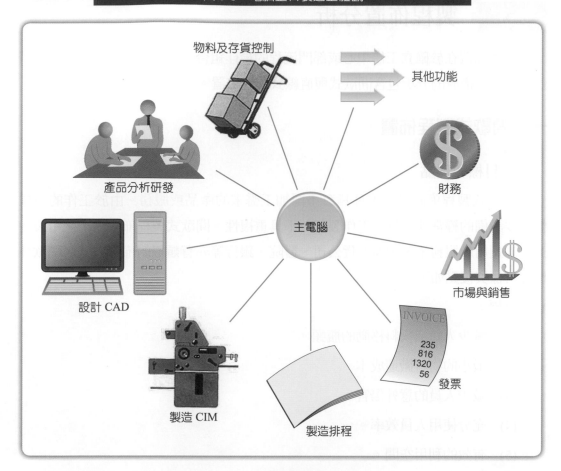

圖 9-5　電腦整合製造整體觀

1. **製造技術**：1970 至 1980 年代，電腦輔助製造（Computer aided manufacturing,
   CAM）「工業用智慧型機器人」（Robots）相繼問世，電腦輔助生產製造應
   用非常熱絡，此段期間被稱為「數值控制年代」。

2. **電腦輔助製程計畫（Computer aided process planning, CAPP）**：電腦輔助製
   程計畫應用於工廠之生產規劃與排程，物材料需求計畫的開發提升生產效率，
   相繼開發的製造資源規劃，協助產業界朝生產自動化作業推進。

3. **工程設計**：企業界應用計算器（Calculator）在工程設計上做分析工作。應用
   數值控制開發自動繪圖軟硬體，電腦輔助設計亦逐漸形成，工程設計上的應用
   解決部分繁雜的設計作業，縮短企業界產品研發的時程。1980 年代智慧型設

計軟體逐漸邁向立體（3D）及實體（Solid）的應用開拓，開發模擬實體的設計功能。

9-3　製程佈置分析

製程佈置在於確立工作中心或部門流程的最佳組合，工作流程具有最高的經濟效益，製程佈置的分析包含間歇式與直線式製程佈置。

一、間歇式製程佈置

（一）目標與優點

間歇式製程佈置設計處理具有不同加工需求的產品或服務。由於工作的多樣性需要設備的經常性調整，工作製程並不具重複性。間歇式製程佈置除了適用製造業，亦適用於服務業，例如百貨公司、醫院、銀行等亦有類似的佈置方式。間歇性製程目標與優點如下：

1. 目標：

    (1) 減少人員或物料移動的瓶頸。

    (2) 最小的物料搬運成本。

    (3) 減少人員的意外傷害。

    (4) 充分使用人員效率。

    (5) 有效的利用空間。

    (6) 提供彈性。

2. 優點：

    (1) 設備與人員均具有彈性。

    (2) 因為較少重複的設備，故較少的設備投資。

    (3) 每一部門的管理者均對其負責的功能有高度的知識與專業。

    (4) 由於工作多樣化，使工作人員有較大的滿足。

（二）間歇式製程佈置的設計

間歇式製程佈置設計的主要重點在於如何決定各工作中心或部門的相對位置，使物料搬運成本最低（製造業），或員工、顧客的移動時間最短（服務業）。

1.　**運輸成本最低法**：運輸成本是使每一生產週期配送次數與單位距離成本總合最低。爲了進行分析，所需要的資料包括：

(1)　於一生產週期內，各工作中心間所需運送的次數。

(2)　每次運送，每單位距離的成本。

(3)　各種可能的佈置方案中，各工作中心間的距離。

然後再求出運輸成本的衡量指標（M），以選擇最佳的佈置方式，如下式：

$$\text{Min}：M = \sum_{i=1}^{N} \sum_{i=1}^{Ti} (V_{it} W_{it} D_{it})　\quad\quad（式 9\text{-}1）$$

其中，$M =$ 物料搬運的衡量指標，越小越好（類似成本的指標）

　　　　$i =$ 第 i 種產品或搬運零件

　　　　$N =$ 所有考慮的產品種類（或零件種類）

　　　　$t =$ 兩個部門之間的搬運次數

　　　　$T_i =$ 第 i 種產品或零件必需被搬運的總數量

　　　　$V =$ 數量，$W =$ 重量，$D =$ 距離

例題 9-1　★進階題型（偏難）

已知某工廠有六個部門，部門間的每月平均運送次數資料及平均每單位距離月運送成本資料如表下表，運輸成本 \$2，試求其最小運輸成本之佈置方式。

部門間的距離（公尺）：

從＼至	部　門					
	A	B	C	D	E	F
A	0	50	100	50	80	130
B		0	50	90	40	70
C			0	140	60	50
D				0	50	120
E					0	50
F						0

部門間平均運送次數：

從＼至	部門					
	A	B	C	D	E	F
A	－	90	25	23	11	18
B	35	－	8	5	10	16
C	37	2	－	1	0	7
D	41	12	1	－	4	0
E	14	16	0	9	－	3
F	32	38	13	2	2	－

註 方向不同成本亦不同。

解答

步驟 1：確認部門間工作流量		步驟 2：計算總成本			
部門	工作流量	運輸		距離 b	次數 c	成本 b×c×$2
1-2	125(90+35)	1-2	B-E	40	125	10,000
1-4	64	1-3	D-E	50	62	6,200
1-3	62	1-4	F-E	50	64	6,400
2-6	54	1-5	E-C	60	25	3,000
1-6	50	1-6	A-E	80	50	8,000
2-5	26	2-3	B-D	90	10	1,800
1-5	25	2-4	B-F	70	17	2,380
3-6	20	2-5	B-C	50	26	2,600
2-4	17	2-6	A-B	50	54	5,400
4-5	13	3-4	F-D	120	2	480
2-3	10	3-5	D-C	140	0	0
5-6	5	3-6	A-D	50	20	2,000
3-4	2	4-5	C-F	50	13	1.300
4-6	2	4-6	A-F	130	2	520
3-5	0	5-6	A-C	100	5	1,000
總成本						$51,080
A（部門 6）		B（部門 2）		C（部門 5）	
D（部門 3）		E（部門 1）		F（部門 4）	

2. **接近性評等法**：接近性評等法亦是一種試誤法，主要考慮設備（或部門）佈置時不僅是運輸成本，亦考慮其它因素，例如在工廠中考慮安全因素使得兩部門間需要隔離而使運輸成本增加。利用半矩陣像鑽石型的格子分析部門間（或工作站）接近性的優先順序，其步驟為：

   (1) 依據各工作站使用設備的類似程度、是否使用相同的作業員／記錄資料、工作流程、溝通的便利性等因素，主觀決定工作站緊臨之重要程度。

   (2) 將步驟 1 的資料摘要成一鑽石型矩陣。

   (3) 利用試誤法找出各工作站的位置，由最重要的工作站開始排起。

例題 9-2

已知某工廠有六個工作站需要安排位置，生產經理利用接近性評等法來安排某位置，其步驟如下：

【步驟 1】考慮各種主要接近之理由：

1. 使用相同機器。

2. 使用相同的記錄或人員。

3. 工作流程順暢。

4. 易於溝通及監督。。

5. 不安全因素的考慮

【步驟 2】將決策者主觀評等轉化成矩陣：

 解答

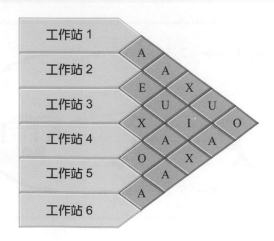

在矩陣中方格內之文字意義如下：
A（Absolutely necessary）：絕對必要緊鄰
E（Very important）：緊鄰非常重要
I（Importqnt）：緊鄰重要
O（Ordinary Important）：普通重要
U（Unimportant）：不重要
X（Undesirable）：不能緊鄰

二、直線式製程佈置

直線式製程佈置又稱為產品式佈置（Product layout）或直線流程佈置（Flow-line layout），將機器依產品的製程及操作順序安排，成為生產線形式；生產線之安排有多種形式，例如 L 型、U 型。

（一）U 字型生產線

U 字型生產線較為紮實；往往只需要直線生產線長度的一半。U 字型佈置會增加生產線人員之間的溝通，作業者不僅能處理接鄰工作站的工作，也能處理生產線兩邊工作站的工作，工作指派之彈性因而大增。如圖 9-6，若工廠的出入口只有一個，U 字型生產線就能使物料搬運最小化。並非所有的工廠都可以適用於 U 字型的生產線，高度自動化生產線降低了團隊協同工作與溝通的效益。

圖 9-6 U 型佈置

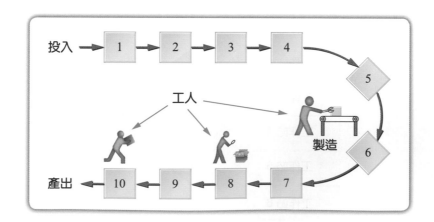

（二）直線式生產線

直線式佈置表示其單一生產線可組裝多種型號產品，圖 9-7 說明直線式佈置是根據訂單產品欲投入生產線，每一訂單僅組裝同一型號產品之生產線，作業員根據訂單指示生產，物料則採取批量式供應，待下一訂單來到始生產另一型號產品。

圖 9-7　直線型佈置

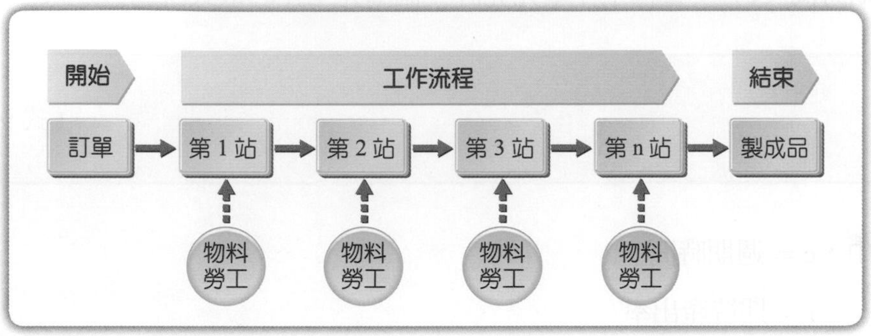

1. **直線式製程佈置的優點：**

   (1) 減少物料的搬運。

   (2) 較少量的在製品。

   (3) 較簡單的生產規劃與控制系統。

   (4) 工作簡單化，使沒有技能的員工可以很快學習工作的方法。

   (5) 減少總處理時間（時間運用較有效率）。

2. **直線式製程佈置的缺點：**

   (1) 缺乏製程彈性：要改變產品就需修改設備。

   (2) 缺乏時效的彈性：除非在最慢的工作增加多個工作站，做得最快的工作仍不能使其產品全部流經速度最慢的工作瓶頸站。

   (3) 較大的投資：常常為了解決臨時性的工作，而有重覆投資的現象，造成資源的浪費。

   (4) 每一個零件均相互牽聯：中間一台機器損壞或是工作人員缺席太多，均可能使生產線停擺。

   (5) 工人工作單調：作業員可能感覺此種簡單而永無止境的重覆之工作，枯燥乏味而降低士氣，增加流動率等。

（三）生產線平衡（Line balancing）

　　直線式佈置設計的主要重點在於生產線平衡，生產線平衡是將工作分配於工作站的過程，目標在於使各個工作站執行所需的作業時間均能近乎相同，生產線的閒置時間就能極小化，使勞工和設備的利用率達到最大。

1. **期待產出率（r）**：理想情況下符合生產計劃的需求。

2. **週期時間（c）**：每個工作單元允許一個單元工作的最長時間。

$$c = \frac{1}{r} \qquad （式9-2）$$

　　其中，c = 週期時間

　　　　　r = 期待產出率

3. **理論最小工作站（Theoretical minimum, TM）**：最少工作站數量的基準或目標。

$$TM = \frac{\sum t}{c} \qquad （式9-3）$$

　　其中，$\sum t$ = 工作站總和的時間

　　　　　c = 週期時間

4. **閒置時間（Idle time）**：每個工作單元組裝中所有工作站的總和非生產時間。

$$閒置時間 = n \times c - \sum t \qquad （式9-4）$$

　　其中，n = 工作站數目

　　　　　c = 週期時間

　　　　　$\sum t$ = 工作單元組裝中所有工作站總時間

5. **效率（Efficiency）**：生產時間與總時間的比率，以百分比表示。

$$效率（\%）= \frac{\sum t}{n \times c}(100) \qquad （式9-5）$$

6. 平衡閒置（**Balance delay**）：低於效率 100% 的比例。

平衡閒置（%）＝ 100 － 效率（%）　　　　　　　　　　　　　（式 9-6）

---

7. 生產線平衡的步驟：

(1) 決定單一產品中每個所要進行加工的作業。

(2) 決定作業與作業之間的加工順序。

(3) 畫出先後關係圖：是一種流程圖，圓圈代表作業，帶有箭號的連接號表示先後關係，數字代表作業所需加工時間。

(4) 預估作業時間。

(5) 計算週期時間。

(6) 計算最小工作站的數目。

(7) 利用啟發式解法把作業安排到工作站上，並使生產線得以平衡。

例題 9-3

假設某產品生產線可分為 9（A-J）個單元作業，其先後次序關係及各單元作業所需時間，如下表所示，每星期生產 2,400 單位量，工作 40 小時。

試求：

1. 工作流程圖。
2. 生產線週期時間。
3. 理論最小工作站。
4. 效率。
5. 平衡閒置。

工作單元	時間（sec）	前置作業
A	40	None
B	30	A
C	50	A
D	40	B
E	6	B
F	25	C
G	15	C
H	20	D, E
I	18	F, G
總計	244	

解答

1.

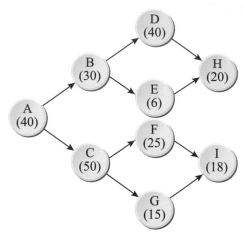

2. r = 期待產出率 = 2,400 單位 / 40 小時 / 星期 = 60 單位 / 小時
   C = 1/r = 1/60（小時 / 單位）= 1 分 / 單位 = 60 秒 / 單位

3. 理論最小工作站 = $\dfrac{\sum t}{c} = \dfrac{244秒}{60秒} = 4.067$ 或 5 個工作站

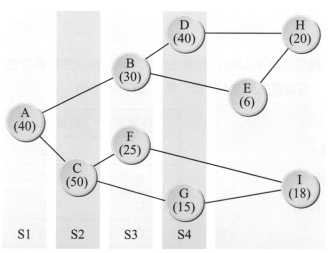

4. 效率 = $\dfrac{\sum t}{nc}(100) = \dfrac{244}{5(60)}(100) = 81.3\%$

5. 平衡閒置（%）= 100 − 效率（%）= 100% − 81.3% = 18.7%

例題 9-4

請根據表中之工作單元與前置作業畫出工作流程，並計算週期時間、理論最小工作站
（TM）與平衡閒置。

工作單元	時間（Sec）	前置作業
A	12	-
B	60	A
C	36	-
D	24	-
E	38	C、D
F	72	B、E
G	14	-
H	72	-
I	35	G、H
J	60	I
K	12	F、J
總計	435	

解答

1. 工作流程

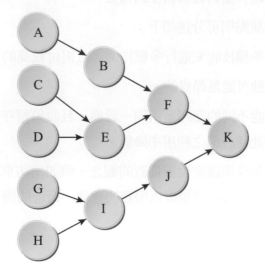

2. 如果所需的產出速率是每小時 30 件，那麼週期時間和理論最小工作站（TM）是多少？

$$c = \frac{1}{r} = \frac{1}{30}\,(3{,}600\ \text{秒}) = 120\ \text{秒／件}$$

$$TM = \frac{\sum t}{c} = \frac{435}{120} = 3.6\ \text{或}\ 4\ \text{個工作站}$$

3. 閒置時間 $= nc - \sum t = 4(120) - 435 = 45\ \text{秒}$

$$\text{效率（％）} = \frac{\sum t}{nc}(100) = \frac{435}{480}(100) = 90.6\%$$

平衡閒置（％）$= 100 - \text{Efficiency} = 100 - 90.6 = 9.4\%$

三、專案式製程佈置

又稱固定位置佈置（Fixed position layout），製造的產品固定在一生產位置區域，而將加工設備或工具移至產品製造處施工。物料搬運、排程及技術問題皆是專案式製程設計時重要考慮因素。例如建造船、飛機製造等產業均採用，主要的工作方法需要使用可攜帶（移動）的機器設備才能完成。此種固定位置佈置的優點有：

1. 移動的工作減至最低，減少工作的損害與搬運成本。

2. 工件很少從一個部門送至另一個部門，工作人員持續的進行被指派的工作，減少重新規劃的問題與重新教導員工的需要。

至於此種佈置的缺點則可分述如下：

1. 作業者需要具備多種技能來進行多種作業，且需付較高的工資。

2. 設備及人員的移動可能是昂貴的。

3. 相同的時間內可能不同的部門需用同一設備，且設備留在某一部門時並不是全天候的使用，因此使設備之利用率降低。

有許多的服務亦是採用固定位置佈置的觀念，例如消防車、警車、救護車均是到服務對象的地方服務，考慮就是提供服務的速度，廠址的選擇就很重要。

四、群組佈置（Group layout）與群組技術（Group technology, GT）

　　隨著市場需求的變化日遽，小批量多樣化的生產方式日多，因此產生群組佈置的方式。群組佈置主要希望在小批量的生產系統中，能夠獲得前述間歇式與直線式佈置的優點；既有間歇式「彈性」的優點，又有直線式大量生產的「高效率」等優點。

　　群組佈置方法，首先，針對欲加工或生產的零件（或產品），根據其設計屬性（Design attributes）或製造屬性（Manufacturing attributes）的相似性，分成若干個工件（或產品）族（Parts family），成為群組技術。每一類工件族之生產線包含各種機器，這群機器可稱為一個「單元」（Cells），故群組佈置中是由許多的「製造單元」（Manufacturing cells）所組成，群組佈置亦可稱為製造細胞佈置。群組佈置可分為以下三類：

1.　**GT 式流程佈置**：GT 式流程佈置如圖 9-8，工作群族 1、2、3 採取直線式流程佈置，各工作群族有專用生產佈置。

圖 9-8　GT 式流程佈置

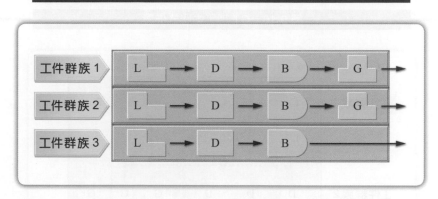

2.　**GT 加工單元式佈置**：GT 加工單元式佈置如圖 9-9，將工作族分成兩類，工作群族 1、2、3 與工作群族 4、5，因加工流程特性不一樣，而形成兩類的工作群族。

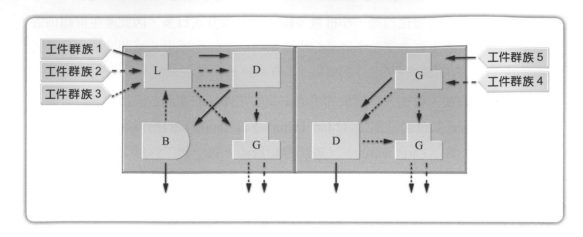

圖 9-9　GT 加工單元式佈置

3. **GT 加工中心式佈置**：GT 加工中心式佈置如圖 9-10，現場佈置採取功能式佈置，
   而各工作群族則在各加工中心進行生產製造。

圖 9-10　GT 加工中心式佈置

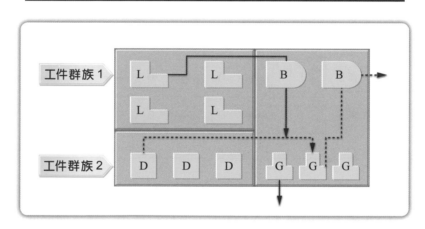

9-4　服務性設施規劃佈置

服務業已成為產業未來的發展趨勢，規劃服務業設施時，服務設施內部佈置的考慮層面如下：

1. 一個平衡良好的服務線應該設計如下：(1) 避免不必要的閒置；(2) 如有瓶頸作業，則盡量避免不公平的工作指派。

2. 遞送服務系統的安排，能夠達到服務效益化及顧客滿意。

3. 若為產品式佈置，則和製造業的裝配線相似，以預定的作業順序來安排標準化服務。

4. 若為製程式佈置，讓客戶定義自己的服務活動順序，以顧客為中心的設施佈置，定位服務策略，瞭解服務組合與服務作業的焦點，確認支援系統服務程序、設備人員之教育訓練與需求。

5. 分析服務作業的順序，確認最佳良好的佈置，使總步行距離和流動量最小化。

服務性系統的設施佈置，目標是希望能快速地為供應商或顧客提供相關的服務。就銷售系統的觀點，快速服務的目標可藉由掃描器的輔助來達成。自助式的服務系統則是強調減低成本及方便，例如機器人的電腦銀行作業服務。基於強調服務系統直接與顧客接觸的觀點，有必要注意等候線的設計及架構，詳細規劃等候線的空間，讓每個等候者都有足夠的空間，使彼此之間都不會有所衝突干擾。

圖 9-11 說明以顧客為中心的設施規劃，包括服務策略（提供顧客服務目標）、員工（以顧客為中心的服務品質）以及支援系統（相關的服務設施）三構面，唯有整合三構面才是完整的設施規劃。

圖 9-11　以顧客為中心的設施規劃

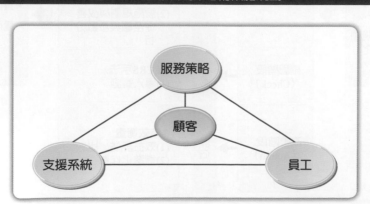

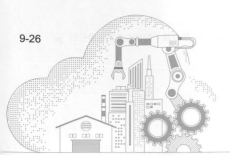

工管小常識

PDCA 管理循環之改善流程之改善流程

　　整合 PDCA 管理循環、工作研究與設施規劃技術。PDCA 管理循環之改善流程包含：確認「IE 改善方向」、透過「PDCA 管理流程」、改善「流程步驟」與衡量「改善指標」四階段。針對實務型研究專案個案進行產業系統改善，使用技術包括操作程序圖、流程程序圖、線圖分析、PQ 分析。圖 9-12 為 PDCA 管理循環四階段的流程步驟。

1. **IE 改善方向**：工作研究合理化與設施規劃流程化技術。

2. **PDCA 管理流程**：釐清、分析、確認與評估階段，「技術及知識應用型」產學個案為作業改善專案，結合流程步驟進行改善。

3. **流程步驟**：製造現場的流程改善，包括計畫階段（針對製造現場背景資料、現況分析）、執行階段（工作研究與設施規劃改善技術分析）、確認階段（執行改善建議方案、ECRS 手法，確認改善建議方案）及改善階段（績效衡量，進行效益比較與評估，標準化作業）。

4. **改善指標**：包括質化效益與量化績效。

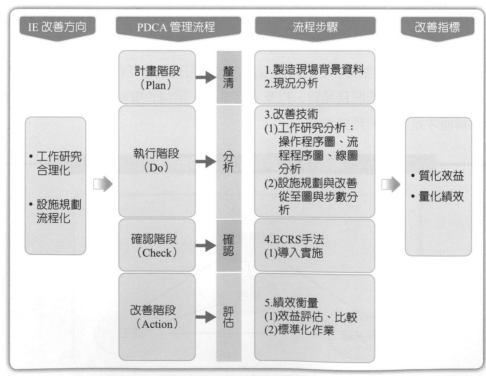

圖 9-12　整合製造流程與現場佈置系統化改善流程

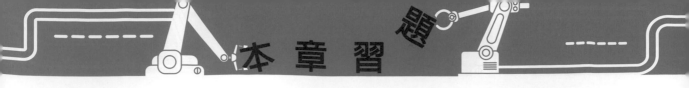

一、 選擇題

( ) 1. 利用直線作業程序生產產品／服務；這種生產流程的效率高，但較不具彈性適用於產／服務標準化程度高，且需求量大的情況下，是指：
(A) 專案式　(B) 零工式　(C) 間歇式　(D) 直線式

( ) 2. 將相同或類似的機器設備與具備操作這些設備技能的員工予以彙集在一起，而成一個工作站或工作中心（Work center），是指：　(A) 專案式　(B) 零工式　(C) 間歇式　(D) 直線式

( ) 3. 是由多個電腦數值控制機器所構成，協助整合及提升製造，是指：
(A) 自動化　(B) 電腦整合製造　(C) 彈性製造系統　(D) 工業用智慧型機器人（Robots）

表 1

下列為各工作單位，假設產出率為每小時 5 件，時間單元為分鐘。

工作單位	時間（分）	前置作業
A	7	－
B	5	－
C	3	－
D	4	－
E	2	A、B
F	5	C
G	6	D
H	7	E、F
I	11	F、G
J	4	H、I

( ) 4. 利用表 1，理論工作站為數目為：　(A) 少於 3 站　(B) 3 站　(C) 4 站　(D) 高於 4 站

9-27

( ) 5. 如表 1，最大的生產線平衡率為： (A) < 89% (B) > 89%，但 < 91%
(C) > 91%，但 < 93% (D) > 93%

( ) 6. 如表 1，當生產線平衡率超過 85% 時，作業 F 是在第幾工作站？
(A) 第 1 工作站 (B) 第 2 工作站 (C) 第 3 工作站 (D) 第 4 工作站

表 2

某公司正設置生產組裝線，假如你是一位作業經理負責生產線平衡，工作單元與前後關係如下，
請回答第 7 ～ 9 題：

工作單位	時間（秒）	前置作業
A	60	–
B	40	A
C	30	B
D	20	B
E	40	B
F	60	C
G	70	D
H	50	F,G
I	20	E
J	60	H,I

( ) 7. 假設生產採取每天 2 班制方式，每班 8 小時，每天產出 480 單位，則循環
時間（Cycle time）為： (A) 60 秒 (B) 120 秒 (C) 180 秒 (D) 240 秒

( ) 8. 求對此生產線最小理論工作站（TM）？ (A) TM = 3 (B) TM = 3
(C) TM = 4 (D) TM = 4

( ) 9. 根據所提供的資料，求最大的平衡效率 e： (A) < 91% (B) > 91%，
但 < 93% (C) > 93%，但 < 95% (D) > 95%

( ) 10. 某大型瑞士刀的製造業者，規劃增加一條新的生產線，已知其作業時間與
先行關係如下表，先平衡該製程，假設週期時間盡可能最小，假設每天
工作 420 分鐘，以最大後續作業數指派作業至工作站，試問下列敘述何
者正確？ (A) 分成 2 個工作站 (B) 閒置時間率 13.46 (C) 效率為 87.14
(D) 週期時間為 1.6 分鐘

表 3

作業	時間長度（分鐘）	緊接後續作業
a	0.2	b
b	0.4	d
c	0.3	d
d	1.3	g
e	0.1	f
f	0.7	g
g	0.3	h
h	1.2	結束

( ) 11. 假設某生產線單班工作時間為 8 小時，且無良率與效率損失，若每天需產出 800 個產品，依下圖生產線佈置，請問本生產線閒置工時損失比例落在何區間？ (A) 10% ～ 15% (B) 15% ～ 20% (C) 20% ～ 30% (D) 30% 以上

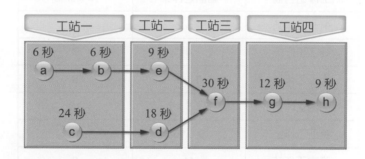

( ) 12. 續上題，效率落在何區間？ (A) 60% ～ 70% (B) 70% ～ 75% (C) 75% ～ 80% (D) 80% 以上

( ) 13. 生產線平衡技術中之最長週期時間最可能由下列何者決定？ (A) 最短作業時間 (B) 最長作業時間 (C) 平均作業時間 (D) 作業時間總和

( ) 14. 某公司之生產線上設有 5 項作業，各作業無法再分割，其作業時間依序為 21、25、23、18、17 分鐘，若週期時間（Cycle time）定為 40 分鐘，且作業需依序完成，則最少需設幾站？ (A) 5 (B) 4 (C) 3 (D) 2

( ) 15. 下列何者是程序式佈置的正確描述？ (A) 將相同功能的機器放集中放置 (B) 屬於連續性生產方式 (C) 適用於大批量生產 (D) 加工件固定於一個定點加工完成

二、證照題

(　　) 1. 生產線平衡包括七大步驟：A. 決定作業之間的執行順序關係、B 預估或實際量測每一個作業的作業時間、C. 通用適當的生產線平衡方法來指派作業使其形成工作站、D. 計算生產線平衡效率、E. 決定產品製程中每一個要進行加工的作業內容、F. 繪製先行關係圖、G. 決定最小的工作站數目或週期時間。試問哪個選項最能描述生產線平衡的步驟？
(A) EBAFCGD　　(B) EAFBGCD　　(C) EABFCGD　　(D) EBFAGCD
（108-2 工業工程師—生產與作業管理）

(　　) 2. 若探用階位法將 11 個作業由六個先後順序的工作站所涵蓋，每個工作站的作業時間如表 4 所示。請計算此生產線的平衡效率爲何？　(A) 85%
(B) 87%　(C) 89%　(D) 91%　（108-2 工業工程師—生產與作業管理）

表 4　導覽手冊每次的訂購數量與單價

工作站名稱	涵蓋之作業	作業時間
第一工作站	1、2	8
第二工作站	4	7
第三工作站	3、6	8
第四工作站	8、5、7	10
第五工作站	9、10	10
第六工作站	11	8

(　　) 3. M 工廠爲一農業機械的製造商，正在設計一條組裝線，用來生產一種大型的播種機，表 5 爲生產程序的資訊建構播種機的前置作業訊息。該工廠收到下一年度大型播種機市場的最新銷售預測，想要透過設計生產線，使得生產線可以在最近三個月內每週生產 2,400 台播種機。假設該工廠每週運作 40 小時，下列敘述何者正確？　(A) 所有的作業單位時間加總爲 260 秒　(B) 生產線的週期時間爲 0.8 分鐘 / 單位　(C) 生產線的效率約爲 71.32%　(D) 最少的工作站數量爲 5 個工作站
（108-2 工業工程師—生產與作業管理）

表 5

作業單位	時間（秒）	前置作業
A	40	無
B	30	A
C	50	A
D	40	B
E	6	B
F	25	C
G	15	C
H	20	D, E
I	18	F, G

(　) 4. 決定產能需求後，企業需要決定自製或外購的決策，下列有關自製或外購的敘述何者正確？ (A) 外購風險較低 (B) 產品需求量很高並且穩定，公司會考慮外購 (C) 自製較具品質監控權 (D) 自製需增加較多的運輸成本和前置時間 （108-1 工業工程師—生產與作業管理）

(　) 5. 某產品的裝配作業分為五個工作單元，其所需的裝配時間總和為 38 分鐘。若每天工作時間 8 小時且必須生產 48 個產品，則最少需要幾個工作站？ (A) 3 個 (B) 4 個 (C) 5 個 (D) 6 個
（108-1 工業工程師—生產與作業管理）

三、 填充題

1. ＿＿＿＿＿＿（Process selection）係指在資金、設備與人力的限制下，進行製程技術（Process technology）或製程系統（Process system）的規劃，期使以最低的成本生產顧客所需的產品或提供服務，滿足顧客的需要。

2. 製程型態依產品流程作業程序及其重覆性，可將作業程序分為直線式、間歇式、零工式與＿＿＿＿＿；依顧客訂貨方式，可將製程型態分為存貨生產與＿＿＿＿＿＿。

3. 直線式生產流程的效率高，但較不具彈性，適用於產品、服務標準化程度高，且需求量大的情況。可區分為＿＿＿＿＿＿（Continuous production）生產與＿＿＿＿＿＿（Mass production）等二種情況。

4. ＿＿＿＿＿＿（Make-to-stock production）係指在接到客戶訂單前，就已經完成產品的生產，在這種狀況下，企業必須事先預測需求量，通常產品重複生產的機率高，例如五金、藥品、飲料、罐頭、建材、化妝品、家庭日用品等，可依市場之固定需要數量有計畫性的生產，故亦稱計畫生產。

5. ＿＿＿＿＿＿（Make-to-order production）係指在接到客戶訂單後才開始製造，國內中小企業生產工廠大多以外銷為主，接到國外客戶訂單後開始生產，即是屬於訂單生產。

6. ＿＿＿＿＿＿（Flexible manufacturing system, FMS）由多個電腦數值控制機器所構成，協助整合及提升製造，利用電腦來安排機械自動加工，自動替換模夾具、刀具、加工物件等。

7. ＿＿＿＿＿＿製程佈置設計的主要重點在於如何決定各工作中心或部門的相對位置，使製造業物料搬運成本最低，或服務業員工、顧客的移動時間最短。

8. ＿＿＿＿＿＿是一種試誤法，考慮設備（或部門）佈置時不僅根據運輸成本，亦考慮其它因素，例如在工廠中，考量安全因素，隔離兩部門而使運輸成本增加。

9. ＿＿＿＿＿＿＿＿又稱為產品佈置（Product layout）或直線流程佈置（Flow-line layout），將機器依產品的製程及操作順序安排，成為生產線形式；生產線之安排有多種形式，例如 L 型、U 型。

10. 直線式佈置設計的主要重點在於＿＿＿＿＿＿，將工作分配於工作站的過程，其目標在於使各個工作站執行所需的作業時間近乎相同，極小化生產線的閒置時間，使勞工和設備的利用率達到最大。

四、 簡答題

1. 列出固定位置佈置的優點與缺點。
2. 列出間歇佈置評估的優點與缺點。
3. 簡述彈性製造系統。
4. 列出直線式製程佈置的優點與缺點。

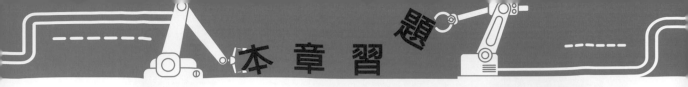

關鍵字彙

1. 製程選擇（Process selction）
2. 連續性生產（Continuous production）
3. 間歇性生產（Intermittent production）
4. 庫存生產（Make-to-stock production）
5. 訂貨生產（Make-to-order production）
6. 批量式生產（Batch production）
7. 零工式生產（Job shop production）
8. 專案式生產（Project production）
9. 自動化（Automation）
10. 彈性製造系統（Flexible manufacturing system, FMS）
11. 電腦整合製造 (Computer Integrated manufacturing, CIM)
12. 產品式佈置（Product layout）
13. 直線流程佈置（Flow-line layout）
14. 生產線平衡（Line balancing）
15. 固定位置佈置（Fixed position layout）
16. 群組佈置（Group layout）

NOTE

學習目標

1. 工作研究可分為方法研究以及工作衡量
2. 說明方法研究可分為程序分析以及作業分析
3. 描述程序分析依照工作流程,分析工作站有無浪費現象
4. 解釋作業分析的意義
5. 定義標準時間的內容
6. 比較直接測量法與合成測量法
7. 說明工作設計方法與工作特性分析
8. 描述專業化工作設計的優缺點

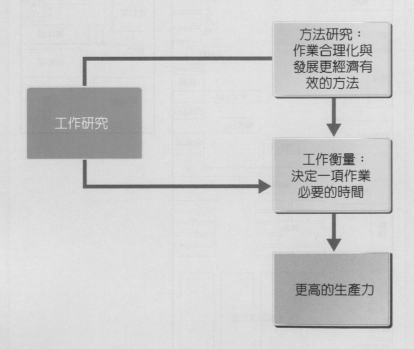

工作研究

方法研究:
作業合理化與
發展更經濟有
效的方法

工作衡量:
決定一項作業
必要的時間

更高的生產力

管理個案新知

中小企業工作研究改善

中小企業可以透過工作研究改善以尋求最經濟、最有效率之工作方法，並進行工作標準化與訂定工作標準工時。

一、公司現況

金典不鏽鋼製品有限公司，負責人希望藉由產學計畫提升產品價值，將工業工程技術應用於工廠的改善，改善工廠流程缺點，作業流程能夠更加順暢。本研究以工業 4.0 製造流程為基礎，改善工廠的生產區域最佳化方式，符合工廠產業價值之需求。

1. 工廠全圖

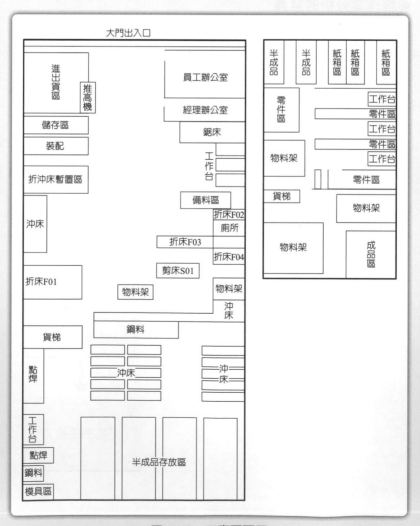

圖 10-1　工廠平面圖

2. 產品 BOM 表

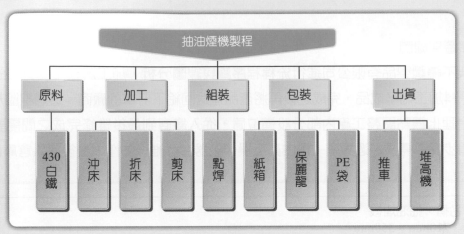

圖 10-2　產品樹狀圖

3. 操作程序圖

　　以操作程序圖來呈現產品整個製造程序之工作概況。生產零件入庫檢驗完成、組裝所有零件、固定完成即進行組後噴漆，加工完成後則進行裝入配電器，檢驗試機完成則置於出貨區存放。

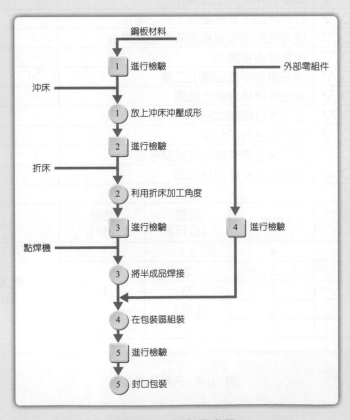

圖 10-3　操作程序圖

4. 流程程序圖與線圖

　　金典不鏽鋼製品有限公司進行流程程序圖與線圖分析，加工流程主要針對生產操作程序，由原料加工為半成品，完成之後再將產品運送回給下訂單的廠商。透過線圖規劃技術，由現場合理化觀點調整工廠內部分設備位置，從入庫直到最後維修完成之間需要非常多步驟，每個步驟都需要經過搬運，再由員工操作機器進行維修動作，最後放入倉庫儲存。

產品名稱：抽油煙機
規格：710mm × 350mm
風扇：160mm外購成品

步驟	操作 搬運 檢驗 延遲 儲藏	說明	距離（公尺）	時間（分）	備註
1	○ ➡ □ D ▽	使用油壓拖板車搬運零件至物料區	15	7	
2	○ ⇨ □ D ▼	零件放置物料架儲存	−	5	
3	○ ➡ □ D ▽	使用油壓拖板車搬運零件至沖床加工區	3	1	
4	● ⇨ □ D ▽	鋼板在沖床加工區操作	−	0.6	
5	○ ⇨ ■ D ▽	在沖床加工區檢驗加工完之零件	−	1	
6	○ ➡ □ D ▽	使用油壓拖板車搬運零件至點焊區	3	1	
7	● ⇨ □ D ▽	用點焊連接鋼板	−	0.6	
8	○ ➡ □ D ▽	抽油煙機半成品運上二樓	20	12	
9	● ⇨ □ D ▽	抽油煙機外殼裝上風扇	−	0.5	
10	○ ⇨ ■ D ▽	在工作台檢驗成品	−	1	
11	● ⇨ □ D ▽	在工作台封口包裝	−	1	
12	○ ➡ □ D ▽	包裝完之零件搬至成品儲存區	5	2	
13	○ ⇨ □ D ▼	零件儲存於成品待放區	−	1,440	

總計

事項	次數	距離（公尺）	時間（分）	備註
操作	4	2.7	−	
檢驗	2	2	−	搬運時間均以單位時間計
搬運	5	23	36	
儲存	2	1,445	−	
延遲	0	−	−	

圖 10-4　流程程序圖

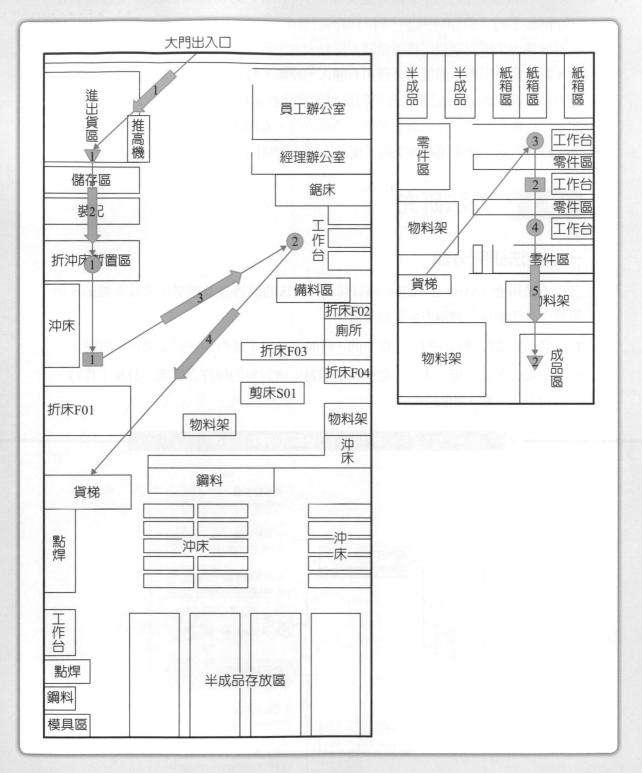

圖 10-5　線圖

　　工作研究起源於科學管理之父泰勒（Taylor）的「時間研究」及吉爾勃斯（Gibreth）的「動作研究」，目的均為改善工作方法、減少時間浪費等。工作研究可分為方法研究以及工作衡量兩大部分。方法研究的目的在於制定最佳的工作方法，制定為產出產品而能充分運用有關人、設備、材料的工作方式，必須對現行工作方法有系統的進行記錄、分析與檢討，並基於這些分析資料而設計新的工作方法。工作衡量的目的在於訂定最適的標準時間，亦即決定受過適當訓練而有經驗的人，以正常速度從事某項作業時「應該」投入的時間。

10-1 ▌ 方法研究

一、方法研究分類

　　方法研究（Method study）係有關工作方法的改善以及標準化之技術體系，而對於生產活動以下列兩方面加以檢討。

1. **廣義的製程分析（物）**：從空間、時間上研究生產對象在製造過程中的變化。

2. **狹義的作業分析（人）**：從生產主體對生產對象的操作之研究。分析工作時，可分為二類，如圖 10-6。

圖 10-6　方法研究分類

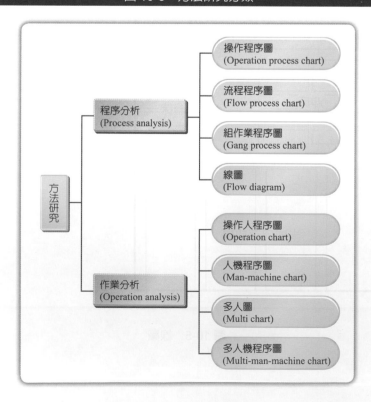

（一）程序分析（Process analysis）

依照工作流程，從第一個工作站到最後一個工作站，全盤考慮。係將某特定工作的整個過程，清晰地描述並繪製成圖，分析有無多餘的作業、有無重複作業、程序是否合理、搬運是否太多、遲延與等待是否太長等問題，然後運用剔除、合併、重排與簡化之技巧，分析整個製程的每一項操作，從而改善工作程序與工作方法，以達到最高效率。

1. **操作程序圖**：表示材料及零件進入製程的時點，以及各種操作與檢驗間之順序關係。操作程序圖可以掌握從原物料至產品的整個製程之間的相互關係，使得分析人員容易從圖中發掘問題，並對問題有較適切的判斷。

2. **流程程序圖**：一種以符號來表示的方法，標示製程中所發生之操作、搬運、檢驗、等待和儲存等動作之順序，並記載所需時間、移動距離等事實，以供分析其搬運距離、延遲、儲存等時間，瞭解這些隱藏成本浪費的情形而達到改善之目的。流程程序圖的符號，意義如表 10-1。

表 10-1　流程程序圖之符號

名稱	符號	意義	舉例	
			製造業	服務業
操作	○	物體經有意的改變其物理或化學性質，改變性質之過程均為操作	◆ 鐵板鑽孔	◆ 打字
搬運	⇨	物體改變之位置，從一處移至另一處，無論是人工或機械搬運皆屬之	◆ 手推車送料	◆ 傳遞公文
檢驗	□	鑑定物體性質或規格之異同，試驗、比較或證實其數量及品質	◆ 量鋼桿直徑	◆ 校對出版文件
遲延	D	由定之後一作業（主要為操作、搬運或檢驗）未即刻發生，而產生的時間空檔	◆ 製成品等待運往庫房	◆ 等待電梯
儲存	▽	物體在控制狀態下的保存或等待，且欲取消儲存作業，必須經由一定的程序	◆ 物料儲存倉庫	◆ 辦公文具用品

流程程序圖不只可以應用到生產事業，亦可以在服務流程進行分析，如圖 10-7 為申請零用金之服務流程，從流程圖中可以判斷分析那項步驟必須進行改善。

圖 10-7　業務類之作業流程圖

流程程序圖 工作：申請零用金	分析者 D. Kolb	頁次 1/2 頁	操作	搬運	檢驗	延遲	儲存
方法細節描述							
部門主管填寫申請單			○	⇨	□	D	▽
放置於取籃			○	⇨	□	D	▽
送至會計部門			○	⇨	□	D	▽
數目與簽名核對			○	⇨	□	D	▽
財務核可數量			○	⇨	□	D	▽
出納核算數量			○	⇨	□	D	▽
簿記員記錄數量			○	⇨	□	D	▽
將零用金封於信封中			○	⇨	□	D	▽
零用金送至部門			○	⇨	□	D	▽
核對零用金是否與申請數目相同			○	⇨	□	D	▽
簽收			○	⇨	□	D	▽
將零用金存放至保險箱			○	⇨	□	D	▽

3. **組作業程序圖**：組作業程序圖的作用在於研究一些人共同從事的作業，就是把同時發生的動作並排在一起，以利分析。

4. **線圖**：線圖繪製是將機器、工作地點等，依其正確之相關位置繪於其上，將物料或人員所流經之路線，依流程程序圖所記錄之順序方向用直線來表示。

（二）作業分析（Operation analysis）

工作程序中選取某工作站，分析作業者的操作方法或作業者與機械之間各種關係，從而改善操作方法，降低工時消耗、提高機器利用等。

1. **操作人程序圖**：為一種特殊之工作程序圖，又稱為左右手程序圖（Left and right-hand process chart），因為它分別將左右手之所有動作與空閒都加以記錄，依其正確之相互關係配合時間標尺（Time scale）記錄下來。其目的在於將各項操作更詳細的記錄，以便分析並改進各項操作之動作。如圖 10-8 之裝配線操作人程序分析，當右手進行「旋緊第 2 支螺帽」，左手則完全在「持住 U 型螺栓」，表示左手處於浪費狀態，進行改善以減少手持住等待的浪費。

圖 10-8　裝配纜夾之雙手程序圖

操作名稱：裝配纜夾	零件編號：SK-112	總結	左手	右手
操作員姓名：張方奕		有效時間	2.9	12.2
分析人員姓名：葉百辰	日期：2007/7/24	無效時間	11.4	2.1
方法（圈出）　　（現行）　提案		週移時間＝ 14.30 秒		

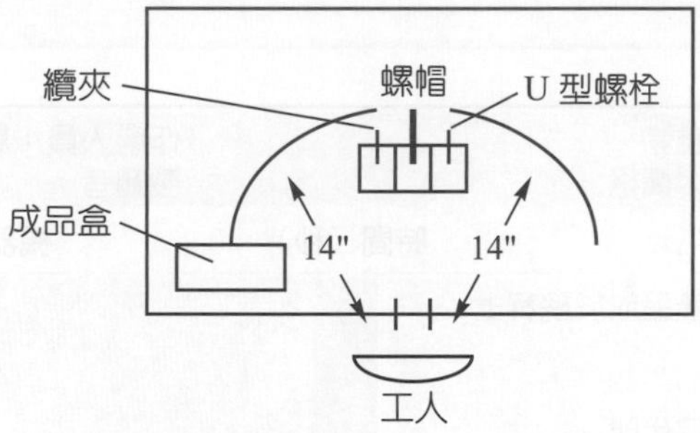

註：以重力進料裝配

左手動作說明	時間		時間	右手動作說明
抓取 U 型螺栓 (10")	1.00		1.00	抓取纜夾 (10")
放置 U 型螺栓 (10")	1.20		1.20	放置纜夾 (10")
			1.00	抓取第 1 支螺帽
			1.20	放置第 1 支螺帽
			3.40	
持住 U 型螺栓	11.00		1.00	旋緊第 2 支螺帽
			1.20	
			3.40	
放置成品	1.10		0.90	等待

2. **人機程序圖**：係用來分析同一段時間，同一工作地點內機器之操作與作業人員之操作動作相互配合之情形，以及兩者互動之作業時間。有助於查看工作循環中的作業人員與設備是否忙碌或閒置，可用來決定作業人員可以管理多少機器或設備。圖 10-9 說明斜線部分表示閒置時間，超商結算顧客金額之人機程序分析，當機器在結算金額及列印價格標籤時，顧客有 12.5% 等待時間。

圖 10-9　服務業之人機程序分析

產品：散裝食物　　作業人員：顧客
程序：重量／價格　　製圖者：

步驟	顧客	時間（秒）	機器
1	顧客將產品放於磅秤上	0	
		1	
2	輸入產品代號	2	
3		3	計算及顯示總價給顧客價格標籤
		4	
4	取得價格標籤及拿下塑膠袋	5	
5	將價格標籤貼在塑膠袋上	6	
		7	
		8	

總計	顧客（秒）	顧客 %	機器（秒）	機器 %
工作時間	7	87.5	1	12.5
閒置時間	1	12.5	7	87.5

3. **多人機程序圖**：係用來記錄多位操作者及多部機器之間相關的工作程序。

二、動作經濟原則

動作經濟原則（Principles of motion economy）又稱爲「動作經濟與效率法則」，後經若干學者詳加研究改進，將動作經濟原則分爲 20 項，並歸納爲三大類，1. 人體之運用方面（9 項）；2. 工作場所之佈置與環境條件（6 項）；3. 工具與設備之設計方面（5 項）。動作經濟原則的四大準則如下：

圖 10-10　動作經濟原則的四大準則

（一）同時使用兩手，避免一手操作一手空閒。

（二）力求減少動作單位數，避免不必要的動作。

（三）儘可能減少動作距離，避免出現全身性活動。

（四）追求舒適的工作環境，減少動作難度，避免不合理的工作姿勢或操作方式。

三、動素與微動作研究

　　吉爾勃斯（Gilbreth）夫婦從事動作之研究發現所有人體活動之基本動作可分為 17 種，他將其稱之為「動素」，而以其名字倒寫為其名「Therblig」。這 17 種動素包括：

（一）第一類：進行工作之要素。（1～8）：1. 伸手；2. 握取；3. 移動；4. 裝配；
　　　　5. 使用；6. 拆卸；7. 放手；8. 檢驗。

（二）第二類：阻礙第一類工作要素之進行（9～13）：9. 尋找；10. 選擇；11. 計
　　　　畫；12. 對準；13. 預對。

（三）第三類：對工作無益之要素（14～17）：14. 持住；15. 休息；16. 不可避免
　　　　之遲延；17. 可避免之遲延。

　　由於動素之分析有時要以肉眼精確觀測實為不可能，因此吉爾勃斯利用影片拍攝動作，然後逐框分析研究，此種方式稱之為「微動作研究」（Micro-motion study）。透過動素及微動作之分析，可以設計最有效的工作方法。

表 10-2　動素

類別	動素名稱	文字符號	形象符號	定　義
第1類	伸手（Reach）	RE	⌣	接近或離開目的物之動作。
	握取（Grasp）	G	⌒	為保持目的物之動作。
	移動（Move）	M	⌣○	保持目的物由某位置移至另一位置之動作。
	裝配（Assemble）	A	⧻	為結合 2 個以上目的物之動作。
	使用（Use）	U	⊔	藉器具或設備改變目的物之動作。
	拆卸（Disassemble）	DA	⊓	為分解 2 個以上目的物之動作。
	放手（Release）	RL	⌒○	放下目的物之動作。
	檢驗（Inspect）	I	◯	將目的物與規定標準比較之動作。
第2類	尋找（Search）	SH	⬭	為確定目的物位置之動作。
	選擇（Select）	ST	→	為選定欲抓取目的物之動作。
	計畫（Plan）	PN	⼁	為計畫作業方法而遲延之動作。
	對準（Position）	P	9	為便利使用目的物而校正位置之動作。
	預對（Preposition）	PP	8	使用目的物後為避免「對準」動作而放置目的物之動作。
第3類	持住（Hold）	H	⌓	保持目的物之狀態。
	休息（Rest）	RT	⌐	不含有用的動作而以休養為目的之動作。
	不可避免之延遲（Unavoidable Delay）	UD	⌒○	不含有用的動作而作業者本身所不能控制者。
	可避免之延遲（Avoidable Delay）	AD	⌐○	不含有用的動作而作業者本身可以控制之遲延。

註 第 1 類：進行工作之要素。第 2 類：阻礙第 1 類工作要素之進行。第 3 類：對工作無益之要素。

10-2　工作衡量

　　工作衡量，又稱時間研究，係把「工作的方法」以「時間」為尺度來衡量的手法，以科學方法研究一般員工特定時間內完成的標準工作量，作為決定工資及核算成本依據及擬定合理獎金依據。工作衡量的方法很多，較常見的有：

1. 歷史資料法（Historical time data）。

2. 直接測量法：馬錶時間研究（Stopwatch time study）法。

3. 間接測量法：標準單元時間（Standard element time）、預定標準時間（Predetermined time standard）、工作因素（Work factor）法以及工作抽查（Work sampling）法等。

一、歷史資料法

1. 根據相同工作之過去時間記錄，推算標準工時。

2. 例如，某工作單元過去三個月完成的標準工作量為每件 3 分鐘，則本次工作單元投入時間仍然為每件 3 分鐘。

3. 優點為簡易，不用再測時，但亦有可能因工作環境變化產生誤差。

二、馬錶時間研究法

　　馬錶法的主要步驟如下：

1. 準備所需的各種設備：

    (1) 馬錶（Stop watch）

    (2) 時間觀測版（Time study board）

    (3) 時間研究表格（Time study form）

2. 將所需測定的動作或作業分成若干個工作單元（Element），事先通知被選定的研究對象。

3. 決定欲觀察的次數（n），原則上愈多愈好。

4. 進行各個週期的測時（Timing）工作，可分成：

    (1) 連續測時（Continuous timing）：馬錶轉動後不再歸零，而由測試者直接讀出錶上所指的時間。

(2) 重複測時（Repetitive timing）：測定每一工作單元時，均先由測試者將馬錶歸零。

5. 重複第 4 步驟，直至原來設定的週期為止，並記錄於表格上。

6. 決定操作員在各個工作單元的績效評比（Performance rating），由於操作員在獲知被測定工時的時候，常故意將工作做得較快或較慢或是熟練度不同等因素之影響，此時需要判斷其績效，以作為調整之依據。

7. 計算正常（Normal）時間與標準時間：正常時間與標準時間之關係如圖 10-11。

    (1) 正常時間 = 選擇時間 × 績效評比係數

    (2) 標準時間 = 正常時間 + 寬放時間

圖 10-11　正常時間與標準時間之關係

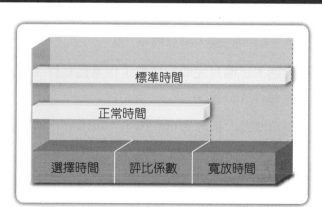

（一）觀察次數之決定

觀測次數 n 可由下列公式求得：

$$n = \frac{\left(Z_{\frac{\alpha}{2}} \times S \right)^2}{\left(\alpha \bar{x} \right)^2} \qquad \text{（式 10-1）}$$

其中，n 為欲求的觀察次數

如果精確度不用百分比（$\alpha \bar{x}$）表示，而用數額 e（$e = \bar{x} - u$），$n = \left(\dfrac{Z_{\frac{\alpha}{2}} S}{e} \right)^2$

例題 10-1　★進階題型（偏難）

假設已知 $\overline{X} = 6.4$ 分，$S = 2.1$，$Z = 1.96$（即 95% 的信賴水準），$\alpha = 10\%$，試求應觀測次數 n 為多少？若 $e = 0.5$，則 n 為何？

解答

(1) $n = \left(\dfrac{Z_{\frac{\alpha}{2}}S}{\alpha \overline{x}}\right)^2 = \left(\dfrac{1.96(2.1)}{0.1(6.4)}\right)^2 = 41.36 \cong 42$ （次）

(2) $n = \left(\dfrac{Z_{\frac{\alpha}{2}}S}{e}\right)^2 = \left(\dfrac{1.96(2.1)}{0.5}\right)^2 = 67.77 \cong 68$ （次）

在公式中，如果樣本數為小樣本（小於 30）不呈常態分配，則可將 $Z_{\frac{\alpha}{2}}$ 值改為 $t_{\frac{\alpha}{2}}$ 即可。

（二）評比係數之決定

　　工作標準時間是合格的工作人員，按照標準工作方法及在正常的情況與努力下來測得，但是由於各種因素，使得所測之選擇時間必需再加以評比（Rating）修正，例如工人技術熟練度，努力程度等因素。常用的評比方法有四種：1. 西屋法、2. 合成法、3. 速度評比、4. 客觀評比。

1. **西屋法（The westinghouse system）**：西屋法為西屋電氣公司所創，用來決定評比係數的方法，以修正選擇時間之值。考慮四個主要因素：技巧（Skill）、努力程度（Effort）、工作環境（Condition）與一致性（Consistency）。

2. **合成法（Synthetic rating）**：合成法是由 R. L. Morrow 所建立的評比方法，他認為只由觀測人員主觀的評比是不夠的，必須和預定標準時間法之時間資料加以比較，求得評比係數，其公式如下：

$$P = \frac{F_t}{S_e} \qquad\qquad （式 10\text{-}2）$$

其中，$P =$ 績效評比或平準因子

$F_t =$ 預定動作時間數據（PTS）

$S_e =$ 與 F_t 相同之動作實際觀測之平均值（選擇時間）

3. **速度評比（Speed rating）**：速度評比一般以 100% 表示正常速度，如評比為 110% 則表示比正常速度快 10%，如評比為 90%，則表示「正常速度」應為觀測時間之 90%，即速度較慢。若用公式表示則為：

$$NT = P \times S_e \qquad \text{（式 10-3）}$$

其中，$NT =$ 表示正常時間

$P =$ 表示速度評比係數

$S_e =$ 表示觀測時間之平均數（選擇時間）

4. **客觀評比（Objective rating）**：速度評比與西屋法均靠主觀之判斷來決定評比的各種情況與條件（如技巧、努力程度、正常速度），客觀評比法消除有關「正常速度」主觀衡量之困難。此法分為兩大步驟：

(1) 先將某一工作之觀測速度與所設定的「正常速度」加以比較得出比率（此為第一次調整係數），以後其他各項動作均以此比率為基準，不需再設定正常速度，故可減少主觀判斷之誤差。

(2) 衡量影響該工作的有關因素，再利用工作難易調整係數做第二次的調整；這些影響工作困難性之有關因素可分為六種，包括了：①使用身體的程度（或數目）；②足踏情形；③兩手之工作；④眼與手之配合；⑤控制或感應的要求程度；⑥搬運重量或阻力。此六項之調整係數皆可經由查表而得。

客觀評比之正常時間計算公式如下：

$$NT = P_1 \times P_2 \times S_e \qquad \text{（式 10-4）}$$

其中，$NT =$ 為正常時間

$P_1 =$ 為第一次調整之評比係數（速度評比）

$P_2 =$ 為第二次調整係數（工作難易度）

（三）寬放

寬放時間基本上可以分為三大類：

1. **私事寬放（Personal allowance）**：私事寬放是維持工作人員在正常舒適狀況下所需之時間，例如喝水，上洗手間等。影響私事寬放最大的因素是工作環境（Working conditions）與工作等級（Class of work）；一般而言如工作環境在標準狀態下，一天八小時工作時間其私事寬放約為 5%，即約需 24 分鐘。

2. **疲勞寬放（Fatigue allowance）**：工作人員在作業時會產生疲勞狀況，這種疲勞包括生理的疲勞與心理的疲勞，而無論何種疲勞皆會降低工作者的意願。影響疲勞的主要因素有工作環境（如照明、溫度、濕度、空氣新鮮度、房間顏色與環境、噪音等）、工作本身（專心程度、身體動作是否單調、工作之位置移動、肌肉的疲乏等及工人的身體健康狀況（生理狀態、飲食、休息、情緒穩定、家庭狀況等）。

3. **遲延寬放（Delay allowance）**：分為可避免（Avoidable）與不可避免（Unavoidable）遲延兩種。可避免的遲延是指可由操作人員控制之事項，例如個人為了社交去找其他作業人員，此種遲延不給予寬放，而視為標準時間之範圍；不可避免的遲延，則指非操作人員意志所能控制者，例如領班之打擾、材料置放不當等。

三、標準動作單元時間法

標準單元時間（Standard elemental times）來自於公司本身研究的歷史性時間資料，對於任一工作，只要先詳細分析其構成該項工作之單元，訂定其工作程序與動作種類以及所須控制之操作狀況，即可由各相關表內查出各單元所需之時間，累加之後即為該工作之正常時間，然後再給予適當之寬放，即得標準時間。

四、預定標準時間法

使用標準單元時間的公開資料，常使用的系統是由方法工程協會（Methods engineering council）在 1940 年代晚期所發展之方法時間衡量（Methods time measurement, MTM）。MTM 表示根據對基本單元的動作與時間所做的廣泛研究，分析者必須把工作劃分成基本單元、量測相關的距離、估計單元動作的困難度，然後參考適當的資料表以求得單元動作的時間，如表 10-3，並將其製成表格，應用此表格便可直接分析任何動作，且可預先衡量該動作之時間，故不用像傳統的馬錶法要直接觀察及評比。

表 10-3　方法時間衡量

時間單位－TMU	
1TMU = 0.00001 小時 　　　 = 0.0006 分 　　　 = 0.36 秒	1 小時 = 100,000TMU 1 分 = 1,667TMU 1 秒 = 27.78TMU

五、工作因素法

工作因素（WF）之時間標準乃是經由微動作技術與馬錶程序及電子影片時間記錄機器長時間研究而得，認為影響人員操作之變數有四種，依據不同情況給予標準時間：

1. **身體使用之部位**：分為手指或手、手臂、腳、腿、軀體、前臂。

2. **移動距離**：以直線距離衡量，單位為英吋。

3. **搬運動量**：用磅衡量再轉換為工作因素。

4. **手動控制之要求**：包括注意、方向控制、改變方向、停止在特定位置。

六、工作抽查

預估員工及機器在不同活動下，所需花費時間比例與閒置時間技術，最終資料是所觀察各項活動或非活動時間次數。工作抽查勿需量測活動時間，亦勿須持續觀察活動。例如某段期間內，觀察員工或機器是否運作，結果資料為各項活動或非活動之次數。主要使用於：

1. 員工在不可避免延遲或機器閒置之延遲比率 % 研究。

2. 非重複性工作分析（最高技能佔有所有工作時間比例）。

若要決定觀察次數，可以由所容許的誤差（E）與信賴度（Confidence level）$1 - \alpha$ 下求得，亦即：

$$Z_{\frac{\alpha}{2}} = \frac{\hat{P} - \hat{P}}{\sqrt{\dfrac{\hat{P}(1 - \hat{P})}{n}}} = \frac{E}{\sqrt{\dfrac{\hat{P}(1 - \hat{P})}{n}}} \Rightarrow n = \frac{\left(Z_{\frac{\alpha}{2}}\right)^2 \hat{P}(1 - \hat{P})}{E^2} \qquad （式 10-5）$$

例題 10-2　★進階題型（偏難）

假設研究一機器的空閒率，信賴度為 95%（因而 $Z_{\frac{\alpha}{2}}=1.96\alpha$ ）誤差範圍為 ±0.05，實際觀測之空閒率為 0.25，試問應觀測幾次？

解答

$$n=\frac{(1.96)^2(0.25)(0.75)}{(0.05)^2}=288\ （次）$$

七、工作衡量技術的比較

工作衡量技術各有其使用的優缺點，如表 10-4，在應用時應考慮各項環境因素，才能決定最適合的工作衡量技術。

表 10-4　工作衡量技術

技術	優點	缺點
1. 歷史資料法	成本低，適合非重複性的工作。	資料會有主觀的偏差。
2. 馬錶時間研究	較精確，比歷史資料法為優，尚考慮績效評比。	測量人員需要基本的訓練；成本較高；工人可能產生反感，評比有主觀因素存在。
3. 標準動作元素時間	適於有許多時間標準要決定的情況，較少的干擾正常工作。	需要建立一個資料庫；資料可能不全或偏誤。
4. 預定動作時間標準	不需直接觀察即可分析工作；不需要績效評比。	只適合在短的週期及高度重覆之工作情況。
5. 工作因素法	直接衡量身體動作而予以標準時間設定。	因人體動作變化大，在衡量時會存在的誤差因素。
6. 工作抽樣	有助於工作分析與設備規劃；所需技能較少，成本較低；不會干擾正常工作。	需要大量觀察樣本；不適合短週期、重複性高之作業；可能無法完成隨機觀測。

10-3 工作設計

工作設計係以科學方法，針對作業方法與程序，尋找出最經濟有效的工作方法，進一步可衡量時間的價值，作為管理的基礎，激勵作業員從事生產工作，以提高工作效率。

一、工作設計專業化（Job Specialization）

工作專業化是將工作分為幾個步驟，每個步驟由一個人負責完成，而不是將整個工作全都交給一個人去做。所以，每個人只須專注做工作中的某個部分就可以。

工作專業化的優點是，當員工執行專業、簡單的任務時，可使其對該項任務非常地熟練，其次，減少任務之間的轉換時間。此外，若工作分得越細，則越容易開發專門化的設備來協助執行。當某位執行高度專業化工作的員工缺席或辭職時，經理人能夠以較快且較低的成本訓練新人來遞補。

另一方面，工作專業化受到最多的批評是，執行高度專業化工作的員工，可能感到枯燥乏味而對工作不滿意。由於工作可能過於專業化，以致沒有一點挑戰或激勵。一旦產生枯燥與單調的情況，離職率將提高，且工作品質將因而受害。因此，某種程度的專業化也許是必要的，但也不應該太過極端。

表 10-5　專業化工作設計的優缺點

優缺點對象	優點	缺點
管理者	1. 簡化訓練。 2. 高生產力。 3. 低工資成本。	1. 較不易激勵工作品質之提昇。 2. 工作不滿足可能導致缺勤與離職。
勞工	1. 教育與技能的要求水準較低。 2. 負擔的責任最少。 3. 不需花費很大的精神。	1. 單調、枯燥的工作。 2. 較少機會晉升或做較高層次的工作。 3. 較少機會自我充實及滿足。

二、工作輪調（**Job rotation**）

工作輪調就是將某部門的員工，在其工作一段時間後，調至另一部門工作；例如設計部門人員調至業務部門工作，藉以了解顧客需求的資訊，以提高產品上市後顧客的接受性，員工可藉由不同部門的歷練來降低其單調感，可間接地提高工作效率。

三、工作擴大化（**Job enlargement**）

工作擴大化是工作專業化的反義，專指工作內容（Content）在水平方向的擴充（Expansion），亦即增加員工在工作時的多樣性（但責任並沒增加）；例如在生產線的工人其工作由某一小項裝配擴大為整條生產線的裝配。當然，如此一來多少會降低其生產效率，但這種現象就長期而言，會被員工較佳的士氣所彌補。

四、工作豐富化（**Job enrichment**）

工作豐富化係指員工的工作責任呈垂直方向的擴充，與工作擴大化最大的區別在於，工作擴大化員工的責任範圍不變，而工作豐富化可以加重員工的責任，可增進其專業知識；例如一裝配線上的工人，可以再賦予他品管檢驗的工作，因此亦兼品管工作。

五、工作群體（**Work group**）

工作群體是指讓一組員工共同負責多種不同的工作，例如原來有三個員工 A、B、C，其所負責的工作為甲、乙、丙，現在改由 A、B、C，共同負責甲、乙、丙三個工作，此方法有幾項優點：

1. **較有彈性**：如果 A 缺席，其工作可由 B 或 C 完成，而不影響工作進度。
2. **加強團隊精神**：如此可增進員工對工作滿足感的態度。
3. **較具創意**：特別是問題的發現與解決方面。

六、變動的工作時程（**Variable work schedules**）

變動的工作時程可以讓員工每週的工作時間變動，不一定要維持每週工作 40 小時（或 44、48 小時）；如此藉由員工自由度的提高，而增進其工作滿足感。

七、彈性上班時間（Flexitime）

　　彈性上班時間係指員工每天上下班時間可自行調整，只要每天工作滿 8 個小時即可。彈性上班時間較適合於研究發展或單獨完成一專案的工作，對於每天固定的生產線工作可能較不適合。

八、自動化（Automation）

　　加強自動化可使員工不再從事較單調、無聊的工作，如此亦可提高員工對工作的滿足感。自動化的優點在於：適合單調、枯燥、重覆性的工作，產生齊一品質較佳品質的產品以及生產產出率比人工高、避免人際上的衝突。但缺點則有：減少作業員就業機會，增加再訓練轉業之成本，同時員工亦可能抗拒改變、因成本高故需極高的產量才符合經濟性與自動化系統較缺乏彈性，使工作設計受到限制。

工管小常識

8D 改善流程

8D（8D Problem analysis & solving）被許多企業奉為訓練員工問題分析解決能力的圭臬。只要問題發生，就遵循 G8D 的方法解決。經過 G8D 的訓練，大家有相同的邏輯與共識，討論問題的速度會加快。

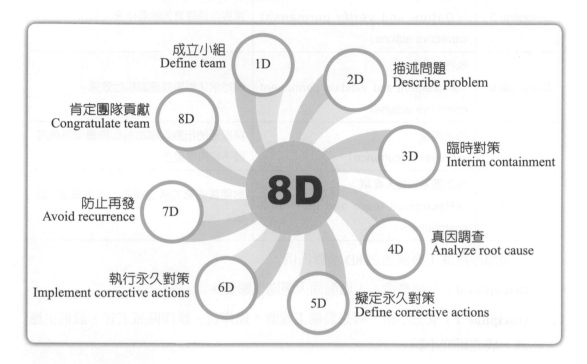

成立小組 Define team 1D
描述問題 Describe problem 2D
肯定團隊貢獻 Congratulate team 8D
臨時對策 Interim containment 3D
防止再發 Avoid recurrence 7D
真因調查 Analyze root cause 4D
執行永久對策 Implement corrective actions 6D
擬定永久對策 Define corrective actions 5D
8D

表 10-6　8D 步驟及說明

步驟	項目	說明
Discipline 0	行前準備 （Prepare for the 8D process）	判斷是否適用以 8D 程序來解決問題。
Discipline 1	成立小組 （Establish the team）	通常是跨功能性的，由相關人員組成。
Discipline 2	描述問題 （Describe the problem）	使用顧客術語定義問題，並利用 5W1H 方式將問題定義並收集問題資料。

表 10-6　8D 步驟及說明（續）

步驟	項目	說明
Discipline 3	臨時對策 （Interim containment action(s)）	顧客無法接受缺失就需要採取暫時遏止行動。
Discipline 4	真因調查 （Define and verify root cause and escape point）	依據 D2，針對每一可能原因進行檢討測試以界定根本問題。
Discipline 5	擬定永久對策 （Define and verify permanent corrective actions）	採取可消除真因的最佳永久對策。
Discipline 6	執行永久對策 （Implement and validate permanent corrective actions）	執行永久對策並確認執行效果。
Discipline 7	防止再發 （Prevent recurrence）	採取預防措施以預防相似問題或系統問題不會再度發生。
Discipline 8	肯定團隊與個人貢獻 （Recognize team and individual contributions）	對團隊的努力表達肯定，並完成 8D 報告。

以問題沙拉油工廠漏油之 8D 步驟為例：

1. **Discipline 0**：行前準備：工廠漏油大範圍受影響。

2. **Discipline 1**：成立小組：尋來設備工程師、操作員、操作區域主管、設備供應商、成立研究小組。

3. **Discipline 2**：描述問題：工廠漏油，源頭在沙拉油濾清器。

4. **Discipline 3**：臨時對策：暫停作業，檢視濾清器設備。

5. **Discipline 4**：真因調查：濾清器供應商針對設備零件觀察，發現濾清器中新式墊片與較舊式防露墊片的規格有些微差距，導致墊片無法承受壓力。

6. **Discipline 5**：擬定永久對策：將新的墊片撤掉，改用舊式墊片。

7. **Discipline 6**：執行永久對策：將設備上新式墊片全數更換，換回舊式。

8. **Discipline 7**：防止再發：針對墊片規格，要求設備供應商再修正設計。

9. **Discipline 8**：肯定團隊與個人貢獻：期限內修正原因，口頭褒獎並提供獎金。

一、 選擇題

( ) 1. 吉爾勃斯（Gilbreth）夫婦從事動作之研究發現所有人體活動之基本動作可分為 17 種，下列何者屬於第一類？ (A)計畫（Plan） (B)使用（Use） (C)預對（Preposition） (D)休息（Rest）

( ) 2. 下列何者不屬於程序分析圖？ (A)操作程序圖 (B)流程程序圖 (C)操作人程序圖 (D)組作業程序圖

( ) 3. 西屋法為西屋電氣公司所創，用來決定評比係數的方法，以修正選擇時間之值其考慮四個主要因素，下列何者不是？ (A)技巧（Skill） (B)努力程度（Effort） (C)工作環境（Condition） (D)速度（Speed）

( ) 4. 在做程序圖時，正方形符號「□」代表： (A)操作 (B)搬運 (C)儲存 (D)檢驗

( ) 5. 下列那一動素是無效而應予去除或改善的？ (A)伸手 (B)放手 (C)選擇 (D)移物

( ) 6. 流程程序圖中最重要之因素為： (A)距離 (B)時間 (C)流程 (D)佈置

( ) 7. 線圖（Flow diagram）最主要功能在於分析： (A)搬運 (B)操作 (C)儲存 (D)遲延

( ) 8. 在 17 種動素中，形象符號 RL 代表： (A)伸手 (B)移動 (C)尋找 (D)放手

( ) 9. 利用馬錶時間研究，當觀測時間大於正常時間時，其評比係數應該： (A)等於 1 (B)大於 1 (C)小於 1 (D)大於 1.5

( ) 10. 間接人員的工作衡量較適用： (A)馬錶測時 (B) PTS 法 (C) MTM 法 (D)工作抽查法

( ) 11. 對公司總務、人事和會計等間接性工作進行時間研究的最適當方法為： (A)線性規劃法 (B)馬錶測時法 (C)預定時間標準法 (D)工作抽查法

( ) 12. 馬錶測時經由實際觀測所得時間加以評比後，即得： (A)標準時間 (B)平均時間 (C)獎勵時間 (D)正常時間

(　) 13. 加油站作業的工作衡量方法較適合採用： 　(A) 持續觀察法 　(B) 工作因素法 　(C) MTM 法 　(D) 工作抽查法

(　) 14. 週程極短，重複性極高的作業應以何種技術來做時間研究？ 　(A) 工作抽樣法 　(B) 密集抽查法 　(C) 歷史記錄法 　(D) 經驗判斷法

(　) 15. 作業者有 4 個工作單元的重複性作業，採取連續法觀測時間（單位：秒），記錄如表 1，請問各單元作業時間爲多少？ 　(A) 19.5、23、25、30 　(B) 1.5、3.5、5、2 　(C) 2、3、2、5 　(D) 1.5、3.5、2、5

表 1

	循環			
單元	1	2	3	4
1. 撿取 A 工作件	2	12	25	39
2. 穿線	5	16	29	42
3. 撿取 B 工作件	7	18	32	43
4. 固定工作件	11	23	38	48

(　) 16. 如表 2，以時間研究法分析二工作單元，工作單元觀察時間分別爲 21.0 秒與 13.0 秒，評比分別爲 1.1、1.2，寬放時間爲 20%，則標準時間爲： 　(A) < 50 秒 　(B) ≥ 50 秒，但 < 70 秒 　(C) ≥ 70 秒，但 < 90 秒 　(D) ≥ 90 秒

表 2

作業者有 4 個工作單元的重複性作業，採取連續法觀測時間（單位：秒），記錄如下：				
工作單元	循環 1	循環 2	循環 3	循環 4
1	12	66	111	168
2	21	75	122	185
3	37	86	133	200
4	53	99	146	209

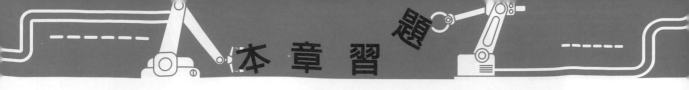

表3

觀察作業者有 4 個工作單元的重複性作業，記錄時間如下表，單元時間以秒計算，使用連續測時法，寬放時間為 20%。

工作單元	循環1	循環2	循環3	循環4	評比
1	15	106	208	309	1.10
2	37	131	234	334	1.05
3	47	143	245	348	1.20
4	90	190	293	392	1.15

( ) 17. 如表 3，第 4 工作單元的觀測時間為： (A) < 40 秒 (B) ≥ 40 秒，但 < 60 秒 (C) ≥ 60 秒，但 ≤ 80 秒 (D) ≥ 80 秒

( ) 18. 如表 3，第 2 工作單元的正常時間為： (A) < 10 秒 (B) ≥ 10 秒，但 < 11 秒 (C) ≥ 11 秒，但 < 12 秒 (D) ≥ 12 秒

( ) 19. 如表 3，第 1 工作單元的標準時間為： (A) < 18 秒 (B) ≥ 18 秒，但 < 20 秒 (C) ≥ 20 秒，但 < 22 秒 (D) ≥ 22 秒

( ) 20. 如表 3，第 2 工作單元的觀測時間為： (A) < 17 秒 (B) ≥ 17 秒，但 < 22 秒 (C) ≥ 22 秒，但 ≤ 27 秒 (D) > 27 秒

( ) 21. 如表 3，完成 4 工作單元的正常時間為： (A) < 85 秒 (B) ≥ 85 秒，但 < 95 秒 (C) ≥ 95 秒，但 < 105 秒 (D) ≥ 105 秒

( ) 22. 如表 3，完成 4 工作單元的標準時間為： (A) < 90 秒 (B) ≥ 90 秒，但 < 97 秒 (C) ≥ 97 秒，但 < 104 秒 (D) ≥ 104 秒

( ) 23. 在做流程程序圖（Flow process chart）時，符號「▽」代表： (A)檢驗 (B)等待 (C)儲存 (D)交叉

( ) 24. 使用手指環繞放在桌上的原子筆是屬於下列哪一種動素？ (A)伸手 (B)握取 (C)對準 (D)裝配

( ) 25. 工作研究之分析圖中，分析一群人共同作某項工作應採用何種分析圖？ (A)操作人程序圖（Operator process chart） (B)組作業程序圖（Gang process chart） (C)操作程序圖（Operation process chart） (D)人機程序圖（Man-machine chart）

( ) 26. 工作研究之分析圖中，用來記錄多位操作者及多部機器之間相關的工作程序為何種分析圖？ (A) 多人機程序圖（Multi-man machine chart） (B) 人機程序圖（Man-machine chart） (C) 操作程序圖（Operation process chart） (D) 操作人程序圖（Operator process chart）

( ) 27. 十七動素可分為歸成三大類，下列那一動素屬第二類，會阻礙第一類動素之進行？ (A) 休息（Rest） (B) 檢驗（Inspect） (C) 對準（Position） (D) 遲延（Unavoidable delay）

( ) 28. 下列敘述何者為正確？ (A) 操作程序圖依照物料移動程序，視情況運用操作、搬運、儲存、延遲及檢驗等五種符號，來顯示由原物料的進料到最後包裝完成的整個過程 (B) 人機程序圖是為研究、分析以及改善一特定工作站時所用的工具，此圖可顯示人員工作週期與機器運轉週期兩者間準確的時間關係 (C) 將操作程序圖上之所有活動，在圖像式的工廠佈置平面圖的對應位置，以動線標示出來，就稱為動線圖 (D) 組作業程序圖最適用於一人操作多部機器之程序分析

( ) 29. 要使隱藏成本降低，最容易由何種分析工具顯現出來？ (A) 操作程序圖（Operation process chart） (B) 人機程序圖（Man-machine chart） (C) 流程程序圖（Flow process chart） (D) 操作人程序圖（Operator process chart）

( ) 30. 不含有用的動作而作業者本身所不能控制者，請問是敘述何種動作元素？ (A) 遲延（Unavoidable delay） (B) 選擇（Select） (C) 使用（Use） (D) 放手（Release）

( ) 31. 下列那一個敘述不符合動作經濟原則？ (A) 雙手的動作應同時、反向、對稱 (B) 手之動作應以級次最低者為之 (C) 儘量應用物之自然重力 (D) 直線且有方向轉折的運動較曲線運動為佳

( ) 32. 標準時間等於下列何值？ (A) 正常時間 × 評比係數 (B) 觀測時間 ＋ 寬放時間 (C) 正常時間 ＋ 寬放時間 (D) 觀測時間 × 評比係數

(　　) 1. 下列何者為無效動素？　(A) 選擇　(B) 裝配　(C) 使用　(D) 拆解
（110-1 工業工程師—工作研究）

(　　) 2. 下列何者並非應用泰勒先生（Frederick W. Taylor）提倡的科學管理原則？
(A) 可根據動作分析結果來優化工作　(B) 可使用按件計酬的方式來給予
薪資　(C) 應將工作合理分配給管理者與員工　(D) 應依照學歷來分配職
務並執行工作　　　　　　　　　（110-1 工業工程師—工作研究）

(　　) 3. 組裝一塊電路板的「觀測時間」為 4.3 分鐘，評比為 9，寬放給予 17%，
在一天工作八小時的情況下，預期員工的合理產量最接近下列何者？
(A) 88　(B) 96　(C) 104　(D) 112　　　（110-1 工業工程師—工作研究）

(　　) 4. 以下何者不是西屋評比（Westinghouse Rating）中技巧（Skill）的含意？
(A) 與熟練掌握特定方法有關　(B) 思維與肢體需適當協調　(C) 與經驗
和內在才能有關　(D) 應穩定在標準速度
（110-1 工業工程師—工作研究）

(　　) 5. 有關記錄與分析工具，下列何者敘述正確？　(A) 操作程序圖（Operation
process chart）以宏觀的角度分析整個製程　(B) 人機程序圖（Worker
machine process chart）以細微的角度呈現動素順序　(C) 組作業程序圖
（Gang process chart）可用以觀察搬連與儲存作業的效率　(D) 流程程序
圖（Flow process chart）主要用來呈現與分析移動路徑
（110-1 工業工程師—工作研究）

(　　) 6. 使用速度評比時，如果標準工時為 60 秒，給于寬放為 17% 及評比 80 時，
其觀測時間最接近以下何者？　(A) 45 秒　(B) 55 秒　(C) 60 秒　(D) 65 秒
（110-1 工業工程師—工作研究）

(　　) 7. 動作或工作研究，首先重視_____，沒有人應常常暴露於易受傷的工
作環境中。　(A) 工作成本　(B) 人員安全　(C) 工作效率　(D) 人員士氣
（109-1 工業工程師—工作研究）

(　　) 8. 以下哪項不是工作研究經常包括或完成的項目？　(A) 經濟有效率的工作
方法　(B) 工作標準化　(C) 訂定標準工時　(D) 標準成本
（109-1 工業工程師—工作研究）

( ) 9. 工作研究流程程序圖常用操作、檢驗、延遲、＿＿＿、搬運五種事項構成。
(A) 儲存　　(B) 安全　　(C) 效率　　(D) 士氣（109-1 工業工程師—工作研究）

( ) 10. 作業人員在機器操作中，操作週程分為人員操作週程時間、機器操作週程時間兩項，工作研究分析結果應製成＿＿＿＿比較可以同時看到兩者時間上的關係。　　(A) 柏拉圖分析（Pareto diagram analysis）　　(B) 人機程序圖（Worker & machine process chart）　　(C) 流程程序圖（Flow process chat）　　(D) 魚骨圖（Fish bone chart）　　（109-1 工業工程師—工作研究）

( ) 11. 以下符號哪一個代表流程程序圖（Flow process chat）中的儲存符號：
(A) △　　(B) ▽　　(C) □　　(D) ○　　（109-1 工業工程師—工作研究）

( ) 12. 以下符號哪一個代表流程程序圖（Flow process chat）中的操作符號：
(A) △　　(B) ▽　　(C) □　　(D) ○　　（109-1 工業工程師—工作研究）

( ) 13. 工作標準化 (Job standardization) 必須要把工作程序、工作動作、工作時間、＿＿＿＿予以標準化：　　(A) 工作壓力　　(B) 工作與休閒　　(C) 工作條件　　(D) 工作文化　　（109-1 工業工程師—工作研究）

( ) 14. 動作研究與分析的主要目的有哪些？　　(A) 簡化操作動作方式　　(B) 減少工作疲勞　　(C) 發現無效動作　　(D) 以上皆是

（109-1 工業工程師—工作研究）

三、 填充題

1. 工作研究起源於科學管理之父泰勒（Taylor）的「＿＿＿＿」及吉爾勃斯（Gilbreth）的「＿＿＿＿」，其目的均為改善工作方法、減少時間浪費等。

2. 工作研究可分為＿＿＿＿以及＿＿＿＿兩大部分。

3. ＿＿＿＿的目的在於訂定最適當的標準時間，決定受過適當訓練而有經驗的人，以正常速度從事某項作業時「應該」投入的時間。

4. ＿＿＿＿（Process analysis）依照工作流程，全盤考慮第一個工作站到最後一個工作站，將某特定工作的整個過程，清晰地描述並繪製成圖，分析有無多餘或重複作業、程序是否合理、搬運是否過多、遲延與等待時間是否太長等問題。接著運用剔除、合併、重排與簡化之技巧，分析整個製程的每一項操作，從而改善工作程序與工作方法，以達到最高效率。

5. _____是以符號來表示的方法，標示製程中所發生之操作、搬運、檢驗、等待和儲存等動作之順序，並記載所需時間、移動距離等，以供分析其搬運距離、延遲、儲存等時間，瞭解這些隱藏成本浪費的情形而達到改善之目的。

6. _____為一種特殊之工作程序圖，又稱為左右手程序圖（Left and right-hand process chart），因為它分別將左右手之所有動作與空閒都加以記錄，依其正確之相互關係配合時間標尺（Time scale）記錄下來。

7. _____分析同一段時間，同一工作地點內機器之操作與作業人員之操作動作相互配合情形，以及兩者互動作業時間。

8. _____（Principles of motion economy），又稱為「動作經濟與效率法則」，後經若干學者詳加研究改進，將動作經濟原則分為 22 項，歸納為三大類：(1) _____方面（9 項）；(2) 工作場所之佈置與環境條件（6 項）；(3) 工具與設備之設計方面（5 項）。

9. 吉爾勃斯（Gilbreth）夫婦從事動作之研究發現所有人體活動之基本動作可分為 17 種，將其稱之為「_____」，而以其名字倒寫為其名「Therblig」。

10. 馬錶時間研究法進行各個週期的測時（Timing）工作，可分成：(1) 連續測時法（Continuous method）：馬錶轉動後不再歸零，由測試者直接讀出錶上所指的時間；(2)_____（Snap-back method）：測定每一工作單元時，均先由測試者將馬錶歸零。

四、 簡答題

1. 簡述「標準動作單元時間法」的優點與限制。

2. 簡述「專業化工作設計」對於管理者及員工的優點與缺點。

3. 寬放時間基本上可以分為三大類，請個別簡述。

4. 簡述「程序分析」。

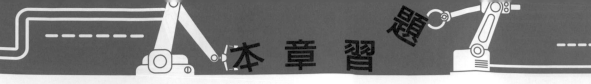
關鍵字彙

1. 方法研究（Method study）
2. 程序分析（Process analysis）
3. 作業分析（Operation analysis）
4. 動作經濟原則（Principles of motion economy）
5. 動素（Therblig）
6. 馬錶時間研究（Stopwatch time study）
7. 標準單元時間（Standard element time）
8. 預定標準時間（Predetermined time standard）
9. 工作抽查（Work sampling）
10. 私事寬放（Personal allowance）
11. 疲勞寬放（Fatigue allowance）
12. 遲延寬放（Delay allowance）
13. 方法時間衡量（Method time measurement）
14. 工作輪調（Job rotation）
15. 工作擴大化（Job enlargement）
16. 工作豐富化（Job enrichment）

Chapter

11 物料管理

Chapter

學習目標

1. 列出物料管理項目、分類與目標
2. 說明物料分類、編號與方法
3. 解釋物料採購的意義
4. 比較盤點作業方法
5. 說明供應商作業管理
6. 描述物料管理績效分析評估

物料管理流程

| 原料 | → | 供應商 | → | 製造 | → | 配送 | → | 顧客 | → | 消費者 |

管理個案新知

做好生產線管理，提升企業競爭力—以製造業為例

對製造業而言，生產線是主要的管理對象，是分秒必爭的重要部門，一天二十四小時，浪費一分鐘就少了一分鐘的生產實績，雖然可以補救，但勢必增加成本，會侵蝕企業利潤，且商譽損失往往難以補救。在競爭激烈、利潤微薄的今日，做好生產線管理，提升企業競爭力的重要性由此可見。

企業的生產線是企業生產能力的載體，生產線從某種程度上來說是整個企業實力的象徵，如：應提交生產技術文件有少數內容不完整，卻自行私下處理，未反映權責單位；因業務與客戶關係好，順利解決客戶抱怨後，竟未如實反映；不良率規定為 2%，僅有 1.9% 即不必太關注；文件未於規定時間提出，延遲一天；生產過多的產品就當作備用，以備不時之需；懷著僥倖心態因此未戴護具；物料本應放置定位，但超購導致存放處不足，改放不當位置；設備只有一點點漏油不會有問題、漏氣只有一點點無所謂、材料提前入廠無所謂；材料延誤入廠無所謂，可立即改生產其他產品、同產品不同人員生產其操作方式不同，可產出即無所謂；物料、文件及在製品放置混亂，找得到即可；設備故障自行解決，不需反映；入出庫不需仔細計量無所謂；第一次有問題沒關係，再做一次就好……

事實上，造成危機的許多小事早已潛伏在企業日常的經營管理之中，由於管理者大意，缺乏危機意識，對此沒有足夠的重視。看來不起眼的小事，經過「連鎖反應」、「滾雪球效應」、「惡性循環」，可能演變成摧毀企業的危機，這時做好生產線管理就顯得至關重要。以一個完整的生產管理系統（圖 11-1）來看，生產線管理的範圍如下：

一、交期管理

（一）依據途程安排之順序與日程計劃之完工日期，將適當的工作量分派給各部門的工作人員與機器，以便開始實際的生產活動，其方式有集中式調派法、分散式調派法二種，其功能如圖 11-2 所示：

   1. 有效工令：有效下達製造命令。

   2. 物料及工時成本：提供分批製造之物料及工時資料，作為計算成本的依據。

   3. 備工治夾：工務部門準備工具、夾具之依據。

   4. 管製依據：製造部門主管派工，並管制產品製造之依據。

5. 修訂途日及計畫：提供製造資料以為日後途程計畫及日程計畫之參考。

6. 質異、待料、短缺及遲延資訊：提供製造途程中，待料、短缺、遲延、品質異常等資料，以為管制人員之參考。

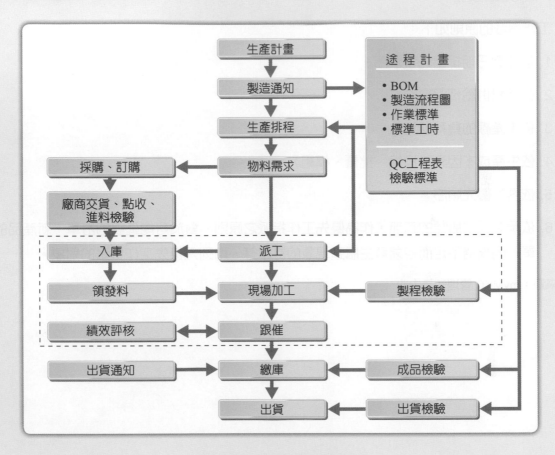

圖 11-1　生產線管理的範圍

圖 11-2　交期管理的範圍

（二）做好工作安排：

工作指派的原則如下：

1. 依交貨日期排出先後順序。

2. 依原料供給情況。

3. 依生產線的負荷狀況。

4. 依生產成本因素（換線、批量、模組）。

5. 依客戶優先順序。

6. 依照製程中瓶頸的有無，作為優先工作指派之原則。對於可能延誤的訂單、新產品的訂
   單、因機器不足而容易發生瓶頸現象的訂單等，均列入優先工作指派的對象。

資料來源：myMKC 管理知識中心

　　物料（Material），亦稱為資材，一般是指直接投入生產作業的主要原料、零件、組件，以及配合生產作業過程所需的物料，是影響企業經營成敗的重要因素。物料管理（Material management）運用現代科學管理的方法，確保營運所需的各種物料，透過規劃、執行、考核的管理循環，將物料的 5R 架構：適時（Right time）、適量（Right quantity）、適質（Right quality）、適價（Right price）、適地（Right place），提供給企業相關部門，並使總成本為最低的管理，物料管理是降低成本最直接有效的方法，創造利潤的最有效方法，達成物料管理目標之完整的制度。

11-1　物料管理的內涵

　　物料係指於製造產品或提供服務時所需直接或間接投入之物品。物料管理是一種系統化、整體化的方法，用來控制原料、組合零件、半製品以及製成品的進出，物料管理的定義是針對物料流程（如物料採購、儲存、運送及控制、加工製造及產品分配等）作有計畫、有組織、有管制的措施，使得企業組織之人力、設備及資產能作最有效之運用，提供適應之顧客服務以達創造利潤之目標。

　　物料管理應包括以下三個主要部份：

1. 原料採購件的管理。

2. 生產過程中的在製品管理。

3. 製成品的管理。

　　物料管理的過程可描述為：採購 → 進料 → 倉儲檢視（Retrieval）→ 生產、作業過程 → 包裝 → 出廠 → 製成品的倉儲／檢視 → 實體配銷。圖 11-3 說明物料管理流程經過三階段：

1. 第一階段是供應商或協力商至物料倉庫。

2. 第二階段是物料倉庫至生產過程。

3. 第三階段則是生產過程至成品倉庫。

　　物料管理之主要工作項目有以下十點：1. 制定適當的績效評核準則、2. 使料帳一致的倉儲管理制度、3. 物料需求計畫的管理制度、4. 請購、訂購及驗收物料的制度、5. 考核與管理供應商的制度、6. 進料、領料、發料、退料的管理製度、7. 物料跟催制度、8. 物料盤點制度、9. 呆廢料管理辦法、10. 存量管理制度。

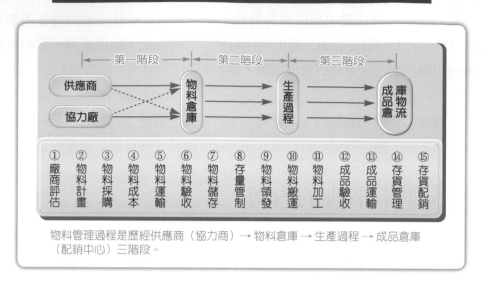

圖 11-3　物料管理流程

物料管理過程是歷經供應商（協力商）→ 物料倉庫 → 生產過程 → 成品倉庫（配銷中心）三階段。

一、物料管理目標

物料管理工作，是一系列的管理程序係始自產品銷售預測，從銷售量預估即開始進行物料管制工作，透過採購、驗收、儲存、發放、生產製備、產品品管、銷售服務及最後關卡的庫存物料盤點。物料管理有以下八個目標：

1.　以較低的價格與運輸服務，取得採購的物品。

2.　維持高的存貨週轉率（Turnover rate），以降低存貨投資。

3.　達到低成本的收發、倉儲與物料檢驗。

4.　維持物料的如期交貨與持續性交貨。

5.　維持品質的一致性。

6.　降低人力支援的成本。

7.　建立與供應商（或衛星廠商）的良好關係。

8.　物料管理電腦化。

二、物料分類

企業所需的物料用品及消耗品種類繁多，數量不一，絕對不可因為其低價值或屬於易耗品而疏於管理，否則將會造成企業營運的重大損失。企業應針對營業部門

對於所需物料及備品，根據其工作性質與特性，由企業訂定標準使用量，一方面可避免浮濫浪費，另一方面可協助生產與銷售單位順利推展其業務，進而提供顧客最優質的服務，獲取最良好的營運成果。物料的範圍可以包括直接原料、間接物料、半成品、組件、完成品、呆廢料，主要可分為五大項目：

1. **原料（Raw material）**：未經過處理的物料，如鐵棒、鐵皮、化學原料等。

2. **間接材料或供應品（Indirect materials or supplies）、配件（Component parts）**：向外採購用於生產的零件材料，如螺絲、螺帽、輪胎、燈泡、開關等。

3. **在製品（Work in process）或半成品（Worked materials）**：原料經過若干個製造過程的處理，形狀、尺寸、物理或化學性質已有一些改變，而尚未完成全部製造過程的物料即為在製品。

4. **完成品（Finished products or goods）**：製造、檢驗完成準備出貨或庫存的物品。

5. **殘廢料（Salvage materials）或雜料（Unclassified materials）**：製造上必須使用，但並不成為產品之一部分的消耗性物質，如車刀、鑽頭、膠帶、砂紙、油料、文具、包裝等。

　　針對物料的範圍必須予以分類編號，並於財產清冊中標明進貨日期與使用年限，分別加以造冊列管，責求有關單位經常注意保養維護，針對保養情況施以定期及不定期檢查。財產管理單位對所經管的物品，若有遺失、損毀或未達使用年限即不堪使用者，除了因災害或不可抗力經查屬實外，應即查明追究責任，瞭解問題原因，予以改善，以提升物料管理績效。

三、物料的 ABC 管理

　　現代企業經營的物料管理係採用 ABC 物料價值分析法來分類，將物料分成 A 類、B 類與 C 類等三種。茲分述如下：

1. **A 類物料**：物料占每年進貨金額百分比最大，其單位成本很高，且數量不多的存貨。

2. **B 類物料**：物料存貨金額與數量占整個進貨成本相當比例。關於此類物料可隨時調整庫存量，以應實際需求。

3. **C 類物料**：物料存貨為數甚大，但所占金額小，如各種調味料、零星備品等。

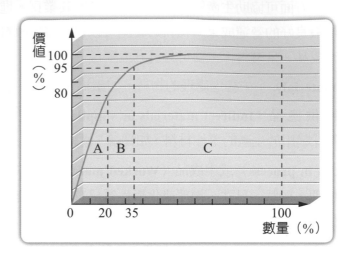

圖 11-4　基本庫存 ABC 分類法

11-2　物料編號

　　物料的種類非常繁多，爲了便於管理起見，必須按一定的標準加以有系統的分類。除了能夠迅速而確實的傳送物料信息之外，物料的分類也必須考慮合併或統一規格標準，以簡化物料之種類，便於進料及倉儲管理，同時亦可減少呆廢料之發生，使積壓的物料資金儘量降低。良好分類與編號的功能及優點如下：

1. 作爲物料計畫、分析與管制的基礎工作。
2. 易於識別各類物料，維持良好倉儲管理。
3. 易於管理物料，降低成本、排除浪費。
4. 易於管制各類物料。
5. 易於評估物料管理績效。

一、編號的原則

　　物料編號係以簡短的文字、符號、數字或號碼來代表物料之品名、規格或類別。

1. **簡單明瞭**：編號盡量符合簡明易懂的原則，容易記憶，而且可減少錯誤的發生。
2. **完全編號**：物料按一定的規則加以歸類編號，沒有難以編號的例外情形發生。

3. **一料一號**：不可以將同一種規格的物料編列二個以上的號碼，以免造成混亂。

4. **彈性增列**：編號制度應考慮到擴展性，整個編號系統維持完整。

5. **專人負責**：編號工作宜由專人負責，以減少錯誤。

6. **即時登錄**：如有新物料編號加入時，應即時登錄，以便管理決策之參考。

二、編號的方法

編號的方式有很多種，就內容而言，通常可分為英文字母與數字編號。

1. **英文字母**（**Alphabetic system**）：以英文字母中的一個字母或一組字母，表示某一級的分類號碼。利用此種編號方式時，字母中的 I 與 O 容易與 1 與 0 混淆，宜考慮不用。

2. **數字編號**（**Number system**）：

   (1) 流水式編號：將物料按性質區分，先行排列，然後自 1 號開始，一料一號依序編列。此種編號方式，當新增物料時，同性質者無法補插在一起。

   (2) 分級式編號：將物料予以分級，個別代表材料之某種特性，易於記憶與應用。編號方式各級所佔位數可視實際需要而定，在使用上又可分為非展延式與展延式兩種。

   (3) 暗示性編號：一組記憶的文字代表物料，使用者可從代號聯想物料性質。

   (4) 混合式編號：聯合使用以上之方法稱混合法。

11-3　採購管理（Purchase management）

採購（Purchase）乃是為取得企業進行產銷活動所需物料之一系列的作業活動，其目的為以適時、適價、適質、適地、以及適量之方式取得物料，期能促使企業產銷活動能夠順利的進行，並創造物料資源之最大的經濟效益。採購是任何型態企業不可或缺的重要功能之一。恰當的採購系統或制度可使企業以低成本、高效率的代價購入所需的各項物料，進而創造企業對外競爭的優勢，其主要活動為：

1. 尋找供應商、建立供應商之資料。

2. 分析供應市場的趨勢。

3. 辦理取得物料的各種程序，如詢價、招標、合約等作業。

　　採購管理乃以規劃、組織、領導及控制等管理功能，推動及整合企業各項物料採購作業活動，期能以經濟有效地方式取得物料，促使企業產銷活動能夠順利的進行，並創造物料資源最大的經濟效益。採購管理的作為，可提供企業以下的好處：

1. 維護物料的連續供應，以確保營業之繼續。

2. 在安全與經濟效益的考量下，對物料存貨作最低的投資。

3. 避免物料的重覆與浪費。

4. 以低成本取得物料，且獲得需要的品質和服務。

5. 維護企業的競爭利潤。

一、採購之特性

採購部門與企業內相關單位、企業外之供應商之間，都有高度的互動關係。

1. **企業內部：**

   (1) 設計部門：其所設計的材料規格知會採購部門，再由採購部門據以尋求合適的供應商。

   (2) 生產、作業部門：生產部門在供料方面必須與採購部門保持密切的互動，以保持生產線暢通，在市場需求發生變化時能很快反應，以爭取先機。

   (3) 收料部門：主要工作在檢查進料的數量、品質與時間是否符合要求，當發生交貨延遲或品質不良時，收料部門應盡快知會採購與財務部門、採取應對措施。

   (4) 財務部門：主要工作在作帳和付款，供應商的交貨情形，採購部門要彙整後提供給財務部門，以為作帳之依據。

   (5) 資訊部門：採購部門應將各項資訊提供資訊部門彙總，供管理階層決策之依據。

   (6) 法務部門：採購部門在簽約時，應與法務部門或法律顧問保持聯繫，以免造成損失。

2. **企業外部：**企業外部的供應商，應由採購部門保持聯繫外，更應建立廠商評鑑制度，確保企業本身之權益。

二、採購的目標

採購的目標在於決定或確定採購品所需的數量、品質以及採購時機。取得最佳的成本價，與供應商維持良好的關係，隨時蒐集有關採購品的市場變化資料，維持最佳的採購議價能力。短中長期目標如下：

1.　**短期目標**：適時地從最恰當的供應商提供數量正確且符合要求的產品，運送到正確的地點給組織內的顧客。

2.　**中期目標**：協助組織達成其營運目標，有效管理採購部門與其他部門維持密切聯繫。

3.　**長期目標**：發展企業整合性之採購策略，實現企業整體營運策略及終極目標。

三、採購所需的表格

採購流程產生之相關文件，包含請購單、詢價單、採購單、定期採購單、採購貨物清單、到貨清單。

1.　**物料清單（Bill of materials）**：物料清單提供採購部門有關原物料的工程圖、物理特性以及其他相關的特性；有些公司甚至將特定供應商的名單、樣本形式等資料，亦記載於材料規格表。

2.　**請購單（Purchase requisition）**：採購需求單（或稱請購單）通常由物料的需求部門（如生產、品管等）所提出，這些部門要求採購部門為其購買所需物品。請購單包括的項目通常有：採購的項目、數量、預期交貨日、預期的價格、交貨地點以及是否有替代品等。

3.　**報價請求單（Request for quotation, RFQ）**：報價請求單通常由採購部門填妥相關資料後，寄給供應商，要求供應商針對所需採購品的項目與數量進行報價工作。包括的資料有材料規格表、購買的數量、預期的交貨日、交貨地點、供應商的決定期。報價請求單也要求可能的供應商提供相關資料，包括採購品的單價與總價、運費由誰負責、付款條件（例如現金折扣的提供等）、預期交貨日與其他特殊條件等。

4. **採購單（Purchase order, PO）**：採購單（或稱訂購單）是對供應商所作購買承諾的重要文件，它具有法律上的約束力，一經採購部門開出後即兌現。採購單上所包括的資料有採購單的號碼、採購品的數目、採購品的各項規格、交貨日與交貨地點、出貨說明、採購品的單價與總價、現金折扣或其他付款條件與其他特殊要求等。

四、不同類型的採購程序

採購程序會因物料需求的類型，而有不同類型的採購程序，說明如下：

1. **大量持續性的採購品**：對於一年內需持續使用的外購品，採購部門通常會開出數張報價請求單給不同的供應商；而當某一供應商被選上時，則採購部門會開出綜合訂單（Blanket order），這種訂單可指出整個年度所需購買的項目與數量，並且是在其採購預算內。

2. **大項獨特性的採購品（Large unique purchase）**：對於大項獨特性的採購品，例如購買大型電腦、特殊用機器、僱用外界的顧問服務等，採購部門的主要功能在於提供需求部門的技術人員（管理人員）與供應商之間互動的機會，因為這種採購需要較多的專業知識。而當需求單位滿意供應商所提出的各種技術上的功能與支援時，才由採購部門進行議價、交貨等行政事務。

3. **小額採購品**：大部分的採購部門都不太願意涉入如文具、紙張、手套等小額採購品，傾向於由各個部門用自己的零用金（Petty cash）來購買。當然也有企業採正式的採購程序來處理。

4. **一般的採購品**：對於一般的採購品，採購部門的採買（Buyer）通常是收到各單位送來的請購單，進行下列的採購程序：

   (1) 需求部門將請購單送至採購部門。

   (2) 採購部門開出報價請求單給可能的供應商。

   (3) 供應商提供報價單給採購部門，供其作最後篩選工作，以確定向那一或那幾個供應商購買。

   (4) 採購部門開出採購單給選定的供應商。

   (5) 供應商供貨給需求部門。

五、供應商管理

「中心－衛星工廠體系」（Centre-satellite factory system）是中心工廠與衛星供應商的合作管理性系統，除了中心工廠不會擔心斷料問題，供應商則有物料需求來源，能夠專心提升自身工廠的生產技術。其中主要的研究問題之一是如何評估與選擇適當的供應商；一般而言，企業可由以下幾個層面選擇供應商：

1. **價格（Price）**：最主要的考慮因素之一，需要有其他因素，如品質、交期等的配合。

2. **品質（Quality）**：供應商品質的要求不一定要最好的，卻必須是符合材料規格表上面的要求。

3. **交期與服務（Delivery & Service）**：供應商交貨的準時與否常會影響中心工廠的生產（特別是庫存品不多的情形下），供應商在交期方面的記錄需要仔細的予以評估。若是供應商能提供特殊服務，例如現場使用的指導、不良品退修的儘速處理等，亦應一併考慮。

4. **設備投資（Equipment）**：供應商的設備投資多寡，代表本身對於未來永續經營的長期承諾，若能不斷增添新的設備，自然對於交期、品質等提供較佳的保證，應多優先考慮。

5. **地點（Location）**：供應商若愈靠近中心工廠，則愈能達到如期交貨的要求，因此應予優先考慮。

6. **存貨政策（Inventory）**：供應商若採取高存貨政策，對於中心廠的緊急訂單或突發的事件會有幫助，大部分中心廠都傾向其供應商採取這種存貨政策。

7. **彈性（Flexible）**：供應商願意接受，有能力接受來自市場上或中心廠的改變，這些改變大都指產品設計上的改變，彈性愈大則愈能獲得中心廠的青睞。

8. **其他（Others）**：包括供應商的規模、管理型態、信用情況、高階主管的過去記錄等，有時亦會列入考慮。

11-4　物料搬運的基本要素與分析模式

進行物料搬運決策時首先要了解的是構成物料搬運的要素有哪些，經由這些要素的分析才能設計出有效率的物料搬運系統。

一、搬運的基本要素

1. **移動（Motion）**：對標的物產生位置移動的作用，物料搬運系統規劃希望運用最低成本及最有效的方法來移動標的物。

2. **數量（Quantity）**：指被搬運標的物數量，物料搬運要確保各需要物料地點均能收到正確數量的物料。

3. **時間（Time）**：物料搬運支援生產活動在其需要的時間能夠適時的送到。

4. **地方（Place）**：生產活動中，物料的傳送要在適當的「地點」及時供應所需的材料，如果送至不正確的地方將會降低生產效率並使搬運失去意義。

5. **空間（Space）**：各種物料均有其需要空間，因此要有足夠的空間來容納物料及使其能夠搬運；但空間時常受限制，物料搬運效率會影響所需空間之大小，為對空間做有效的利用就需要對物料搬運做一良好的規劃。

二、物料搬運的基本原則

在設計及選擇物料搬運系統時所遵循的基本原則，共有下列二十點：

1. **規劃原則（Planning principle）**：對所有物料搬運與儲存的活動加以規劃，以獲得整體營運的最大效率。

2. **系統原則（Systems principle）**：要整合所有物料搬運的活動，包括從供應商、收料、儲存、生產、檢驗、包裝、倉儲、出貨、運送給顧客的整個過程。

3. **物料流程原則（Material-principle）**：提供一個作業性的順序與工廠佈置，使物料流程達到最佳。

4. **簡單化原則（Simplification principle）**：應用減少、消除、合併等動作經濟原則來簡化搬運的工作。

5. **重力原則（Gravity principle）**：在任何地方盡量利用重力來移動物料。

6. **空間利用原則（Space-utilization principle）**：將空間作最佳的利用。

7. **單位大小原則（Unit-size principle）**：增加每次搬運的數量、尺寸及重量，或

是增加流動率。例如運用一個棧板（Pallet）可以一次搬運多量的物料。

8.　**機械化原則（Mechanization principle）**：盡量利用機械來搬運以節省人力。

9.　**自動化原則（Automation principle）**：對生產、搬運與儲存提供自動化的功能。

10.　**設備選擇原則（Equipment-selection principle）**：在選擇搬運設備時，要考慮物料、移動及方法等各層面的要素。

11.　**標準化原則（Standardization principle）**：搬運的方法、搬運的設備、搬運的容器均使其標準化以提高效率。

12.　**適應性原則（Adaptability principle）**：所使用的搬運方法與設備能夠適合各種不同的工作，特殊用途的設備應盡量避免。

13.　**死重原則（Dead-weight principle）**：減少搬運設備所佔物品重量的比率，例如使容器或棧板之重量減輕。

14.　**利用原則（Utilization principle）**：對搬運設備與人力做最佳的安排與運用。

15.　**維護原則（Maintenance Principle）**：對所有的物料搬運設備均做預防保養的工作及有計畫的修理作業。

16.　**陳舊原則（Obsolescence principle）**：更換過時陳舊的搬運設備與方法，尤其是新的、更有效的設備與方法被發展出來時隨時要做評估。

17.　**控制原則（Control principle）**：運用搬運設備來幫助各種控制活動。例如生產控制可以利用輸送帶來控制生產的速度，利用自動倉儲做存貨控制等。

18.　**產能原則（Capacity principle）**：運用搬運設備來幫助達成所需要的生產產能。

19.　**績效原則（Performance principle）**：每單位的搬運成本支出，衡量搬運績效。

20.　**安全原則（Safety principle）**：提供適當的設備與方法使搬運安全。

11-5　物料管理作業績效評估

　　物料管理績效評估在於顯示組織運作的整體績效、物料管理是否偏離預期目標，以便提供管理決策者再規劃的資訊，進行資源、預算分配的依據，導引組織未來的行動方向，創造競爭性行為。

一、採購作業

1. **採購價格效率**：衡量實際採購成本與預計採購成本。

$$\text{採購價格效率比率} = \frac{Q_1 \times P_1 + Q_2 \times P_2 + \cdots\cdots}{Q_1 \times A_1 + Q_2 \times A_2 + \cdots\cdots} \times 100\% \qquad （式 11\text{-}1）$$

$$P_i：預計採購成本，A_i：實際採購成本$$

2. **直接物料採購成本率**：物料採購成本佔整體銷售金額比率。

3. **物料採購及管理總費用**：採購策略與庫存管制政策是否合理。

$$\text{物料採購及管理總費用} = \text{採購作業費用} + \text{庫存管理費用} \qquad （式 11\text{-}2）$$

4. **供應商交貨品質**：掌握供應商交貨狀況，了解交貨時間、數量及品質之差異。

$$\text{進貨數量誤差率} = \frac{\text{進貨總誤差量}}{\text{進貨總數量}} \qquad （式 11\text{-}3）$$

$$\text{進貨不良品率} = \frac{\text{進貨不合格數量}}{\text{進貨總數量}} \qquad （式 11\text{-}4）$$

$$\text{進貨延遲率} = \frac{\text{進貨延遲批數}}{\text{進貨總批量}} \qquad （式 11\text{-}5）$$

二、揀貨作業

1. **揀貨時間率**：揀貨作業所耗費的時間比率是否合理。

$$\text{揀貨時間率} = \frac{\text{平均每日揀貨時數}}{\text{每日工作天數}} \qquad （式 11\text{-}6）$$

2.　**揀貨能量利用率**：固定期間中實際揀貨量與標準揀貨量的比率。

$$工作平均揀取材積數 = \frac{實際訂單揀貨材積數}{人員數 \times 每日揀貨時數 \times 工作天數} \qquad （式 11-7）$$

3.　**作業人員平均揀取能力**：分析作業人員之揀貨作業效率。

$$工作平均揀取品項數 = \frac{實際訂單揀貨品項數}{人員數 \times 每日揀貨時數 \times 工作天數} \qquad （式 11-8）$$

$$揀取能量利用率 = \frac{實際訂單揀貨數}{目標揀取訂單數} \qquad （式 11-9）$$

三、進出貨作業

1.　**單位時間人員進出貨處理量**：評估進出貨作業人員的作業效率。

$$人時進貨處理量 = \frac{進貨量}{進貨人員數 \times 每日進貨時數 \times 工作天數} \qquad （式 11-10）$$

$$人時出貨處理量 = \frac{進貨量}{出貨人員數 \times 每日出貨時數 \times 工作天數} \qquad （式 11-11）$$

2.　**單位時間設備進出貨處理量**：分析設備之嫁動率及作業處理效率。

$$設備每天的裝卸貨量 = \frac{進貨量 + 出貨量}{裝卸設備數 \times 工作天數} \qquad （式 11-12）$$

四、倉儲作業：

1. **儲位使用率**：倉儲空間的有效利用情況。

$$整體儲位使用率 = \frac{已使用儲位數}{可利用儲位總數} \quad 或 \quad \frac{存貨總容積}{儲位總容積} \qquad （式 11\text{-}13）$$

$$個別儲位使用率 = \frac{該儲位存貨容積}{該儲位最大容積} \qquad （式 11\text{-}14）$$

2. **庫存週轉率**：檢討營運績效，衡量現有庫存量是否適當。

$$庫存週轉率 = \frac{年銷售金額}{平均庫存金額} \quad 或 \quad \frac{年銷貨之物料成本}{平均庫存金額} \qquad （式 11\text{-}15）$$

3. **庫存計畫績效**：實際庫存與標準庫存的差異。

$$庫存計畫績效 = (1 - \frac{實際庫存金額}{標準庫存金額}) \times 100\% \qquad （式 11\text{-}16）$$

4. **呆廢料率**：呆廢料佔庫存成本之比率，測定庫存積壓之程度。

$$呆廢料率 = \frac{呆廢料金額}{平均庫存金額} \qquad （式 11\text{-}17）$$

11-6　盤點

　　盤點就是稽核庫存物料的數量是否與管理單位數量資訊所記載的數量相符，確定物料現存數量，並調整料帳不一的部分。企業對於物料驗收、儲存、撥發等業務，雖每天連續記錄，但物料進出甚爲頻繁，加之各種原因及人爲疏忽，錯誤在所難免，因此，每屆營業期終了，檢討物料管理績效，以便改進物料管理制度或政策。

一、盤點的目的

　　盤點作業可以具體的提供量化的資料，作爲倉儲管理績效評估與確認損益的客觀基準，物料盤點是達成「降低成本與保持存量記錄的正確性」及「料帳的一致性」兩大目標的重要方法，盤點的目的如下：

1. **檢查物料與帳卡的準備程度**：物料管理單位必須常設一人或臨時編組盤點小組辦理盤點工作，藉以隨時發現錯誤，查明研究錯誤原因，避免再發生錯誤。

2. **查核物料的堪用程度**：物料盤點時，同時查考放置的物料，是否已得適當保管。如發現有疏漏之處，須力謀改進，並即刻予以保養，使其恢復原有狀態與性能。

3. **核對物料儲存情形**：物料因撥發接收搬運，儲存位置是否與現在所登記的位置完全相同，可以利用盤點的機會明瞭其情形。

4. **預防防呆廢料的發生**：檢查物料有無長期不用者，若在某一特定時期內，該物料沒有任何撥發異動記錄即可視爲呆料，藉由盤點可防止物料過期，另外對廢料須做適當處置。

5. **物料有無短缺現象**：物料短缺是影響生產的一大障礙，實施盤點可提前發現已謀補救。

二、盤點的方式

　　盤點的方式分定期性、週期性與臨時性三種，茲分別說明於後：

1. **定期性盤點**：以固定間隔期間（每週、每月）實體盤點存貨品項，每年至少盤點一至二次爲原則，通常選定會計年度終了結帳前實施年終定期盤點。盤點時常組成盤點小組，並利用停工時間徹底盤點。

2. **週期性盤點**：在不妨礙生產工作進行情況下，持續不斷地追蹤存貨的變動。

3. **臨時性盤點**：當某一項目的庫存量到達最低或發現短少時，應立即實施臨時性盤點或抽點。

三、盤點作業的步驟

盤點作業可以具體的提供量化資料，作為倉儲管理績效評估與損益的客觀基準，盤點作業的步驟如下：

1. 事先充分準備：準備盤點所需的盤點單，並由資訊系統中查詢各項物料於料帳中目前應有的存量。

2. 人員組訓：相關人員在盤點前的作業訓練。

3. 退料之實施：確認盤點基準日與收集各物料基準日前料帳異動項目之報表。

4. 依據實際的存貨數量記錄盤點單。

5. 盤點工作之進行，依實際存貨數量與料帳中的應有數量算出盤盈及盤虧，再進行差異分析。

6. 依據盤盈及盤虧的差異分析，決定處理對策。

7. 製作盤點結果報表與分析報告。

四、盤點後之處理措施

物料盤點後編表分析並檢討工作得失，為盤點過程中最後階段，也是今後物料管理興革之重要根據來源。而對下列物料管理措施之失誤提出檢討改進：

1. 呆料率太高。

2. 存貨週轉率太低。

3. 物料供應不繼率太高。

4. 料架倉儲、物料存放地點不適當。

5. 成品成本中物料成本比率過高。

6. 呆料、舊料、廢料、殘料過多。

工管小常識

倉庫 5S 管理及其價值體現

圖 11-5　揀選式重型貨架是使用最廣泛的貨物儲存系統

一、5S 的步驟

1. **整理（Seiri）**：涉及倉庫管理，整理指將庫內貨物進行科學的分類，根據貨物品類、用途、歸屬進行庫區庫位的劃分，並將常出貨物放置於最靠近出庫位置，提高出庫效率。為避免亂丟亂放的情況發生，將同類貨品放置在同一處，避免空間的浪費。

2. **整頓（Seiton）**：劃分出整潔清晰的通道，從整體倉庫平面圖可以輕鬆找到相應的位置，貨物碼放較為整齊。

3. **清掃（Seiso）**：將工作場所內所有的地方及工作時使用的儀器、設備、工量夾具、貨架、材料等打掃乾淨，使工作場所保持乾淨、寬敞、明亮。

4. **清潔（Seikeisu）**：清潔是對前三項活動的堅持與深入，是對於環境的保護和對員工良好工作心情的保障。工人不僅要做到形體上的清潔，而且要做到精神上的「清潔」，即待人要有禮、要尊重別人。

5. **素養（Shitsuke）**：素養是指讓每個員工都養成良好的習慣，遵守規章制度，積極主動。

二、5S 的貫徹與保持

提供專人負責全面的檢查並且對其評分，每週末將檢查記錄以表格的形式呈現，並召集所有員工，開會分析對一週內出現的問題、總結改善，並設定相應的評判標準分數，以績效考核結合獎懲制度進行管理。

另外，還要定期為員工進行組織培訓工作，一一列舉日常工作中發現的問題，提供標準化正確操作方式，供員工指揮操作。

三、5S 的價值體現

5S 能夠降低不必要的材料、工具的浪費；減少尋找工具、材料等的時間，提高工作效率。同時良好的工作環境能夠提升企業在客戶心目中的形象。

5S 還能讓庫內的走道保持暢通，不會因雜亂而影響工作的順暢。明亮、清潔的工作場所，使員工有成就感，能營造現場全體人員改善的氣氛，產生積極的正能量功效。

5S 應當是每位有志於管理好倉庫人員的首選工作重點，通過 5S 理清庫內的相關問題與矛盾，提高倉庫的運營效益，為未來承接更多更重要的挑戰項目打下良好的基礎。

資料來源：神助物流設備官網

一、 選擇題

( ) 1. 物料的範圍可以包括直接原料、間接物料、半成品、組件、完成品、呆廢料,下列何者屬於間接材料或供應品? (A) 未經過處理的物料鐵棒 (B) 向外採購用於生產的零件材料螺絲 (C) 消耗性物質,如車刀、鑽頭 (D) 消耗性物質,如鑽頭

( ) 2. 「適時地從最恰當的供應商中提供正確數量且符合要求的產品運送到正確的地點給組織內的顧客。」這段敘述是在說明採購的: (A) 短期目標 (B) 中期目標 (C) 長期目標 (D) 願景

( ) 3. 公司採用 ABC 存貨分析方法。下列行動中何者較適合於 C 類存貨所採取的行動? (A) 較高的安全存量 (B) 時常盤點 (C) 嚴密控制 (D) 需求預測盡可能正確

( ) 4. 「整合所有物料搬運的活動,包括供應商、收料、儲存、生產、檢驗、包裝、倉儲、出貨、運送給顧客的整個過程。」請問這段敘述是物料搬運的基本原則中的哪項? (A) 規劃原則 (B) 重力原則 (C) 系統原則 (D) 物料流程原則

( ) 5. 下列何者非為物料編號的原則? (A) 簡單明瞭 (B) 一料一號 (C) 專人負責 (D) 定期登錄

( ) 6. 「所使用的搬運方法與設備能夠適合各種不同的工作,特殊用途的設備應盡量避免。」請問這段敘述是物料搬運的基本原則中的哪項? (A) 利用原則 (B) 重力原則 (C) 適應性原則 (D) 物料流程原則

二、 證照題

( ) 1. 物料編碼中必須注意一些編碼的原則,在編碼中常在最後一碼使用檢查碼,其主要可以滿足那一個編碼的原則? (A) 分類展開性 (B) 周延性 (C) 充足性 (D) 互斥性 (109 鐵路管理局營運人員甄試—材料管理)

( ) 2. 下列是完整的採購作業流程,依據採購作業流程的先後順序,正確排列為何? ①採購單②進貨單③應付憑單④請購單⑤付款單 (A) ④①③②⑤ (B) ①④②⑤③ (C) ④①②③⑤ (D) ④①②⑤③ (109 鐵路管理局營運人員甄試—材料管理)

( ) 3. 下列對於 ABC 分析的敘述何者錯誤？ (A) A 類商品常會設置較多的存貨 (B) C 類商品多採定量訂購方式，A 類與 B 類商品採用定期訂購方式 (C) A 類商品常被列為快速流通（Fast moving）的商品 (D) C 類商品以最簡單的方式管理 （109 鐵路管理局營運人員甄試—材料管理）

( ) 4. 物料分類原則必須配合企業發展，建立一套可長久使用的分類系統，更需要考慮後續變更所造成的影響及成本支出，在許多項物料編碼的基本原則當中，有一項原則是為了使物料系統層次分明，由大分類、中分類，逐次到小分類，各分類必須由上而下條理分明，此原則稱為： (A) 完整性原則 (B) 一致性原則 (C) 實用性原則 (D) 層次性原則 （109 鐵路管理局營運人員甄試—材料管理）

( ) 5. 物料管理之 ABC 分類分析，其隱涵之最主要的管理意義是？ (A) 重點管理 (B) 目標管理 (C) 事前管理 (D) 例外管理 （107 鐵路管理局營運人員甄試—材料管理）

( ) 6. 計算「物料庫存週轉率」的公式為 (A) 庫存量／平均進貨量 (B) 總出貨量／平均庫存量 (C) 總進貨量／平均出貨量 (D) 訂單達成數／總出貨量 （107 鐵路管理局營運人員甄試—材料管理）

( ) 7. 選定一個特定時間，關閉工廠倉庫，停止進料及發料，動員相關人力清點現存之所有物料，此種盤點制度稱為 (A) 隨機盤點制 (B) 聯合盤點制 (C) 連續盤點制 (D) 定期盤點制 （107 鐵路管理局營運人員甄試—材料管理）

( ) 8. 進行物料盤點時，對於儲存超過時間而未曾異動的物料項目，須確認發生的原因並呈現在報表上，這種報表稱為 (A) 損益表 (B) 廢料報告表 (C) 資產負債表 (D) 呆料報告表 （107 鐵路管理局營運人員甄試—材料管理）

( ) 9. 在實務上最常被採用的物料編號方法是 (A) 數字編號法 (B) 隱喻法 (C) 混合編號法 (D) 英文字母編碼法 （107 鐵路管理局營運人員甄試—材料管理）

( ) 10. 製造過程中不改變形狀或性質，僅用於裝配成品者，謂之： (A) 半成品 (B) 配件 (C) 雜項用料 (D) 原料 （107 鐵路管理局營運人員甄試—材料管理）

三、 填充題

1. 物料管理（Material management）運用現代科學管理的方法，確保營運所需的各種物料，透過規劃、執行、考核的管理循環，將物料的 5R 架構：適時（Right time）、適量（Right quantity）、適質（Right quality）、適價（Right price）、_____（Right place），提供給企業相關部門，並使總成本最低。物料管理是降低成本、創造利潤最直接有效的方法，也是達成物料管理目標的完整制度。

2. 物料管理應包括以下三個主要部份：(1) 原料採購件的管理、(2) 生產過程中的_____管理、_____的管理。

3. 物料的範圍主要可分為五大項目，包括直接原料、_____、半成品、組件、完成品、_____。

4. _____：同一種規格的物料不可以編列二個以上的號碼，以免造成混亂。

5. _____：盡量符合簡明易懂的原則，容易記憶，減少錯誤的發生。

6. _____（Purchase management）乃以規劃、組織、領導及控制等管理功能，來推動及整合企業各項物料採購作業活動，期能以經濟有效的方式取得物料，促使企業產銷活動能夠順利地進行，並創造物料資源最大的經濟效益。

7. 「_____」（Centre-satellite factory system）是中心工廠與衛星供應商的合作管理性系統，除了中心工廠不會擔心斷料問題，供應商則有物料需求來源，能夠專心提升自身工廠的生產技術。

8. _____就是稽核庫存物料的數量是否與管理單位數量資訊所記載的數量相符，確定物料現存數量，並調整料帳不一的部分。

9. 盤點的方式分定期性、_____與臨時性三種。

10. 採購程序會根據物料需求的類型而不同。_____係指對於一年內需持續使用的外購品，採購部門通常會開出數張報價請求單給不同的供應商；而當某一供應商被選上時，則採購部門會開出綜合訂單（Blanket order），這種訂單可指出整個年度所需購買的項目與數量，並且在其採購預算內。

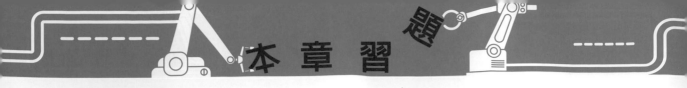

四、 簡答題

1. 簡述盤點的步驟。

2. 簡述盤點後之處理措施。

3. 列出採購管理的作為,可為提供企業獲得的好處。

4. 列出物料管理有的目標。

5. 簡述物料管理之主要工作項目。

關鍵字彙

1. 物料管理(Material management)
2. 在製品(Work in process, WIP)
3. 原料(Raw material)
4. 組合零件(Components)
5. 半製品(Semi-finished)
6. 製成品(Finished goods)
7. 採購管理(Purchase management)
8. 請購單(Purchase requisition)
9. 採購單(Purchase order)
10. 中心 – 衛星工廠體系(Centre-satellite factory system)

12

存貨管理

學習目標

1. 解釋「存貨」的意義,並說明存貨產生的原因
2. 說明存貨成本的項目與數量之間的關係
3. 描述ABC分析之特性與重點管理原則
4. 比較永續盤存制與定期盤存制之差異
5. 分析經濟訂購量EOQ之技術與其假設
6. 說明經濟生產批量(EOQ)與求解典型問題
7. 說明數量折扣模式與求解典型問題

管理個案新知

透過存貨管理技術進行效益改善

月初材料購買部門會彙總一份存貨資產資料，報告公司目前存貨的狀況，結果都會發現存貨天數和庫存天數（Days of store, DOS）目標未達成，因為近來公司存貨過高（4-6月DOS平均：車載約37日、大型約83日、直販約64日，金額約10億元），造成資金及保管空間的壓力。

DOS（材料＋WIP）目標設定（車載：12日、大型：35日、直販：27日），（車載：材料5日、WIP 7日）、（大型：材料23日、WIP 12日）、（直販：材料18日、WIP 9日），如表12-1左邊目標欄位所示，

依照表12-1 DOS目標及（2017/10～2018/2）實績來看，車載DOS目標設定為12日，實績平均為17.3日；大型DOS目標設定為35日，實績平均為42.5日；直販DOS，目標設定為27日，實績平均為27.2日。只有直販達成目標，車載、大型離目標還有一段差距，但每個月持續縮短中。

表 12-1　DOS 目標及 2017/10 ～ 2018/2 實績

類別		目標	10月（實）		11月（實）		12月（實）		1月（實）		2月（實）	
車載	材料	(5.0日)	247.3	(9.5日)	252.8	(10.0日)	341.1	(8.3日)	321.6	(7.4日)	343.7	(10.3日)
	WIP	(7.0日)	161.4	(8.1日)	166.9	(8.7日)	190.1	(7.4日)	262.6	(8.0日)	234.6	(9.0日)
	小計	(12.0日)	408.7	(17.6日)	419.7	(18.7日)	531.2	(15.7日)	584.2	(15.4日)	578.3	(19.3日)
	製品	(9.0日)	128.3	(6.5日)	97.6	(5.6日)	140.0	(6.5日)	99.1	(4.9日)	58.3	(2.5日)
	合計	(21.0日)	537.0	(24.1日)	517.3	(24.3日)	671.2	(22.2日)	683.3	(20.3日)	636.6	(21.8日)
大型	材料	(23.0日)	67.8	(28.2日)	64.0	(24.3日)	67.2	(29.3日)	66.7	(20.5日)	64.9	(20.3日)
	WIP	(12.0日)	45.4	(19.6日)	43.1	(18.9日)	31.0	(15.7日)	42.9	(21.5日)	25.0	(14.0日)
	小計	(35.0日)	113.2	(47.8日)	107.1	(43.2日)	98.2	(45.0日)	109.6	(42.0日)	89.9	(34.3日)
	製品	(30.0日)	63.5	(25.7日)	53.9	(22.0日)	50.2	(23.6日)	54.2	(23.6日)	63.0	(29.0日)
	合計	(65.0日)	176.7	(73.5日)	161.0	(65.2日)	148.4	(68.6日)	163.8	(65.6日)	152.9	(63.3日)

表 12-1　DOS 目標及 2017/10 ～ 2018/2 實績（續）

類別		目標	10 月（實）		11 月（實）		12 月（實）		1 月（實）		2 月（實）	
直販	材料	(18.0 日)	124.5	(23.6 日)	120.6	(17.3 日)	117.4	(14.3 日)	96.0	(14.0 日)	96.2	(14.9 日)
	WIP	(9.0 日)	73.8	(13.5 日)	61	(8.8 日)	63.3	(9.2 日)	53.8	(9.2 日)	63.0	(11.1 日)
	小計	(27.0 日)	198.3	(37.1 日)	181.6	(26.1 日)	180.7	(23.5 日)	149.8	(23.2 日)	159.2	(26.0 日)
	製品	(20.0 日)	76.4	(16.9 日)	71.2	(13.1 日)	79.6	(14.7 日)	102.8	(20.4 日)	87.2	(17.6 日)
	合計	(47.0 日)	274.7	(54.0 日)	252.8	(39.2 日)	260.3	(38.2 日)	252.6	(43.6 日)	246.4	(43.6 日)
總計		(31.4 日)	988.4	(33.6 日)	931.1	(31.5 日)	1,079.9	(28.5 日)	1,099.7	(27.9 日)	1,035.9	(28.2 日)

1. 要因分析

在要因分析開始前個案公司先組成一個跨單位的改善小組，其成員包含製造、技術、營推、設計、採購、材料管理及生產管理各組，小組成員運用腦力激盪記錄並寫下自己的經驗和現場實際狀況，逐步討論存貨無法降低的因素，會議主持人再依照討論方式歸類並記錄主要因素，於一個半月內共召開六次會議時間，歸納各組成員所提出的各項因素製作出魚骨圖，應用 5M1E，即人、機、料、法、環、測六方面因素的影響，進行品質及管理改進。

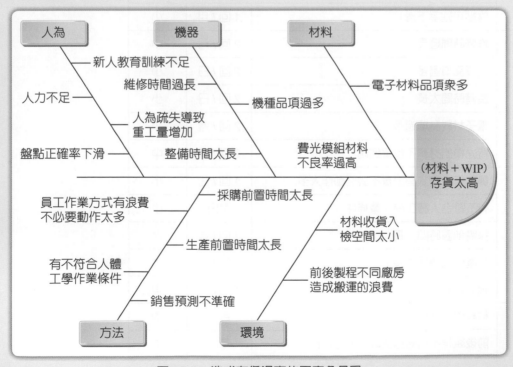

圖 12-1　造成存貨過高的因素魚骨圖

2. 改善對策分析

經分析個案公司依營業額來看整體分類為二大類，分別為材料 +WIP 的部分佔 76%、製品部分佔 24%，其中材料 +WIP 比重最高佔 76%，所以材料 +WIP 佔個案公司存貨金額為最大宗，若依產品別來分可分成三大類，分別為車載佔 59%、大型佔 16%、直販佔 25%，其中車載比重最高，所以車載佔個案公司存貨金額為最大宗。所以針對降低存貨來看先從車載方面著手可大幅度低減個案公司的存貨，同時也能提高資金的運轉，此為目前改善存貨的最佳策略之一。經由魚骨圖分析法，分析造成存貨過高的因素如表 12-2：

表 12-2　魚骨圖分析結果

主要原因	次要原因	發生頻率	影響度
人為	新人教育訓練不足	1 回 / 月	小
	人力不足	每 2 週	中
	人為疏失導致重工量增加	每日	小
	盤點正確率下滑	1 回 / 月	小
機器	維修時間過長	2 回 / 月	小
	機種品項過多	2 回 / 日	小
	整備時間太長	2 回 / 日	小
材料	電子材料品項過多	2 回 / 週	小
	背光模組材料不良率過高	2 回 / 週	中
方法	員工作業方式有浪費不必要動作太多	1 回 / 日	小
	有不符合人體工學作業條件	每日	小
	採購前置時間太長	1 回 / 週	大
	生產前置時間太長	1 回 / 週	大
	銷售預測不準確	1 回 / 週	中
環境	材料收貨入檢空間太小	每日	中
	前後製程不同廠房造成搬運的浪費	每日	中

3. 改善方案

生產及採購前置時間太長，因目前面板製程產能接近滿載，為了產線切替次數減少及產能最佳化以達到最有效率之生產，購買材料會以製造不斷線為考量，多備材料，造成在庫金額無法有效降低。因公司能自行決定採購時機及存貨量，應盡量縮短貨品的在庫期間，也就是設法增加低量採購的次數，減少在庫品數量及金額，避免積壓過多資金，目前最有效的方法是在 ERP 系統上依縮短前置時間（LT）。

人力不足，主要部分為作業員，因產量持續穩定成長，擴大招募，也透過公司內部員工介紹親朋好友，待滿三個月還提供介紹人一筆獎金；另一方面分析離職率的狀況，探討主要原因，再分類及改善。

背光模組材料不良率過高，品保部門收集半年內不良趨勢圖的數據，與設計部門及背光模組廠商針對產品規格、仕樣書、入檢規格及項目、檢測機台校正，再次檢證及分析改善。

銷售預測不準確，營業部門可以根據每個月銷售目標的制定，看前一到兩年的歷史情況，分析趨勢和變化原因，結合宏觀經濟情況、季節變化、新品上市及推廣活動、促銷活動、區域市場行業的競爭情況及廣告的投入等綜合判斷。

材料收貨入檢空間太小、前後製程不同廠房造成搬運的浪費，因公司成立至今長達 51 年之久，廠房老舊及前後製程生產線廠房分散問題一直存在，這些有關公司資金及經營成面問題，因成本太高暫不考慮。

4. 改善效益分析

依據以上的有效分析及改善，在管理面上把 ERP 系統內的計劃生產訂單、計畫採購訂單相關計算邏輯數修正後，DOS 共減少 8.9 日，改善了 28%，在個案公司其成效實績如表 12-3：

表 12-3　前置時間改善後 DOS 成效實績表

類別	目標	A 10月(實)	B 11月(實)	12月(實)	1月(實)	2月(實)	C 3月(實)	D=(A+B)÷2 10月+11月 平均	E=(D-C) 改善日數	(E÷D)×100 共改善 %
車載	材料	(9.5日)	(10.0日)	(8.3日)	(7.4日)	(10.3日)	(6.3日)	(9.8日)	(3.5日)	35%
	WIP	(8.1日)	(8.7日)	(7.4日)	(8.0日)	(9.0日)	(5.4日)	(8.4日)	(3.0日)	36%
	小計	(17.6日)	(18.7日)	(15.7日)	(15.4日)	(19.3日)	(11.7日)	(18.2日)	(6.5日)	36%
大型	材料	(28.2日)	(24.3日)	(29.3日)	(20.5日)	(20.3日)	(20.7日)	(26.3日)	(5.6日)	21%
	WIP	(19.6日)	(18.9日)	(15.7日)	(21.5日)	(14.0日)	(13.7日)	(19.3日)	(5.6日)	29%
	小計	(47.8日)	(43.2日)	(45.0日)	(42.0日)	(34.3日)	(34.4日)	(45.5日)	(11.1日)	24%
直販	材料	(23.6日)	(17.3日)	(14.3日)	(14.0日)	(14.9日)	(14.0日)	(20.5日)	(6.5日)	32%
	WIP	(13.5日)	(8.8日)	(9.2日)	(9.2日)	(11.1日)	(8.6日)	(11.2日)	(2.6日)	23%
	小計	(37.1日)	(26.1日)	(23.5日)	(23.2日)	(26.0日)	(22.6日)	(31.6日)	(9.0日)	28%
平均		(34.2日)	(29.3日)	(28.1日)	(26.9日)	(26.5日)	(22.9日)	(31.8日)	(8.9日)	28%

圖 12-2 透過存貨管理維持適量的存貨，使成本達到最低

資料來源：林文明〈存貨改善之個案研究〉

　　存貨管理（Inventory management）涉及的實體包括原料（Raw material）、在製品（Work in process）、成品（Finished products）、組合件（Component parts）與消耗品（Supplies）。存貨管理的主要問題有三：

1. 何時需要補貨（何時訂購？）。
2. 每次需要補多少貨（訂購多少？）。
3. 決定存貨水準。

　　何時需要補貨，即所謂的再訂購點（Reorder point），每次需要補多少貨為訂購量，決定存貨水準表示安全庫存掌握。不當的存貨管制將導致產品存貨不足或存貨過多，如果補貨的時間太早或數量太多，則容易積壓資金；反之，若補貨太慢或數量太少，可能失去客戶或停工待料。存貨管理的目的是「決定適當的訂購時機、訂購數量與安全庫存，使其所發生的總成本最小」。

12-1　存貨的性質與功能及重要性

一、存貨的性質

　　存貨（Inventory）指的是貨品的庫存或儲存，維持業務之進行而應儲存之物品，可定義為：「為準備未來之用所存放的各種閒置原料、在製品、成品、組件、消耗品等」。存貨管理的主要目的就是要維持適量的存貨以因應需求的波動，包括生產及需求的變動，因此庫存量應該加以控制，滿足某特定服務水準的要求下，整體存貨成本達到最低。

圖 12-3　存貨的平衡

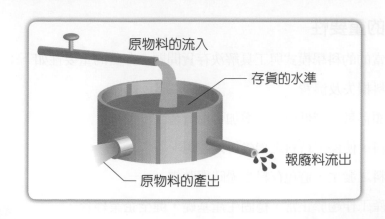

存貨管理在企業所有的活動中，扮演協調緩衝的角色，企業的許多活動，都是依據所持有的存貨水準而定。存貨產生的主要原因有以下四種：

1. **安全存貨**（**Safety stock**）：公司不能很精準的預知銷售量或所需之生產時間，使得其必須保有存貨，應付市場需求與廠商交期變動。

2. **預期存貨**（**Anticipation inventory**）：季節性的需求變化，使得廠商在產能有限的情況下無法應付旺季尖峰的需求，廠商會在淡季時生產一些存貨以應付旺季需求。

3. **批量存貨**（**Lot-size inventory**）：生產或是採購的經濟規模（Economies of scale）之考慮，使得廠商一次生產或採購物料的數量超出當時所需用量。

4. **在途存貨**（**Pipeline inventory**）：存貨來源是因為企業在其後勤系統之各個階段的轉運而產生的。

二、存貨的功能

存貨功能在於了解存貨特性，予以適當分類，存貨的功能有如下幾點：

1. 符合或滿足預期的需要。

2. 為了使生產的要求順暢與平穩，克服淡旺季的需求波動。

3. 將生產配銷系統分開，使生產不易受需求波動影響，而有一個緩衝作用。

4. 預防缺貨，避免延遲交貨。

5. 取得採購折扣或其他利益（如經濟規模等）。

6. 事先買進以預防物料價格上漲。

7. 使生產能夠順利進行。

三、存貨的重要性

使用適當的的科學模式與工具解決存貨問題，存貨的重要性如下：

1. 防止材料損失及浪費。

2. 降低超額存量，減低成本，增加可用資金。

3. 迅速發料，使停工待料之損失得以避免。

4. 減少呆料之發生，避免存料之過時與跌價。

5. 一切生產工作趨於正常，穩固生產基礎，健全企業經營。

12-2　存貨成本分析

一、預備成本（Preparing cost）

　　或稱訂購成本（Ordering cost）乃由於發出一訂購單（指外購品）或工作單（指自製品），所需的各種活動而產生的成本。在外購品方面，這些活動包括訂單的填寫、準備物品的規格、訂單的記錄與追蹤、發票或工廠報告的處理、貨款的支付、夾具（Fixture）或治具（Jig）的準備工作、機器的調整，首件產品品質的檢驗、工作完成後的清理等，此項成本會隨著每次準備數量的增加而減少。圖 12-4 說明預備成本與數量成反向關係，數量愈高，預備成本愈低。

圖 12-4　預備成本與數量之關係

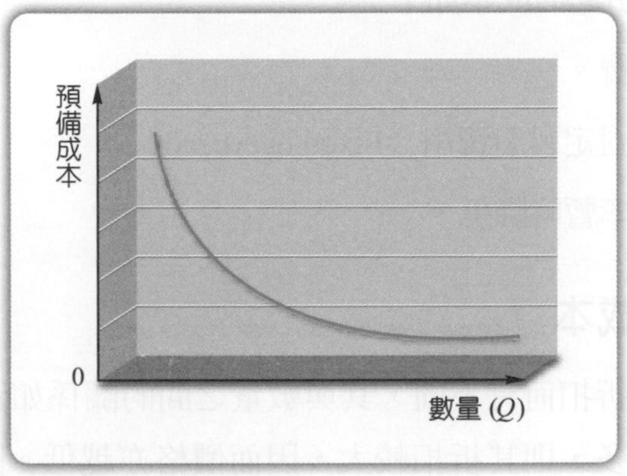

二、持有成本（Carrying cost）

　　持有成本顧名思義，物品的儲存會產生持有成本；包括存貨的資金積壓、存貨損壞、存貨遭竊、保險、稅金等；此外，存貨的搬運、安全、記錄等所產生的成本亦應包括在內。

三、缺貨成本（Stock-out cost）

　　一旦發生缺貨，則可能發生兩種情形：

1. 顧客願意等待下批的補單（Back order）：處理補單會產生一些費用，也會使顧客不悅，可能損失未來的訂單。
2. 顧客不願意等待，因而損失原有訂單：影響公司的商譽。

四、產能相關的成本

在某些情形下，產能增減以應付市場的變動是常有的現象，產能調整措施會產生一些額外的成本，產能的變動亦會影響存貨的水準與生產批量的決策，有時這種成本可以將其歸入整備成本中。

1. 增加產能時，可能產生的成本如下：
   (1) 增聘及訓練直接員工。
   (2) 增聘及訓練領班。
   (3) 增聘收發貨品人員。
   (4) 學習曲線（Learning curve）經驗。
   (5) 購買新設備。

2. 減少產能時，所引起的成本如下：
   (1) 員工的遣散費。
   (2) 分攤較高的固定製造費用（Fixed overhead）。
   (3) 產能使用效率暫時降低。

五、貨品本身的成本

因貨品單價有無折扣而有不同，其與數量之間的關係如圖 12-5 所示，一般而言，一次購買數量越多，則其折扣較大，因而價格亦越低。圖 12-5 清楚指出，P_2 的斜率較 P_1 為緩，P_3 的斜率更緩。當採購為 Q 小於 Q_1 數量時，單價為 P_1，Q 界於 Q_1 與 Q_2 之間，單價為 P_2，當 Q 大於 Q_2，單價則為 P_2。。

圖 12-5　貨品成本與數量間之關係

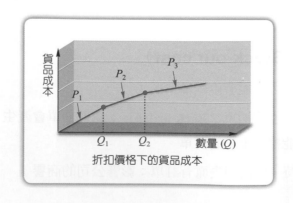

折扣價格下的貨品成本

12-3　存貨管理系統

存貨管理系統，包括：

1. ABC 分類。

2. 永續盤存控制系統（定量訂購模式系統）：發出固定數量的訂貨，訂購時間是不定的。

3. 定期盤存控制系統（定期訂購模式系統）：以固定的期間發出訂單，數量是不定的。

一、ABC 存貨分析

ABC 存貨分析的方式是一種非常有價值的管理工具，用來確認及管制重要的存貨項目，ABC 存貨分析基本理念認為大部份庫存的金額是由一小部份的物料所組成的，因而針對這些物料採取重點管理。

ABC 分類方式是按存貨的價值與使用數量的年度資料來對存貨項目加以分類，一般而言，如果以所占金額及存貨項目為座標，可繪製成 ABC 曲線或稱為柏拉圖曲線（Pareto curve），如圖 12-6。

圖 12-6　ABC 曲線

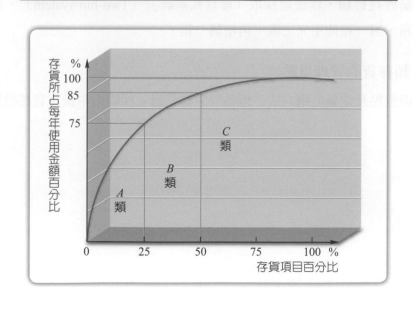

1. **A 類**：存貨項目約佔總項目的 15% ～ 30% 之間，存貨金額則占每年總存貨項目價值的 70% ～ 80%；A 類的存貨項目具有大量金額，但在整個存貨項目中所占比例很少。

2. **C 類**：存貨項目約佔存貨項目的 40% ～ 60%，所占金額則約爲 5% ～ 15%。C 類之存貨則爲所占金額很少，但項目比例很大。

3. **B 類**：介於 A 與 C 之間。

（一）A 類存貨的管理重點

1. A 類的項目要做嚴密的控制，保持完整且精確的存貨記錄。

2. 持續的監視存貨水準，時常盤點，注意訂購數量與訂購頻率，採購時需經高級主管核准。

3. 儘可能正確的預測需求數量及縮短前置時間，且對交貨期限加強控制。

（二）C 類存貨的管理重點

1. 定量訂購方式，控制較不嚴密，採購大量以取得數量折扣，簡化管理成本。

2. 採定期的盤點方式，甚至不需要有正式的收發記錄，簡化庫存管理的手續。

3. 可交給生產現場保管使用。

4. 存貨屬於耗材類，作法是採取「複倉式系統」（Two-bin system），就是先保留一箱，另一箱使用完之後，再增購一箱。

（三）B 類存貨的管理重點

採定期盤點及定量訂購方式，但需有完整記錄，採購由中級主管核准即可。

二、存貨控制系統

（一）永續盤存制

採定量訂購方式，又可稱爲「固定訂購量系統」（Fixed-order size system）。永續盤存制的主要目的在於隨時掌握存貨資料，亦即對存貨進出之資料隨時記錄，故存貨的數量可精確的得知，在手上的存貨水準亦持續的被監督；此時所稱的存貨水準包括庫存量加上在途量減去欠貨待補量，稱爲存貨位置（Inventory position）或存貨點。

圖 12-7 指出永續盤存制的各個變數的相互關係，永續盤存制的管理方式下，當存貨位置經由使用而降至某一水準 r 時，就需再加以補充訂購新的物料，r 稱爲「再訂購點」（Reorder point），訂購時訂購固定的批量 Q。

圖 12-7　永續盤存制

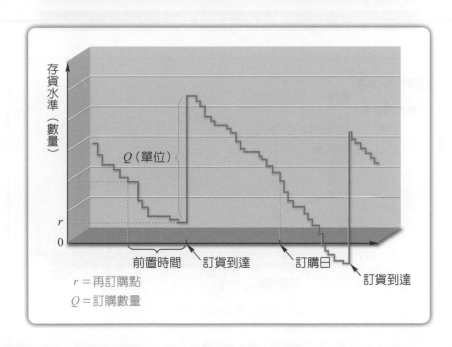

永續盤存制的管理方式，可以密切的控制存貨數量，避免缺貨的風險，適合屬於 A 類的存貨項目。缺點就是要花費較多的人力來保持精確的記錄，但今日由於電腦的應用，使得永續盤存的方法大爲盛行。

（二）定期盤存制

訂購方式是每隔固定時間，檢查存量再決定訂購數量，又稱為「固定訂購期系統」（Fixed order interval systems）。定期盤存制的管理方式與前述的永續盤存制比較，可以消除每日記錄存貨收發的繁瑣工作；主要精神係針對手上庫存數量的資訊，經過一段時間之後才去核算剩下多少並計算存貨位置，如果存貨位置低於再訂購點（r），則發出訂購單，訂購的數量是使其存貨位置達到 R 的水準，R 稱為再訂購水準（Reorder level）。

如圖 12-8 所示，每隔一段期間之檢查時點（Reorder periods），檢查存貨項目之存貨水準，若低於再訂購點（r_1, r_2）即發出訂購單且訂購至 R 的水準（R 可稱之為最大庫存量），即實際的訂購數量 Q 等於最大庫存量減去現有庫存量，因此隨著需求的變動，每次訂購的數量 Q 並不固定，而是訂購期間固定，如果在檢查的時點，存貨水準高於再訂購點，則不發出訂購單。

圖 12-8　定期盤存制

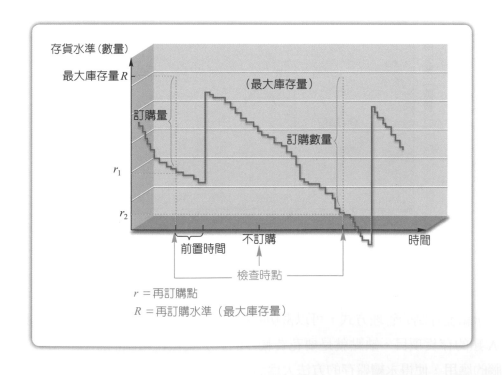

r ＝再訂購點
R ＝再訂購水準（最大庫存量）

表 12-4　兩種存貨管理系統之比較

特性	固定訂購量（永續盤存）	固定訂購期（定期盤存）
訂購數量	固定	變動
訂購時點	當存貨量降至再訂購點及訂購	當檢查期間到達時
記錄保存	任何時間之收發均記錄	在檢查期才記錄
存貨數量	少於固定訂購期之方式	大於固定訂購量之方式
維護時間	較多，持續的記錄	較少
存貨項目型式	A 類，價格高，或重要的存貨項目	C 類，價格較低之存貨項目

三、複倉式系統

　　永續盤存的固定訂購量系統，對於一些小零件時常採用複倉式系統，以簡化存貨管理的手續。此一系統是將存貨分為訂購點的數量與剩餘量兩部份，後者先使用，等到消耗殆盡始下訂單。此一系統是準備二個裝滿零件的箱子或容器，容器上的數目足夠某一段期間（購買前置期間）使用，當一箱的零件用完之後即訂購，第二箱容器接著使用，即可確保零件足夠使用且簡化存貨管理。

　　複倉式系統的優點是不必記錄每次的取用量、不需監控，僅在一容器物料用盡時申購；缺點則是易因各種理由遺漏該物料的申購，適用於 C 級物料，如價格低廉而用量多的鐵丁、螺絲、文具用品等耗用品，許多產業如超級市場、書店及豐田汽車公司的看板方式等，常用這種系統來管制存貨的數量與訂購時點。

圖 12-9　複倉式循環

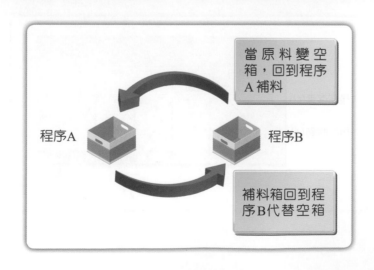

12-4 ▌ 經濟訂購量

存貨之訂購量是影響存貨成本的一個重要因素，每次訂購數量很多，可減少許多支出，降低每一個單位之訂購成本，可獲得相當折扣，增加存貨之資本成本及儲存成本。

一、經濟訂購量模式（Economic order quantity model, EOQ）

經濟訂購模式用來決定每年持有成本及訂購成本，和總成本最低的訂購數量。基本 EOQ 模式之假設：

1. 物料的年需求量、持有成本及訂購成本可以預估。

2. 不考慮安全存量，所訂購量立即送達，且物料以固定的速率消耗，在下個訂購量到達時物料剛好消耗完畢。

3. 物料之平均庫存量爲訂購量除以 $2 = \dfrac{Q+0}{2} = \dfrac{Q}{2}$。

4. 假設缺貨成本或顧客反應並不重要。

5. 不考慮數量折扣。

如圖 12-10，存貨週期以收到 Q 單位的訂購量開始，存貨的使用以一定的速率消耗，當存貨因使用而降至滿足前置時間的需求 r 點，再訂購點時，則向供應商發出 Q 單位的訂購量，因前置時間不變，故當存貨使用到 0 時，恰好收到訂貨。

圖 12-10　經濟訂購量的存量與時間關係圖

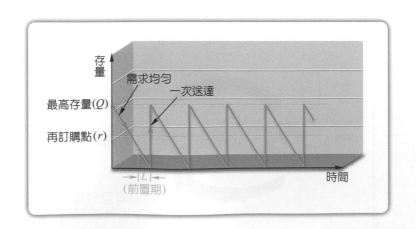

1. 年總持有成本：若每次訂購很少，則平均存貨平準降低，使每年總持有成本降低（式 12-1）。

$$年總持有成本 - 平均庫存水準 \times 持有成本 = \frac{Q}{2} \times H \qquad （式 12-1）$$

2. 年總訂購成本：訂購量小則一年中須多次訂購，提高年訂購成本（式 12-2）。

$$年訂購費用 = 每年訂購次數 \times 訂購成本 = \frac{D}{Q} \times S \qquad （式 12-2）$$

3. 由式 12-1 與式 12-2 亦可說明，每次訂購量大，則提高年存貨持有成本，訂購成本則下降。因此正確訂購量取決於持有成本與訂購成本相對大小而定。

$$物料總使成本 = 每年持有成本 + 每年訂購費用 = \frac{Q}{2} \times H + \frac{D}{Q} \times S \qquad （式 12-3）$$

$$總成本\, TC = \frac{Q}{2} \times H + \frac{D}{Q} \times S + P \times D \qquad （式 12-4）$$

求最小總成本的訂購量對 Q 微分使 TC = 0

$$\frac{d(TC)}{dQ} = \frac{1}{2}H - \frac{DS}{Q^2} = 0 ，得\, Q^* = \sqrt{\frac{2DS}{H}} ，Q^* 即為經濟訂購量（EOQ）（式 12-5）$$

註 D = 年需求量，S = 訂購成本，H = 每單位持有成本，P = 單位價格，TC = 總成本

圖 12-11　經濟訂購量模式

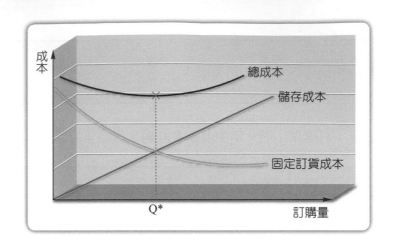

圖 12-11 中，起初單位總成本隨固定訂貨成本之減少而減少，但達到某一程度後，此種定貨成本之減少已抵不上儲存成本之增加，使單位存貨總成本增加，單位存貨總成本最小者所對應之訂購量即為經濟訂購量。

例題 12-1

一家自然歷史博物館開設一家禮品店，每年營業 52 週。其中最暢銷的產品是餵鳥器，每週銷售 18 件，供應商每件收費 $60，訂購成本為 $45，每年的持有成本是餵鳥器價值的 25%。管理層選擇 390 單位批量，則年度循環庫存成本是多少？468 單位批量會更好嗎？

解答

1. 計算年需求與持有成本

$$D = \frac{18\,單位}{週} \times \frac{52\,週}{年} = 936\ 單位，H = 0.25 \times \frac{\$60}{週} = \$15$$

2. 年度循環總成本

$$C = \frac{Q}{2}(H) + \frac{D}{Q}(S) = \frac{390}{2}(\$15) + \frac{936}{390}(\$45) = \$2,925 + \$108 = \$3,033$$

3. 批量變更下年度總成本

$$C = \frac{468}{2}(\$15) + \frac{936}{468}(\$45) = \$3,510 + \$90 = \$3,600$$

4. $EOQ = \sqrt{\dfrac{2DS}{H}} = \sqrt{\dfrac{2(936)(45)}{15}} = 74.94$ 或 75 單位

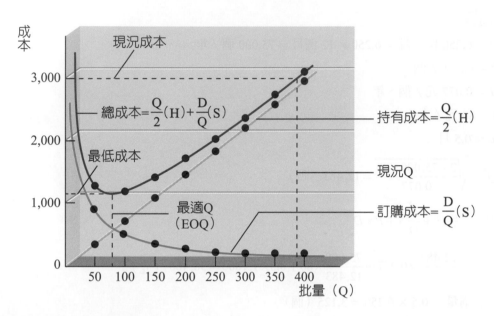

表 12-5　EOQ 敏感度分析

參數	EOQ	參數改變	EOQ 變化	重點
需求量	$\sqrt{\dfrac{2DS}{H}}$	↑	↑	批量與需求量平方根同比例增加
訂單 / 準備成本	$\sqrt{\dfrac{2DS}{H}}$	↓	↓	因為批量減少，導致每週供給減少，增加存貨週轉
持有成本	$\sqrt{\dfrac{2DS}{H}}$	↓	↑	減少持有成本導致批量增加

例題 **12-2**

已知某工廠每月需用 6,250 個電阻器，每個單價 0.5 元，每次訂購成本為 80 元，持有成本每單位每年為 0.077 元，前置時間為 0.5 個月，試求在 EOQ 假設條件下之經濟訂購量、總成本及再訂購點？

解答

$D = 6,250$ 個 / 月 $= 6,250 \times 12$ 個月 $= 75,000$ 個 / 年

$P = 0.5$ 元 / 個

$H = 0.077$ 元 / 個、年

$S = 80$ 元 / 次

$L = 0.5$ 月

$Q^* = \sqrt{\dfrac{2 \times 75,000 \times 80}{0.077}} = 12,483$（個）

$TC^* = \dfrac{Q}{2}H + \dfrac{D}{Q}S + P \times D$

$\quad\quad = \dfrac{12,483}{2} \times 0.077 + \dfrac{75,000}{12,483} \times 80 + 0.5 \times 75,000 = 38,460$（元）

再訂購量 $= 0.5 \times 6,250 = 3,125$（個）

二、經濟生產批量（Economic production quantity model, EPQ）

經濟生產批量適用於對單一製造過程的生產模式，此模式可導致總整備成本、總存貨儲存成本、總生產成本等總成本為最低的生產批量。EPQ 模式的假設條件為：

1. 在一段時間內，產品的需求是固定而且平均分佈。

2. 前置時間（從發訂單至收到貨）是固定的。

3. 產品價格是固定的。庫存持有成本是基於平均庫存。

4. 訂購或設備整備成本是固定的。

5. 所有產品的需求均被滿足。

圖 12-12 說明 t_1：有生產時間、t_2：無生產時間。廠商本身製造產品就沒有訂購成本，但每次生產時必有整備成本，與訂購成本一樣。生產批量越大則機器設備整備次數越少，而年整備成本亦越低。當 t_1 於生產期（同時生產與耗用階段），生

產大於需求，產生存貨數量至最大存貨量 I_{max}；當 t_2 位於耗用期，僅有耗用階段，存貨數量會下降，而產生下一個循環。

圖 12-12　經濟生產量的存貨與時間關係

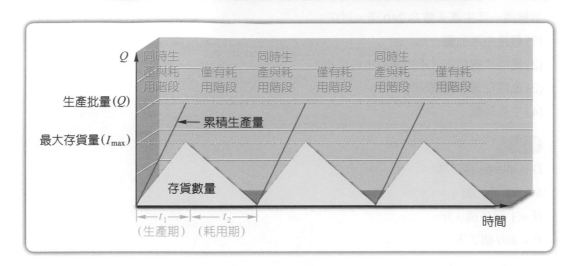

EPQ 之總成本＝年存貨持有成本＋年總訂購成本　　　　（式 12-6）

$$TC = \frac{I_{max}}{2}H + (\frac{D}{Q})S$$　　　　（式 12-7）

最高庫存 $I_{max} = (p-d)t_1 = \frac{Q}{p}(p-d)$　　　　（式 12-8）

求 TC 最小，對 Q 微分使 $TC = 0$

得 $Q^* = \sqrt{\frac{2DS}{H} \times \frac{p}{p-d}}$　　　　（式 12-9）

週期時間（循環時間）＝ $t_1 + t_2 = \frac{Q^*}{d}$　　　　（式 12-10）

生產時間＝ $t_1 = \frac{Q^*}{p}$　　　　（式 12-11）

年整備次數＝ $\frac{D}{Q^*}$　　　　（式 12-12）

註　TC＝總成本，H＝年持有成本（每單位），D＝年需求，Q＝生產批量，S＝整備成本，p＝生產率或交貨率，d＝使用或需求率。

例題 12-3 ★進階題型（偏難）

某廠商每年使用 48,000 個橡皮輪，該廠商本身製造生產速率 800 個，而橡皮輪的使用是終年均勻的生產與消耗，持有成本每個輪子是 1 元，整備成本每生產批量為 45 元，該廠商一年生產天數為 240 天，試求：

(1) 最佳生產批量

(2) 最低年總成本（不計物品本身成本）

(3) 最佳批量的循環時間

(4) 生產時間

解答

$D = 48,000$ 個 / 年

$S = 45$ 元 / 次

$H = 1$ 元 / 個、年

$P = 800$ 個 / 天

$d = \dfrac{48,000}{240} = 200$ 個 / 天

(1) $Q^* = \sqrt{\dfrac{2DS}{H}} \times \sqrt{\dfrac{P}{P-d}} = \sqrt{\dfrac{2 \times 48,000 \times 45}{1}} \times \sqrt{\dfrac{800}{800-200}} = 2,400$ （個）

(2) $I_{\max} = \dfrac{Q}{P}(P-d) = \dfrac{2,400}{800}(800-200) = 1,800$ （個）

$TC_{\min} = (\dfrac{I_{\max}}{2})H + (\dfrac{D}{Q^*})S = \dfrac{1,800}{2} \times 1 + \dfrac{48,000}{2,400} \times 45$

$= 900 + 900 = 1,800$ （元）

(3) $t_1 + t_2 = \dfrac{Q^*}{d} = \dfrac{2,400}{200} = 12$ （天）

(4) $t_1 = \dfrac{Q^*}{P} = \dfrac{2,400}{800} = 3$ （天）

三、數量折扣模型（Quantity discount model）

　　經濟訂購量模式與經濟生產批量均未考慮數量折扣的情況，當有數量折扣時，此模式的總成本就會受到影響，經濟訂購量或生產量亦會隨之改變。當有數量折扣時總成本曲線會有兩種情形發生：

（一）持有成本為固定

　　存貨之持有成本為固定，與物品單價無關，各種價格的總成本曲線有相同的 EOQ，但總成本不同；圖 12-13 說明，只有一成本曲線之 EOQ 是落於可行區域的數量範圍之內，確認該成本曲線，如可行之 EOQ 落於最低價格的成本曲線，則 EOQ 即為最佳訂購量；如 EOQ 之數量非最低價格的成本曲線，則需比較訂購 EOQ 的總成本與其他較低價格的成本曲線之總成本（計算可取得折扣數量之成本），選擇總成本較低的訂購量。其計算步驟如下：

1. 計算共同 EOQ。

2. 只有一條成本曲線之 EOQ 在可行範圍內，確認該成本曲線。

    (1) 若可行之 EOQ 落於最低價格取線，則 EOQ 是最佳訂購量。

    (2) 若非落於最低價格成本曲線，則計算此 EOQ 的總成本與所有較低成本曲線價格中斷點的總成本加以比較，選擇成本較低的訂購量。

圖 12-13　存貨之持有成本為固定

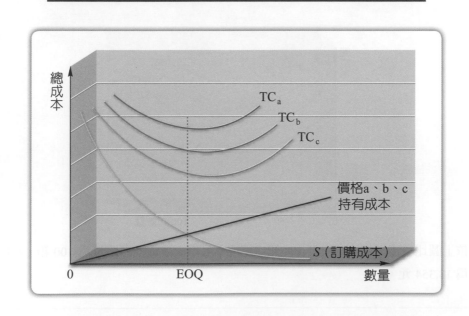

例題 12-4 　★進階題型（偏難）

某醫院每年使用 816 箱清潔液，每次訂購成本為 12 元，持有成本每年每箱 4 元，購買
價格如下，試求最佳訂購量與總成本。

訂購數量	價格 / 箱
0 ～ 49	20 元
50 ～ 79	18 元
80 ～ 99	17 元
100 以上	16 元

解答

(1) $D = 816$ 箱 / 年　$S = 12$ 元 / 次　$H = 4$ 元 / 箱、年

$$\text{EOQ} = \sqrt{\frac{2DS}{H}} = \sqrt{\frac{2 \times 816 \times 12}{4}} = 70 \text{（箱）}$$

(2) 訂購量 70 箱落於價格為 18 元 / 箱之成本曲線上。

$$TC_{70} = (\frac{Q}{2})H + (\frac{D}{Q})S + PD = \frac{70}{2} \times 4 + \frac{816}{70} \times 12 + 18 \times 816 = 14{,}968 \text{（元）}$$

因非落於最低價格成本曲線上，故進行總成本比較。

$$TC_{80} = \frac{80}{2} \times 4 + \frac{816}{80} \times 12 + 17 \times 816 = 14{,}154 \text{（元）}$$

$$TC_{100} = \frac{100}{2} \times 4 + \frac{816}{100} \times 12 + 16 \times 816 = 13{,}354 \text{（元）}$$

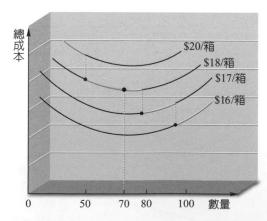

依上圖比較後得知，一次訂 100 箱之總成本最低。故最佳訂購量為 100 箱，總成本
為 13,354 元。

（二）持有成本隨購買單價而變動

　　持有成本與購買單價有關，當價格越低則 EOQ 就越大，因此每當價格越低則其總成本曲線的 EOQ 就會向右移。圖 12-14 說明，最低折扣價開始，計算其 EOQ，如落於可行區域內即為最佳解，反之，則以次高價格計算 EOQ，直到找到一可行 EOQ。計算之可行 EOQ 非屬最低價格之範圍，則計算每一個比可行 EOQ 之價格還低的訂購數量之總成本，總成本最低者即為最佳訂購量。

圖 12-14　存貨之持有成本隨購買單價而變動

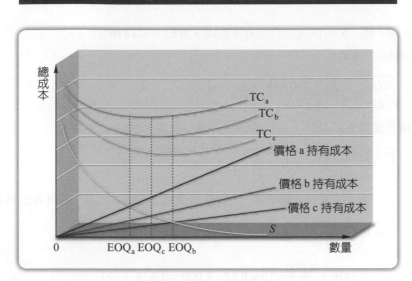

其計算步驟如下：

1.　以最低折扣價開始計算 EOQ，若落於可行數量區域內，即為最佳解。若非，則以次高價格計算其 EOQ，直到找到可行 EOQ 為止。

2.　若計算出之可行 EOQ 非屬於最低價格之範圍，則計算每一個比可行 EOQ 之價格還低的訂購數量之總成本來加以比較。總成本最低者即為最佳訂購量。

例題 12-5　　★進階題型（偏難）

某公司每年使用 4,000 個零件，其購買單價隨數量之大小而有不同。範圍如下表。每次訂購成本為 18 元，持有成本每個每年為單價的 18%，試求最佳訂購量及總成本。

範圍	單價	H
1 ～ 499	0.9	0.9(0.18) = 0.162
500 ～ 999	0.85	0.85(0.18) = 0.153
1,000 以上	0.82	0.82(0.18) = 0.1476

解答

$D = 4,000$ 個／年　$S = 18$ 元／次　$H = 0.18 \times 0.82 = 0.1476$

計算最低價格之 EOQ：

$$EOQ_{0.82} = \sqrt{\frac{2DS}{H}} = \sqrt{\frac{2 \times 4,000 \times 18}{0.1476}} = 988 \text{（個）}$$

988 之單價範圍是 0.85 而非 0.82，則以次高價格計算 EOQ：

$$EOQ_{0.85} = \sqrt{\frac{2 \times 4,000 \times 18}{0.153}} = 970 \text{（個）}$$

此為可行 EOQ，計算 970 個的總成本，並與較低價格之總成本比較，較低者即為訂購量。

$$TC_{970} = \frac{970}{2} \times 0.153 + \frac{4,000}{970} \times 18 + 0.85 \times 4,000 = 3,548 \text{（元）}$$

$$TC_{1,000} = \frac{1,000}{2} \times 0.1476 + \frac{4,000}{1,000} \times 18 + 0.82 \times 4,000 = 3,426 \text{（元）}$$

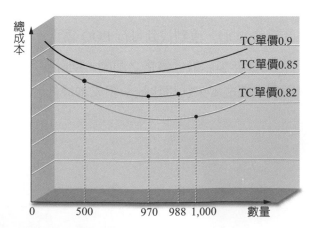

因此最佳訂購量為 1,000 個，總成本為 3,426 元。

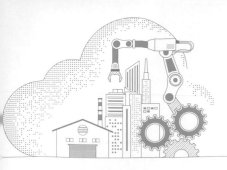

工管小常識

透過品管圈改善，降低急診衛材流失率

一、改善原因

　　急診常因衛材流失造成急用時需奔波備用，形成作業上的不便，致處置時效延長，易形成不必要的糾紛。

二、現況分析

　　現況調查列出常用衛材，由圈員填寫後交叉圈選共列出 66 項衛材進行盤點，其中 32 項經盤點結果並無流失，以已有流失項目共 34 項統計，算出急診衛材流失

$$率 = \frac{急診衛材流失金額}{急診衛材總金額} = \frac{5,860}{16,310} = 36\%$$

三、特性要因分析

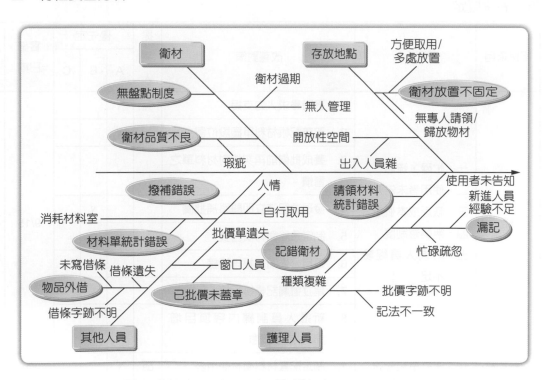

四、改善前柏拉圖

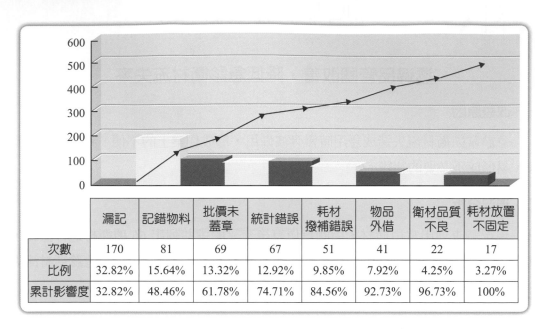

	漏記	記錯物料	批價未蓋章	統計錯誤	耗材撥補錯誤	物品外借	衛材品質不良	耗材放置不固定
次數	170	81	69	67	51	41	22	17
比例	32.82%	15.64%	13.32%	12.92%	9.85%	7.92%	4.25%	3.27%
累計影響度	32.82%	48.46%	61.78%	74.71%	84.56%	92.73%	96.73%	100%

五、對策擬定

不良項目	要因分析	改善對策	提案人	優先定 A	B	C	實施日期	負責人
漏計	一、忙碌，疏忽 二、使用者未告知 三、缺乏成本概念 四、無獎懲制度 五、新進人員經驗不足	1. 適時尋求人力支援	吳	√			9/15	胡
		2. 改善記帳材料單擺設位置		√				
		3. 養成批價前再次核對材料單之習慣		√				
		4. 發現漏記時立即開單補批價			√			
		5. 制定急診衛材價目表		√				
		6. 每月公佈漏記帳排行榜			√			
		7. 建立遺漏記帳排行榜			√			
		8. 新進人員訓練內容項目增加 --- 成本概念			√			
記錯衛材	一、衛材重類繁雜	1. 制定配套材料衛材使用表	胡	√			9/15	王

不良項目	要因分析	改善對策	提案人	優先定 A	優先定 B	優先定 C	實施日期	負責人
衛材放置不固定	一、方便去用多處放置 二、無專人請領歸放衛材	1. 衛材放置位置重新標示定位	王	√			9/15	吳
		2. 請 HN 指派專人請領衛材			√			
		3. 制定衛材請領須知細則		√				
無人管理	一、無盤點制度	1. 建立盤點制度 (1) 設定急診衛材基準量表 (2) 設計急診衛材總盤點表	黃	√			7/01	周
物品外借	一、未寫借條 二、借條遺失 三、借條字跡不明	1. 製作材料物品借用單	周	√			9/15	黃
		2. 固定借條放置處並由專人管理		√				
		3. 借條上註明字跡清楚		√				
已批價未蓋章	一、窗口人員疏忽	1. 與窗口人員協調	吳		√		9/15	胡
		2. 取回批價單時再次確認		√				
		3. 撥補人員如有發現，則交由請領者再行補蓋批價章			√			

六、改善後柏拉圖

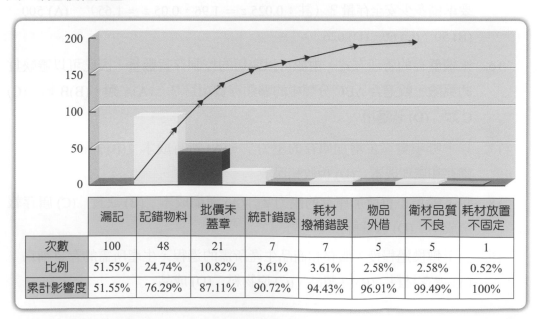

	漏記	記錯物料	批價未蓋章	統計錯誤	耗材撥補錯誤	物品外借	衛材品質不良	耗材放置不固定
次數	100	48	21	7	7	5	5	1
比例	51.55%	24.74%	10.82%	3.61%	3.61%	2.58%	2.58%	0.52%
累計影響度	51.55%	76.29%	87.11%	90.72%	94.43%	96.91%	99.49%	100%

一、選擇題

( ) 1. 在經濟訂購量（Economic order quantity）模式中，如果訂購成本變為原來的兩倍，且需求增為原來的兩倍，則經濟訂購量會：　(A) 增加約百分之四十　(B) 減少為原來的一半　(C) 增加為原來的兩倍　(D) 減少約百分之三十

( ) 2. 在存貨管制中，驗收、檢驗成本是屬於下列哪一項成本？　(A) 短缺成本　(B) 儲存成本　(C) 貨品成本　(D) 訂購成本

( ) 3. 訂書機每年平均需求量是 5,000 個，購買單價是 125 元，每次訂購成本（Carrying cost）為 500 元，每年每個訂書機之持有成本為購買價格的 25%，假設不考量安全存量的前提下，以經濟訂購量模式（EOQ）作為採購數量之決策，其平均存貨為何？　(A) 400　(B) 200　(C) 180　(D) 120

( ) 4. 公司採用 ABC 存貨分析方法，下列行動中何者較適合於 C 類存貨所採取的行動？　(A) 較高的安全存量　(B) 時常盤點　(C) 嚴密控制　(D) 需求預測盡可能正確

★( ) 5. 已知隨身碟的補貨前置時間為 9 天，且每天需求服從平均數為 50、標準差為 10 單位的常態分配在滿足顧客需求的服務水準為 95% 前提下，至少要準備多少安全存量？（註：$0.025\ z = 1.96$，$0.05\ z = 1.65$）　(A) 500　(B) 50　(C) 60　(D) 626

( ) 6. 永續盤存的管理方式，由於可以密切的控制存貨數量，因此可以避缺貨的風險，較適合 ABC 分類中的哪類存貨項目？　(A)A 類　(B)B 類　(C)C 類　(D) 皆適用

( ) 7. 以下哪項會產生增加庫存的壓力？　(A) 持有成本　(B) 訂購成本　(C) 儲存和處理成本　(D) 稅收和保險

( ) 8. 以下哪項不會增加庫存的壓力？　(A) 運輸成本　(B) 缺貨　(C) 庫存報廢成本　(D) 數量折扣

( ) 9. 企業轉換過程投入服務和商品生產所需的過程，生產所需的存貨稱為：　(A) 保存材料　(B) 在製品　(C) 原物料　(D) 成品

( ) 10. 製造最終產品所需的項目所需的組裝件,稱爲 (A) 保存材料 (B) 在製品 (C) 原物料 (D) 成品

★( ) 11. 根據表 1,使用 ABC 分析。U 品項中的項目在所有庫存 SKU 中最像 (A) A 類 (B) B 類 (C) 類 (D) 不能歸類

表 1

品項	單位成本	數量
Q	$1751.34	6
R	$462.00	22
S	$88.44	63
T	$382.73	14
U	$96.42	24
V	$38.04	51
W	$34.23	17

( ) 12. ABC 分析中關於 A 類 SKU 的一般情況是什麼? (A) 佔所有 SKU 的 20% (B) 佔所有 SKU 的 30% (C) 佔 20% 的金錢使用量 (D) 佔 50% 的金錢使用量

( ) 13. ABC 分析中關於 A 類 SKU 的一般情況是什麼? (A) 佔所有 SKU 的 50% (B) 佔 80% 的 SKU (C) 佔 20% 的價值使用量 (D) 佔 80% 的價值使用量

( ) 14. 下列關於經濟訂貨量(EOQ)模型的說法,哪一項是正確的? (A) 持有成本增加,EOQ 增加 (B) 需求減少,EOQ 增加 (C) 持有成本降低,EOQ 會增加 (D) 以上都不是眞的

( ) 15. 以下哪一項不是 EOQ 模型的假設? (A) 項目之間,可以獨立於其他項目的決定 (B) 交貨時間確定性 (C) 收到的訂單數量與訂購的數量完全相同,沒有來自供應商的任何缺貨或廠內的廢品損失 (D) 大批量可以利用數量折扣

二、簡答題

(　　) 1. 某晶圓設備製造商的最佳生產批量爲 2,400 套，此晶圓設備的生產率爲每天 800 套，使用率爲每天 200 套，則以經濟生產批量（Economic production quantity, EPQ）模型計算其最高存貨水準爲多少？　(A) 1,800 套　(B) 2,000 套　(C) 2,200 套　(D) 2,400 套

（110-2 工業工程師—生產與作業管理）

(　　) 2. 下列有關存貨管理的敘述，何者爲非？　(A) 傳統上，製造業將存貨視爲連續作業程序的緩衝，以維持作業連貫性，避免突發性事故造成生產停擺　(B) 存貨盤點系統中，永續盤存制相較於定期盤存制，必須持有額外的存貨，以防止存貨短缺　(C) 存貨週轉率爲廣泛使用的存貨管理績效指標，常見於精品店有較低的週轉率，而超級市場有相當高的週轉率　(D) 四種存貨模式中，當品項無法保留到下一期時，則適合使用單期訂購模式

（110-1 工業工程師—生產與作業管理）

(　　) 3. Auto 汽車品牌商預計明年將賣出大約 2,400 輛某級距規格的房車，每輛車需要 4 條某款特殊尺寸的輪胎（外購件）。每個輪胎的年持有成本爲 12 美元，每次訂購成本爲 100 美元，請問經濟訂購量（EOQ）爲何？　(A) 200 條　(B) 300 條　(C) 400 條　(D) 500 條

（110-1 工業工程師—生產與作業管理）

(　　) 4. 下列有關訂購法的說明，何者正確？　(A) 爲了解何時會達到再訂購點，定期盤點存量是必備的　(B) 單期訂購分析的焦點是在兩種成本：缺貨成本與過量成本　(C) 當訂購週期時間爲固定時，則較適合使用再訂購點（ROP）模型　(D) 在實務情況下，安全存量的適當數量的決定有兩項考量：平均需求率與平均前置時間，以及需求與前置時間的變異性

（110-1 工業工程師—生產與作業管理）

(　　) 5. 某地毯銷售商每年有 10,000 條地毯的需求，每年每條地毯的持有成本爲 1 美元，每次的訂購成本爲 200 美元，若採用經濟訂購量模型（Economic order quantity），並且假設一年有 250 個工作天，下列敘述何者正確？　(A) 每年的存貨總成本爲 1,500 美元　(B) 經濟訂購量爲 1,970 條地毯　(C) 每年的訂購次數爲 5 次　(D) 訂購週期爲 54.5 天

（110-1 工業工程師—生產與作業管理）

( ) 6. Carpet 地毯商每年有 10,000 條地毯的需求，每年每條地毯的持有成本為 0.75 美元，每次的訂購成本為 150 美元，若採用經濟訂購量模型（Economic order quantity EOQ），並且假設一年有 250 個工作天，下列敘述何者正確？ (A) 每年的存貨總成本為 1,500 美元 (B) 經濟訂購量為 1,970 條地毯 (C) 每年的訂購次數為 6 次 (D) 訂購週期為 54.5 天

（109-1 工業工程師—生產與作業管理）

( ) 7. 針對存貨系統的描述，下列何者正確？ (A) 經濟訂購量模型（Economic order quantity, EOQ）是指在最小化總存貨成本條件下計算出最佳的訂購量，屬於週期性存貨系統的一種訂購模型 (B) 在 ABC 分類系統中，A 類的存貨因為高價值，所以需要有較嚴格的控管；而 B 與 C 存貨的控管則相對較為寬鬆 (C) 週期性存貨系統會持續的記錄每種產品項目的存貨水準，而當存貨降低至某一預設的水準（再訂購點）後，就得訂購固定數量的存貨 (D) 連續性存貨系統則是每隔一段時間檢視當時的存貨水準，在確認存貨水準後，下單採購並將存貨數量調回預期的水準。

（109-1 工業工程師—生產與作業管理）

三、 填充題

1. 存貨管理的主要問題有三：(1) 何時需要補貨（何時訂購）；(2) 每次需要補多少貨（訂購多少）；(3) 決定_____。

2. _____（Inventory）指的是貨品的庫存或儲存，維持業務之進行而應儲存之物品，可定義為：「為準備未來之用所存放的各種閒置原料、在製品、成品、組件、消耗品等」。

3. _____（Anticipation inventory）指因季節性的需求變化，使得廠商在產能有限的情況下無法應付旺季尖峰的需求，在淡季時生產一些存貨以應付旺季需求。

4. _____（Preparing cost）或稱訂購成本（Order cost）乃由於發出一訂購單（指外購品）或工作單（指自製品），所需的各種活動而產生的成本。

5. _____分析的方式是一種非常有價值的管理工具，可確認及管制重要的存貨項目，基本理念認為大部份庫存的金額由一小部份的物料所組成，因而針對這些物料採取重點管理。

6. C 類項目的管理重點在於，存貨屬於耗材類，採取「＿＿＿＿＿＿＿＿＿＿」（Two-bin system），就是先保留一箱，待另一箱使用完之後，再增購一箱。

7. 永續盤存制採定量訂購方式，又可稱為「＿＿＿＿＿＿＿＿＿＿」（Fixed-order size system），主要目的在於隨時掌握存貨資料，亦即隨時記錄存貨進出之資料。

8. ＿＿＿＿＿＿＿＿＿＿（Economic order quantity model, EOQ）用來決定每年持有成本及訂購成本下，總成本最低的訂購數量。基本 EOQ 模式之假設有：(1) 物料的年需求量、持有成本及訂購成本可以預估；(2) 不考慮安全存量，所訂購量立即送達，且物料以固定的速率消耗，在下個訂購量到達時剛好物料消耗完畢；(3) 物料之平均庫存量為訂購量除以 2；(4) 假設缺貨成本或顧客反應並不重要；(5) 不考慮數量折扣。

9. ＿＿＿＿＿＿＿＿＿＿的管理方式與前述的永續盤存制比較，少了每日記錄存貨收發的繁瑣工作，係針對手上庫存數量的資訊，經過一段時間之後核算剩下的數量，並計算存貨位置。如果存貨位置低於再訂購點（R），則發出訂購單，訂購的數量是使其存貨位置達到 R 的水準，R 稱為再訂購水準（Reorder level）。

10. ＿＿＿＿＿＿＿＿＿＿（Economic production quantity model, EPQ）適用於單一製造過程的生產模式，可得出包含總整備成本、總存貨儲存成本、總生產成本等總成本為最低的生產批量。

四、 簡答題

1. 在公司生產產品 X，已知 X1 是產品 X 的零件之一，X 的生產率為每天 100 件，X1 的耗用率為 40 件，由下列已知條件，設備整備成本 = 50，年持有成本 = 0.5 元／件，試求生產 X1 的最佳批量及再訂購點為何？

2. 立榮鋼筆公司每日可生產 500 支鋼筆，每日出貨量平均為 250 支。假設更換生產線成本每次為 2,000 元，鋼筆每支單價 100 元，存貨年儲成本率 20%，每年工作天數 300 天。試計算鋼筆的經濟生產批量。

3. 已知某公司內某一產品，每年需求為 20,000，每年 250 工作天，每天生產率為 100，前置時間為 4 天，單位生產成本為 50 元，每年每單位持有成本為 10 元，每次生產設置成本為 20 元，試問：(1) 經濟生產批量、(2) 每年應生產次數、(3) 生產訂購點、(4) 每年最小總成本。

4. X 企業每一組件單位購買成本為 $25，每年生產率為 10,000 件，每單位的生產成本為 $23，如果以採購方式，其每次訂購成本為 $5。若自行生產，則其生產設置成本為 $50。已知每年需求為 2,500 件，持有成本比率為 10%，請決定該組件應以何種方式進料對該企業最有效益？

5. 公司對於塑膠布的年需求為 1232 碼，每次訂購成本 12 元，採購數量與單價、儲存成本間之關係如表 2 所示，求經濟訂購批量及總成本。

表 2

訂購量	0 ～ 49 碼	50 ～ 79 碼	80 碼以上（含）
單價	$20	$18	$16
單位年持有成本	9	8	7.5

6. 假設訂購成本為每訂單 $16，每年存貨持有成本為訂購單價的 20%，每年需求量為 1,800 單位，訂購數量為 0 ～ 99 單位時，訂購單價為 $50；訂購數量為 100 單位以上時，訂購單價為 $45，求最佳訂購數量。

7. 簡述存貨的功能。

8. 簡述存貨的重要性。

9. 列出 EOQ 模式之假設。

10. 比較永續盤存制與定期盤存制差異。

11. 列出產能增加時可能產生的成本。

本 章 習 題

關鍵字彙

1. 存貨管理（Inventory management）
2. 安全存貨（Safety stock）
3. 預期存貨（Anticipation inventory）
4. 批量存貨（Lot-size inventory）
5. 在途存貨（Pipeline inventory）
6. 預備成本（Preparing cost）
7. 訂購成本（Ordering cost）
8. 持有成本（Holding cost）
9. 缺貨成本（Stock-out cost）
10. 永續盤存制（Continuous-review system）
11. 定期盤存制（Periodic-review system）
12. 複倉式系統（Two-bin system）
13. 經濟訂購量模型（Economic order quantity model）
14. 經濟生產批量模型（Economic production quantity model）
15. 數量折扣模型（Quantity discount model）

Chapter

13 排程

學習目標

1. 定義排程的意義
2. 描述生產程序與排程工具種類相關性
3. 計算批量生產之重點及使用方法
4. 計算零工式製程（少量生產）的排程
5. 比較計算單機對 n 項作業之排程法則
6. 比較計算雙機對 n 項作業之排程法則
7. 說明日程安排之電腦化解法工作站
8. 描述服務業之排程

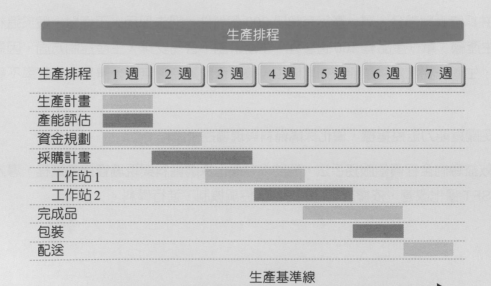

管理個案新知

提高生產效率，提升訂單交付能力

一、專注品牌經營，泵浦馬達領頭羊

深耕臺灣五十年的大井泵浦，從生產家庭用的抽水機起家，泵浦對一般人來說可能覺得熟悉又陌生，其實它是民生必需品，家家戶戶的水塔都需要泵浦加壓供水。大井掌握研發設計與生產，堅守運用幾十年的深厚基底，投入大量資金與人力，讓專業認證、獎項直接幫品牌與產品說話，打造國際等級的產品規格。

二、續保營運優勢，梳理管理挑戰

透過專案的導入，將未來工廠的管理如料件、機台、人力、資金，都能做到效益最大化。確立導入的專案目標：提升訂單達交能力，並找出產銷過程中的停與等。因為品牌經營奏效，接單量大增，生產跟不上節拍，插單生產、加班生產，仍無法滿足客戶交期，缺乏井然有序的產銷步序，造成經營缺點。如何提高生產效率與提升訂單交付能力，以滿足接單出貨，針對此議題提出流程改善的具體方案。

三、挖掘數據資訊真相，釐清關鍵議題

大井採購備料部分，單一產品有超過 200 個料件，過去採用人工備料，疲於追料，原先有 130 條生產線、單一產品有 100 道製程，生產計劃不容易安排，生產控制方面，因為生產進度不透明，生產任務常常跳票無法如期開工，機台稼動難控，無法分辨是工作效率不彰或是機台不足。

四、設定關鍵能力監控指標，優化採購備料與現場控管流程

以效益導向全程價值服務手法，協助大井優化採購備料與現場管控的流程，導入場內智能物流與 SFT 優化改善，依據產銷模型分類與協調機制，進行備料。

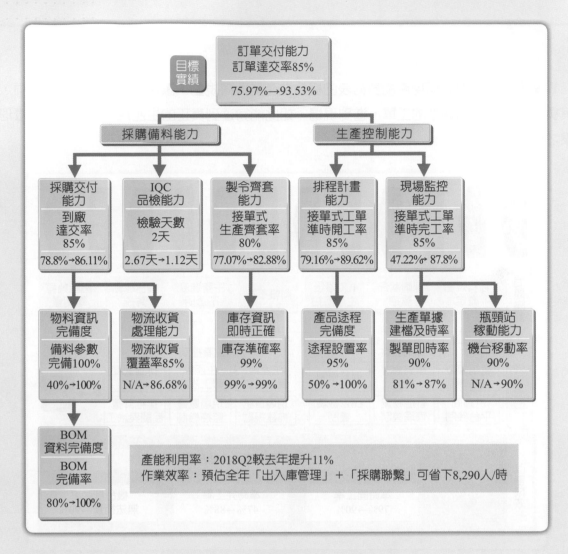

圖 13-1 大井泵浦關鍵能力監控指標

　　運用營運監控平台，數據統計分析找到營運問題，掌握高階需求，確認目標，制定管理規劃，落實監控機制。

專案導入，教導如何用產能負荷表的概念做產能負荷規劃，讓現場生管人員知道負荷，依照其負荷量，安排出適當的工單，進到現場，如此能夠達到真正的生產規劃管理目標，管理的效果才能發酵。

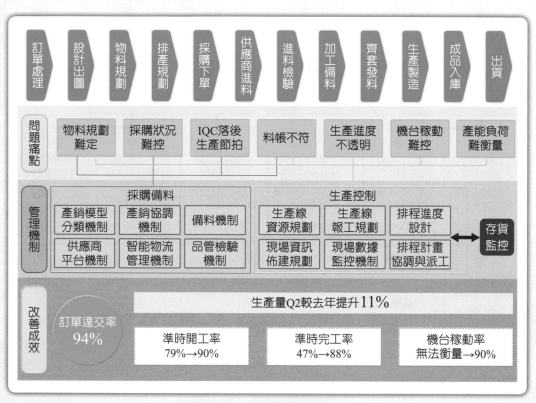

圖 13-2　大井泵浦訂單達交

聚焦企業關鍵議題，訂立專案目標，提升訂單達交能力。

五、提升企業營運效能，整體效益看得見

從 2018 年一月到 2018 年七月，大井納入產銷模型機制，訂單準時達交率由 75%提升至 93%，產能利用率 2018Q2 相較 2017 年同期提升 10.8%，產量同步提升，增加不少入庫額。出入庫管理因成功導入廠內智能物流，全年節省 6,100 人時，可消化更多物流負荷。供應商平台機制，讓採購效率提升，預估一年節省 2,190 小時。

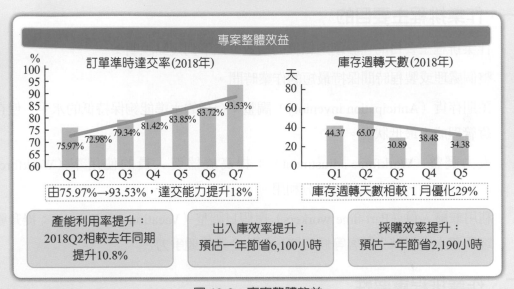

圖 13-3　專案整體效益

資料來源：鼎新電腦官網

13-1 ▸ 排程（Scheduling）意義與重要性

　　排程爲某特定作業的時間設定，包括設備及人力活動的使用，是生產管理中關於何時生產（When）的問題。主要是針對產品在生產前預先作製造時間的安排，規劃該產品的開工及完工時間，使產品能在一定期間內完成，趕上交貨期限，並減少資金積壓成本。

一、作業排程主要目的

　　作業排程主要目的在於創造組織的績效，以下列幾點說明：

1. 整個處理或製程時間保持最短的作業時間。

2. 預期存貨（Anticipation inventory）調整：存貨的水準能夠保持低的水平，使存貨管理成本最低狀況。

3. 人力調整（Workforce adjustment）：提高機器與人員的使用率（Workforce utilization），使產能可以充分利用。

4. 利用兼職人員（Part-time workers）與假日調整（Vacation schedules）：提升顧客服務水準以減少顧客等候時間，創造企業的競爭力。

二、作業排程重要性

　　作業排程會影響作業流量與穩定性，因爲備料庫存成本，進而影響企業現金流量，亦會影響企業營運資金成本，從而影響公司競爭力。

三、作業排程面臨的挑戰

　　作業排程最大的挑戰，在於產業環境的變動性，面臨的挑戰有以下問題：

1. **客戶產品差異性極大，且少量多樣**：除非產業特性是屬於大量或連續生產方式，否則面臨產業環境是屬於少量多樣生產環境，則排程問題面對的是如何客戶多樣化以及訂單生產排程整合。

2. **產品抽插單頻繁**：現代生產作業環境客戶需要變動差異很大，有時客戶會臨時抽單或是插單，都會影響作業排程的穩定性，因此，產品抽插單頻繁，要使現場作業排程保持彈性，因應產品需求變化。

3. **業務人員面對客戶回覆時間過長，準確性不高**：由於客戶需求預測差異，訂單進度無法有效掌握，作業排除就面臨兩難，是等待客戶需求確認單，或是先行排程生活，無論那種方式，都會產生現場需求變動差異。

四、生產程序與排程方式

　　不同生產環境的排程方式，如表 13-1 分類，生產種類包括連續生產、大量生產、批量生產與專案生產，有其特定的排程工具，可分述如下：

1.　**直線式的生產／作業流程（包括連續性及大量生產兩類）：** 主要生活特徵為自動、人力成本佔產品成本結構比例低、以大量產出與專用型設備為主。排程方式視企業所生產的產品數目而定，若僅有單一產品則並無排程問題，而只需注意生產線平衡（Line balancing, LB），生產線平衡不屬於日程安排，而是在排程之前即列入考慮。

2.　**批量生產工廠之排程問題：** 主要以生產線設備、機器或工作站為主，重點在於同時決定生產數量與產品的生產順序，決定哪一項工作應該優先執行的程序稱為排序（Sequencing），利用耗竭法（Runout method）處理。

3.　**零工式生產／作業流程的排程：** 零工式（Job shop）的生產工廠，因為生產項目的高度變化性，每種產品可能均有不同的生產途程，因此排程是最困難且複雜的。

4.　**專案式排程：** 一般利用 PERT／CPM 等網路分析去解決排程問題，第十五章有更詳細的說明。

表 13-1　製造程序與排程工具之種類

種類	產品	特徵	典型排程工具
連續生產	化學品、鋼鐵、電線電纜、飲料、罐裝食品	自動化、人力成本佔產品成本比例低、大量產出、專用型設備	有限正向排程、設備導向
大量生產	汽車、電話、螺絲螺帽、紡織品、馬達、家用手工具	自動設備、半自動的物料搬運、移動式裝配線、大多數設備在線上	有限正向排程、設備導向、零件採拉式 JIT 系統
批量生產	工業用零組件、高級消費產品	GT 蜂巢式、專業小型工廠	無限正向排程、使用優先法則、通常為人員導向
零工式生產（專案生產）	特殊或原型設備	依功能排定之工作站、人工成本高、通用型設備、產品種類多、低自動化	無限正向排程、人員導向使用、使用優先法則於 MRP 所排定的交期

13-2 🔋 批量生產之排程

一、批量生產之重點及使用方法

　　批量生產的排程有兩個重點：1. 生產批量的決定、2. 生產次序的決定。其使用方法為：

1. 利用計算各種產品的預計耗竭時間（Runout time, R），決定何種產品先生產，耗竭時間代表可以滿足需求的時間長度，耗竭時間之公式如下：

$$耗竭時間 = \frac{存貨水準（數量）}{單位時間需求率} \qquad （式 13-1）$$

2. 安排生產先後順序時，選擇耗竭時間最小的產品為優先（亦即最可能先用的產品先生產）。每一次只決定一種產品先生產，每次均得更新，乃是一動態方式。

二、例外狀況

　　若未給經濟生產批量，則視同靜態問題，一次排定所有順序，採取批量生產的排程方式，以整批方式進行生產，許多以存貨為生產導向的廠商，利用通用機器生產不同的產品。

例題 13-1

若已知 A、B、C 三種產品之存貨與需求資料如下，試依耗竭法排序，其順序為何？

產品	存貨	單位需求量
A	400	100
B	120	100
C	50	20

解答

$A: \frac{400}{100} = 4$　　　$B: \frac{120}{100} = 1.2$　　　$C: \frac{50}{20} = 2.5$

生產順序為：B → C → A。

例題 13-2

假設某公司五項產品的經濟生產批量、生產時間、需求量、第一期之存貨水準已知。試求：

(1) 此一排程方法之第一生產產品為何？

(2) 又第一週後此件產品之存貨為多少？

產品	經濟批量	生產時間	單位需求	目前存貨
A	100	2	200	600
B	800	1	300	300
C	1,500	2	500	1,600
D	1,800	3	400	2,000
E	600	2	100	500

解答

(1) $A：\dfrac{600}{200}=3$　　　$B：\dfrac{300}{300}=1$　　　$C：\dfrac{1,600}{500}=3.2$

$D：\dfrac{2,000}{400}=5$　　　$E：\dfrac{500}{100}=5$

故最先生產 B 產品（因耗竭時間最小）。

(2) 存貨 = 目前存貨－單位需求 + 經濟生產批量

$= 300 - 300 + 800 = 800$

13-3 零工式製程之排程

一、工作站（Working station）之工作順序安排

工作站是指事業體內的一個單位，該單位內有所需的生產器具，可以獨立完成作業。工作站可能是一部機器，或是許多機器，或是用以執行某項工作的特定區域。

1. 安排工作站各項活動的優先順序：

(1) 優先分配原則（Priority rule）：安排正待處理的工作以決定下一個處理工作。

(2) 最佳化方法（Optimization method）：運用數理規劃法，如分枝界限（Branch and bound）法、動態規劃法（Dyanamic programming）等求得最佳解。

(3) 模擬法（Simulation）：利用模擬法事先測試各種排程方法，再選取較優之排程，模擬法尚可加入考慮其他的實際問題（如機器故障、缺料等），因此運用頗廣。

2. **名詞與符號：**

(1) 處理時間（Processing times, P_t）：指工作需要處理（加工）之時間。

(2) 準備開始時點（Ready time, R_t）：指工作可以開始之時點。

(3) 到期日（Due date, DD）：指工作到期日之時點。

(4) 完成時間（Completion time, C_t）：指工作完成之時點。

(5) 流程時間（Flowing time, F_t）：由完成時間可知。
工作流程時間 $= C_t - R_t$。

(6) 遲延時間（Lateness, L_t）：指工作之完成時間超出到期日之時間。
$L_t = C_t - DD$

(7) 延後時間（Tardiness）：$T = \text{Max}\{0, L_t\}$，即只考慮工作時間超出到期日之部分，若是提前於到期日之前完成，則 $T = 0$。

上述各項時點之關係如圖 13-4 所示。

圖 13-4 排程時間關係圖

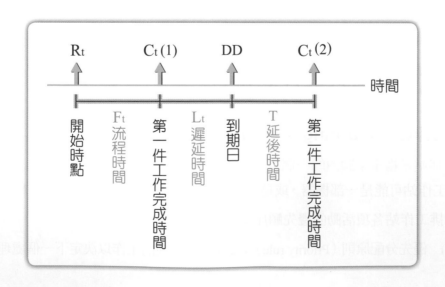

3. 日程安排之目標（有效性）：

(1) 平均流程時間（$\bar{F}$）最短：

$$\bar{F} = \frac{\sum F_i}{n} \qquad\qquad （式 13\text{-}2）$$

(2) 平均延後時間（$\bar{T}$）最少：

$$\bar{T} = \frac{\sum T_i}{n} \qquad\qquad （式 13\text{-}3）$$

(3) 延後工作件數（N_T）最少：

$$N_T = \sum f(T_t) \quad \begin{cases} f(T_i) = 1 \ , T_i > 0 \\ f(T_i) = 0 \ , \ T = 0 \end{cases}^\alpha \qquad\qquad （式 13\text{-}4）$$

二、單機排程（單機對 n 項作業之排程）

（一）假定條件

　　單機排程是最基本的排程問題，定義為將 n 件獨立工作，順序分派至一部機台上作業，績效評估指標最佳。排程問題是隨所考慮的機器數的增加而增加，與工作數目之增加較無關係，所以，對 n 唯一的限制即必須是一個指定的有限數目。

1. 開始時間可以假定為零，當時已有 n 件彼此無關的工作準備處理，亦即 $R_t = 0$。

2. 處理時間（P_t）包含各種機器整備時間在內，而且不受排程順序的不同所影響，亦即 P_t 屬固定。

3. 處理時間（P_t）與到期日（DD）已知。

4. 工作等候處理時，機器不能空閒不用，必須持續的使用至工作完成為止。

5. 排定的工作在未處理完成時，不能中途停止而去做別項工作。

（二）可能的優先法則

單機排程可能的優先法則，如表 13-2 說明。

表 13-2　工作分配法則

優先法則	符號	意義	型式
先到先服務	FCFS （First-come, first-served）	訂單依照達作業部門的先後順序來作業	靜態
最短處理時間	STP （Shortest time processing）	優先處理完成時間最短的工作訂單，在依次完成時間次短的訂單	
最早到期日	EDD （Early due date）	到期日最近的先處理。計算交期減去目前日期之差額，再除以剩餘工作天數，比率最小的訂單優先處理	
關鍵比率	CR （Critical ratio）	距到期日所剩時間除以剩餘處理時間，最小的先排	動態
寬裕時間	STR （Slack time remaining）	距到期日所剩時間減處理時間，剩餘閒置時間最短的訂單優先處理。計算至交期前之時間減去剩餘加工時間之差額即可得到 STR	
每項作業之剩餘寬裕時間	STR/OP （Slack time remaining per operation）	比率最小的先處理。STR/OP 最短之訂單優先處理 ＝（交期前之時間 － 剩餘之處理時間）／剩餘之作業數	
後到先服務	LCFS （Last-come, first-served）	當訂單到達時，他們是被放置在整堆的最上層，而作業人員通常是挑取最上層的訂單優先處理	
隨機選擇	RS （Random sequencing）	管理者或作業人員通常選擇任何他們感覺喜歡的工作開始作業	

例題 13-3

某諮詢公司有五個累積的工作，如下表所示，請回答下列問題：

1. 使用先到先服務（FCFS）規則定行程，併計算平均延期天數和流程時間。

2. 如果平均流程時間是最關鍵的，行程應如何改善？

顧客	接受訂單起時間（天）	處理時間（天）	距到期天數
A	15	25	29
B	12	16	27
C	5	10	68
D	10	14	48
E	0	12	80

解答

1. 依 FCFS 規則，客戶 A 應該是序列中的第一個，該訂單最早到達，15 天前就已下訂；
客戶 E 的訂單剛接到，最後處理。下表顯示該順序，以及逾期天數和流程時間：

顧客	開始時間		處理時間（天）		完成時間（天）	到期時間（天）	延期時間（天）	接受訂單起天數	流程時間（天）
A	0	+	25	=	25	29	0	15	40
B	25	+	16	=	41	27	14	12	53
C	41	+	10	=	51	48	3	10	61
D	51	+	14	=	65	68	0	5	70
E	65	+	12	=	77	80	0	0	77

作業的完成時間是 開始時間 + 處理時間，假設下一個作業可立即處理，則完成時間成為序列中下一個作業的開始時間。如果作業的到期日期等於或超過完成時間，作業的逾期天數為 0；否則，表示已延期。每個作業的流程時間等於其完成時間加上平均逾期天數。

$$平均逾期天數 = \frac{0+14+3+0+0}{5} = 3.4 \text{ 天}$$

$$平均流程時間 = \frac{40+53+61+70+77}{5} = 60.2 \text{ 元}$$

使用 EDD 規則，可以減少平均流程時間：

顧客	開始時間（天）		處理時間（天）		完成時間（天）	到期時間（天）	延期時間（天）	接受訂單起天數	流程時間（天）
D	0	+	10	=	10	48	0	10	20
E	10	+	12	=	22	80	0	0	22
C	22	+	14	=	36	68	0	5	21
B	36	+	16	=	52	27	25	12	64
A	52	+	25	=	77	29	48	15	92

$$平均逾期天數 = \frac{0+0+0+25+48}{5} = 14.6 \text{ 天}$$

$$平均流程時間 = \frac{20+22+41+64+92}{5} = 47.8 \text{ 天}$$

比較兩者績效，EDD 優於 FCFS，平均流程時間 60.2 天到 47.8 天，有 21% 的改善，但 A、B 的逾期時間都有增加。

例題 13-4

下表的是有關一組四個作業，剛到達車床（第 0 小時結束或第 1 小時開始）的資訊，每項工作都需要完成多項作業，請使用 (1)CR 規則和 (2)S/RO 規則確定行程，並與 FCFS、SPT 和 EDD 行程進行比較。

工作	處理時間（小時）	距到期日時間（天）	剩餘作業數	剩餘處理時間（天）	CR	S/RO
1	2.3	15	10	6.1	2.46	0.89
2	10.5	10	2	7.8	1.28	1.10
3	6.2	20	12	14.5	1.38	0.46
4	15.6	8	5	10.2	0.78	-0.44

解答

(1) $CR = \dfrac{距到期日所剩時間}{剩餘處理時間} = \dfrac{15}{6.1} = 2.46$

確定車床要處理的作業順序是 4、2、3、1。

(2) $S/RO = \dfrac{距到期日所剩時間 - 剩餘處理時間}{剩餘之作業數} = \dfrac{15-6.1}{10} = 0.89$

從最低的 S/RO 開始排列作業，4、3、1、2 的作業順序。

例題 13-5　★進階題型（偏難）

在工作中心，有 5 個等待進行的工作。所有的訂單都需要使用僅有的彩色影印機進行時間（包括籌置時間），評估準則是使流程時間最小化。進行時間與到期限列示如下表。根據 FCFS、SOT、EDD、LCFS、RS、STR，試求：

(1) 其工作進行之順序

(2) 其有效性判定，何者為優？

工作依到達之順序	處理時間（天）	交期（從現在起之天數）	寬裕時間
A	3	5	2
B	4	6	2
C	2	7	5
D	6	9	3
E	1	2	1

解答

(1) 各工作進行如下：

① FCFS 法則

工作	處理時間（天）	到期日（DD）	流程時間（C_t）	延後時間（$C_t - DD$）
A	3	5	$0 + 3 = 3$	0
B	4	6	$3 + 4 = 7$	1
C	2	7	$7 + 2 = 9$	2
D	6	9	$9 + 6 = 15$	6
E	1	2	$15 + 1 = 16$	14

流程時間合計 $= 3 + 7 + 9 + 15 + 16 = 50$（天）

平均流程時間 $= 50 \div 5 = 10$（天）

平均一項工作延後時間 $=$ 流程時間一交期 $(0 + 1 + 2 + 6 + 14) \div 5 = 4.6$（天）

② STP 法則

工作	處理時間（天）	到期日（DD）	流程時間（C_t）	延後時間（$C_t - DD$）
E	1	2	0 + 1 = 1	0
C	2	7	1 + 2 = 3	0
A	3	5	3 + 3 = 6	1
B	4	6	6 + 4 = 10	4
D	6	9	10 + 6 = 16	7

流程時間合計 = 1 + 3 + 6 + 10 + 16 = 36（天）

平均流程時間 = 36 ÷ 5 = 7.2（天）

平均一項工作延誤時間 = (0 + 0 + 1 + 4 + 7) ÷ 5 = 2.4（天）

③ EDD 法則

工作	處理時間（天）	到期日（DD）	流程時間（C_t）	延後時間（$C_t - DD$）
E	1	2	0 + 1 = 1	0
A	3	5	1 + 3 = 4	0
B	4	6	4 + 4 = 8	2
C	2	7	8 + 2 = 10	3
D	6	9	10 + 6 = 16	7

流程時間合計 = 1 + 4 + 8 + 10 + 16 = 39（天）

平均流程時間 = 39 ÷ 5 = 7.8（天）

平均一項工作延誤時間 = (0 + 0 + 2 + 3 + 7) ÷ 5 = 2.4（天）

④ LCFS 法則

工作	處理時間（天）	到期日（DD）	流程時間（C_t）	延後時間（$C_t - DD$）
E	1	2	0 + 1 = 1	0
D	6	9	1 + 6 = 7	0
C	2	7	7 + 2 = 9	2
B	4	6	9 + 4 = 13	7
A	3	5	13 + 3 = 16	11

流程時間合計 = 1 + 7 + 9 + 13 + 16 = 46（天）

平均流程時間 = 46 ÷ 5 = 9.2（天）

平均一項工作延誤時間 = (0 + 0 + 2 + 7 + 11) ÷ 5 = 4（天）

⑤ RS 法則

工作	處理時間（天）	到期日（DD）	流程時間（C_t）	延後時間（$C_t - DD$）
D	6	9	0 + 6 = 6	0
C	2	7	6 + 2 = 8	1
A	3	5	8 + 3 = 11	6
E	1	2	11 + 1 = 12	10
B	4	6	12 + 4 = 16	10

流程時間合計 = 6 + 8 + 11 + 12 + 16 = 53（天）

平均流程時間 = 53 ÷ 5 = 10.6（天）

平均一項工作延誤時間 = (0 + 1 + 6 + 10 + 10) ÷ 5 = 5.4（天）

⑥ STR 法則

工作	處理時間（天）	到期日（DD）	流程時間（C_t）	延後時間（$C_t - DD$）
E	1	2	0 + 1 = 1	0
A	3	5	1 + 3 = 4	0
B	4	6	4 + 4 = 8	2
D	6	9	8 + 6 = 14	5
C	2	7	14 + 2 = 16	9

流程時間合計 = 1 + 4 + 8 + 14 + 16 = 43（天）

平均流程時間 = 43 ÷ 5 = 8.6（天）

平均一項工作延誤時間 = (0 + 0 + 2 + 5 + 9) ÷ 5 = 3.2（天）

(2) 排程法則的比較

法則	流程時間合計（天）	平均流程時間（天）	平均延誤（天）
FCFS	50	10	4.6
SOT	36	7.2	2.4
EDD	39	7.8	2.4
LCFS	46	9.2	4.0
RS	53	10.6	5.4
STR	43	8.6	3.2

① STP 優於其他法則。

② STP 被認為是所有排程的課題中最重要之觀念。

三、雙機流程（2 機對 n 項作業之排程）的排程方法

（一）強森法則（Johnson's rule）

強調順序化兩部機器或兩個連續工作中心，使其最小化總完工時間的方式。

1. 強森問題假設：

   (1) 有 n 個工作（2 項或超過 2 項工作），均要經過雙台機器處理。

   (2) 工作順序均相同（先經第一台機器再至第雙台處理）的工作排程問題。

   (3) 目標：讓第一項工作的開始，至最後一項工作的結束爲止，期間的流程時間最小化，即要求所有工作完成的總時間爲最小（Makespan, M）。

   (4) 強森法則也能使工作中心總閒置時間最小化。

2. 強森法則之步驟：

   (1) 列出每項工作在 2 台機器上之作業時間。

   (2) 選擇最短之作業時間。

   (3) 如果最短之作時間是在第 1 台機器上作業，則優先處理該工作；如果最短之作業時間是在第 2 台機器上作業，則最後處理該工作。

   (4) 對所有剩餘之工作重複步驟 2 和 3，直到排程完全結束。

3. 要求所有工作完成的總時間爲最小，常用甘特圖計算之。

例題 13-6

工作包含 A、B、C、D 項目，在各機器作業時間如下表所示，試以強森法則進行工作安排，達到最佳工作順序。

工作	在機器 1 上之作業時間	在機器 2 上之作業時間
A	3	2
B	6	8
C	5	6
D	7	4

解答

1. 表列作業時間。
2. 選擇最短的作業時間並將其分派。工作 A 在機器 2 上之作業時間最短，故應優先被分派與最後被執行。
3. 重複上述動作。工作 D 在機器 2 上之作業時間是次短，所以被排在倒數第二執行；工作 C 在機器 1 上有最短的作業時間，故被安排在第一個執行；而工作 B 在機器 1 上的作業時間最短，故被安排在第二個執行。
4. 執行順序：C → B → D → A。

四、強森法則的擴充 – 三機排程的排程方法

強森法則擴充為三個工作中心（機器）及 n 個工作件的情形下，為求得總完工時間最小化的工作順序安排。

1. **假設條件**：需要機器沒有瓶頸，包括：

   (1) 工作中心（機器）1 所有作業中，工作時間最小者大於等於工作中心（機器）2 所有作業中之工作時間最大者（$Min(P_{1t}) > Max(P_{2t})$）。

   (2) 工作中心（機器）3 所有作業中，工作時間最小者大於等於工作中心（機器）2 所有作業中之工作時間最大者（$Min(P_{3t}) > Max(P_{2t})$）。

2. **步驟**：

   (1) 機器 1、2 操作時間加總，成為新機器 A；將機器 2、3 操作時間加總，成為新機器 B。

   (2) 將機器 A，B 依強森法則排序。

   (3) 可得總完成時間最短之排程順序。

例題 13-7　★進階題型（偏難）

已知有10工作站要經過三台機器設備處理，相關資料如下，求最小總完工時間之排程，並畫出甘特圖。

工作	機台1之作業時間	機台2之作業時間	機台3之作業時間
1	1	2	3
2	5	1	1
3	1	4	7
4	3	4	2
5	2	4	2
6	2	3	6
7	3	2	2
8	3	1	1
9	3	3	5
10	7	3	1

解答

工作	新機器 A	新機器 B
	機台1之作業時間	機台2之作業時間
1	3	5
2	6	2
3	5	11
4	7	6
5	6	6
6	5	9
7	5	4
8	4	2
9	6	8
10	10	4

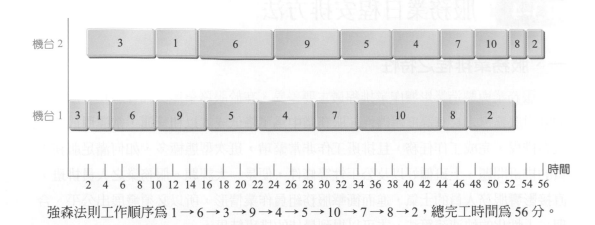

強森法則工作順序為 1→6→3→9→4→5→10→7→8→2，總完工時間為 56 分。

五、加工排序不同之排程：傑克森修正法則

　　有 n 個工作，工作順序流程有所不相同；有些工作順序流程先經過工作中心（機器）1 再經過工作中心（機器）2；有些工作順序流程僅經過工作中心（機器）1 或工作中心（機器）2；有些工作先經過工作中心（機器）2 再經過工作中心（機器）。傑克森法則之步驟如下：

1. **步驟一**：將各項工作列出並加以分類，依其所需經過之工作站（A, B）之順序分爲四類：{A − B}、{B − A}、{A}、{B}。

2. **步驟二**：將要經過二個工作站的工作 {A − B}、{B − A}，以強森法則來安排其順序。

3. **步驟三**：將只經過一個工作站的工作 {A}、{B} 任意安排順序。

4. **步驟四**：依要經過工作站 A 或 B 的優先次序安排：

　　　　工作站 A：{A − B}、{A}、{B − A}

　　　　工作站 B：{B − A}、{B}、{A − B}

13-4 服務業日程安排方法

一、服務業排程之特性

服務業與製造業影響作業排程最主要差異，在於服務業無法儲存服務，同時，顧客對服務需求具有高度隨機性。服務業中為了降低成本以利營運，常運用最少的人力排程，完成工作任務，且排班工作非常繁瑣，班次型態極多，如何滿足服務人員的排班問題、上班偏好以及公平性等條件，便是一大課題。服務業之人員排班，直接影響服務人員的士氣，進而衝擊服務組員作業情形，所以必須發展出公平、合理、人性化的快速演算法，才可以得到最佳的排班結果。

顧客對服務需求具隨機性，一般用下列兩種方法解決：

1. 預約系統（**Appointment systems**）：透過預約系統，保留預留空間排程，預先進行排程，使顧客等待時間最少。

2. 保留系統（**Reservation systems**）：透過訂位系統，保留部分排程，當臨時顧客增加，可以使顧客因等待或無法得到服務之失望最小。

二、服務業之人員排程

（一）連續假期之排程

在每週工作五天及每週兩天的連續休假之情況下，找到使所需人數最少之排程表，而且必須滿足每日之人力需求。

例題 **13-8** ★進階題型（偏難）

假設每週工作五天及連續休假 2 天的情況下，下表為如何滿足每日之人力需求，及所需人數最少之排程表。

人力需求 工作者 \ 星期	M	Tu	W	Th	F	S	Su
	4	3	4	2	3	1	2
工作者 1	4	3	4	2	3	1	2
工作者 2	3	2	3	1	2	1	2
工作者 3	2	1	2	0	2	1	1
工作者 4	1	0	1	0	1	1	1
工作者 5	0	0	1	0	0	0	0

解答

下表圈選處，可得知工作者 5 週三出勤（變更爲 0），應改爲週一出勤（變更爲 1），每週工作五天及連續休假 2 天的情況。

人力需求 工作者＼星期	M	Tu	W	Th	F	S	Su
	4	3	4	2	3	1	2
工作者 1	4	3	4	2	3	(1)	(2)
工作者 2	3	2	3	1	(2)	(1)	2
工作者 3	2	1	2	0	2	(1)	(1)
工作者 4	(1)	(0)	1	0	1	1	1
工作者 5	1	0	0	0	0	0	0

（二）以日計薪之工作時間排程

完成每日工作負荷所需之最少人力需求數，使實際產出與規劃產出間差異最小化。如表 13-3，當人力不足或是過剩，可以採取人力調動進行安排。

表 13-3　以日計薪之排程

功能	人力需求	可用人力	差異	經理之行動
接　數	2.3	2.0	−0.3	使用加班
預處理	4.1	4.0	−0.1	使用加班
縮　影	2.5	3.0	+0.5	使用過多之人力去支援鑑定
鑑　定	3.3	3.0	−0.3	從縮影得到 0.3

（三）以小時計薪之工作時間安排

小時計薪之工作時間排程，以第一個小時爲原則，例如表 13-4，開始安排符合需求人力（4 位），10 a.m 排 4 位工作者，11 a.m 派 2 位工作者，Noon 加派 2 位工作者。6 p.m 4 位工作者結束工作下班，6 p.m 4 位工作者加入工作。7 p.m 2 位工作者結束工作下班，7 p.m 4 位工作者加入工作。8 p.m 2 位工作者結束工作下班。8 p.m 2 位工作者加入工作。當需求增加再慢慢增加需求人力，達到需求人力與當班人數一致。

表 13-4　以小時計薪之排程

時間	10	11	12	13	14	15	16	17	18	19	20	21
需求人數	4	6	8	8	6	4	4	6	8	10	10	6
分派人數	4	2	2	0	0	0	0	0	4	4	2	0
當班人數	4	6	8	8	8	8	8	8	8	10	10	10

13-5　作業進度控制

一、意義

作業現場控制系統主要功能，是爲了確保進度能夠按計畫執行，或是要加以變更，均須對作業進度加以控制。依據生產日程安排結果（標準），比較實際生產進度（衡量），並採取適當行動（矯正行動），提供效率、利用率、人力及機器的生產力等衡量指標。

二、進度控制種類

作業進度控制種類，會因業務類別或生產特性而有不同的控制方式，例如，印刷業與石化產業，作業進度控制方式就有所不同，主要分類如以下說明：

1. **流量控制**：大量生產或連續生產之控制，重點在產量。例如，化學、石油提煉、玻璃產業。

2. **訂單控制**：訂貨生產之控制，重點在於交貨期的掌握。例如，目前接單生產之產業。

3. **分段控制**：分段作業之控制，重點在各段之配合。例如，成衣業、印刷業。

4. **負荷控制**：瓶頸作業之控制，重點在機器負荷及平衡之考慮。例如，印報業。

5. **分批控制**：批量作業之控制，重點在各批不同處之控制。例如，冰淇淋製造業。

6. **專案控制**：大型或專案之控制，重點在時間、成本及品質之最佳調配。例如，建築業。

三、作業進度控制方法

甘特圖（Bar chart）為較小的工作站及大型工作站之內個別部門使用，幫助規劃與追蹤工作，是一種繪製工作對照時間的直條圖，使用於專案計畫與協調。

甘特圖將最上面一列形成時間刻劃，以橫座標表示工作時間，將施工作業項目，列於表格之最左邊一行，縱座標表示之，而形成之網狀表格，每一作業預計與實際進度工作時間是以橫條（Bar）長度表示，如圖 13-5 所示，顯示機器三工作進度超前，機器一工作進度落後，進而對於工作進度重新改善與分配。

図 13-5　進度控制甘特圖

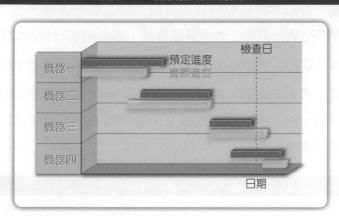

（一）甘特負荷圖

圖 13-6 為甘特負荷圖，由圖可看出工作站 1、2、3 之工作負荷，因負荷程度不同，而產生不同的工作效率。工作站1之工作A空閒最高；工作站2達到產能平衡；工作站 3 的工作 C 則有閒置時間。

図 13-6　甘特負荷圖

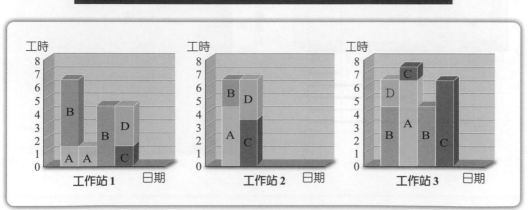

（二）平衡線圖

平衡線圖（Line Of Balance chart, LOB）之基本概念乃是當某一計畫在執行中發現進度落後，為求如期達成各作業項目在該基準日應達成的目標量，也就是所謂的平衡量，將這些目標量連接成為一條曲線，即為平衡線。平衡線一直被廣泛應用於生產控制方面，配合應用於重覆循環作業之進度管制上。

1. **意義**：利用檢討日之實際生產進度與計畫生產進度比較，以得知進度狀況及可能發生瓶頸的的地方，做為追查之根據。

2. **階段**：如圖 13-7 所示，包括：

   (1) 目標圖：可以掌握目標交貨與實際交貨之間的差距，如 2 月檢討日，目標與實際交貨有落差，表示進度落後，則必須進行檢討以符合交期。

   (2) 計畫圖：掌握各項產品加工進度，瞭解到期日前，各工作進度之掌握。

   (3) 進度圖：透過進度圖，瞭解平衡線與平衡效率，例如圖 13-7 工作站 3 之平衡率為 80%，但實際平衡線之平衡率為 60%，兩者之間的落差就必須設法加以改善。

圖 13-7　平衡線圖構成圖

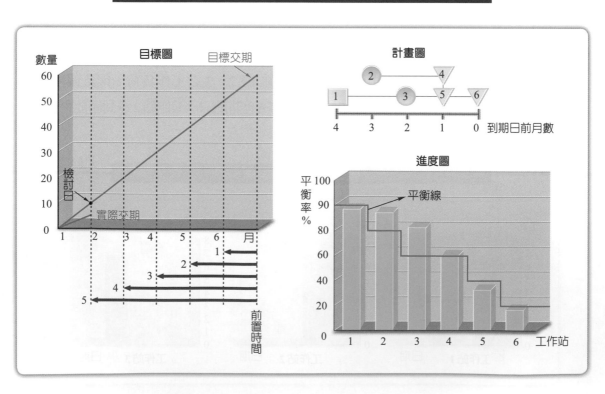

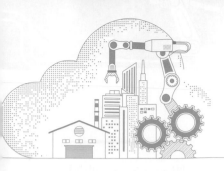

工管小常識

產能控管系統

產能控制（Capacity control）是排定各產品線的中程（6～18 個月）月或週產量必需在主生產排程之前，最佳化月/週產量、雇用人數、存貨量。圖 1 是某資訊產品大廠作業流程的整合圖。

圖 1 說明主生產排程（MPS）來源主要來自銷售預測（FCST）與顧客訂單（Orders），整合粗略產能規劃（RCCP），產生物料需求規劃（MRP），進而發出採購命令（PO）與生產排程（Schedule），最後生產進度的控制。

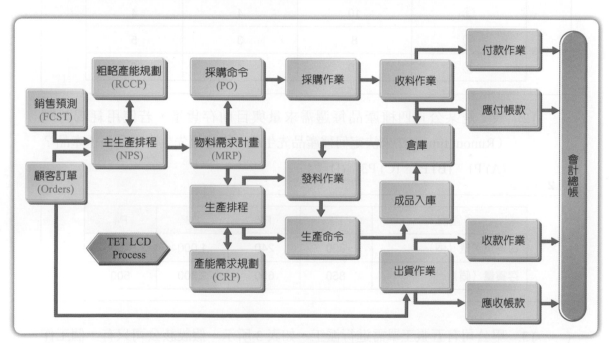

圖 13-8　作業進度控制

本 章 習 題

一、 選擇題

(　　) 1. 有五個工作皆需經過 a、b、c 三部機器處理,而且要按 a → b → c 的順序處理,工作在各機器的處理時間(單位為小時)如表 1 所示,若欲所有工作的最大完成時間(Makespan)為最小,則應將哪一個工作排在最後才進行加工?　(A) 工作① 　(B) 工作② 　(C) 工作③ 　(D) 工作⑤

表 1

工作	機器 a	機器 b	機器 c
①	7	6	7
②	7	2	4
③	10	4	4
④	8	3	5
⑤	10	4	6

(　　) 2. 表 2 是某公司四種產品每週需求量與目前存貨量,若使用耗竭時間(Runout time)法來決定何種產品先生產,則應優先生產下列何種產品?
(A) P1 　(B) P2 　(C) P3 　(D) P4

表 2

產品	P1	P2	P3	P4
每週需求量(個)	300	240	1,000	150
存貨量(個)	850	600	2,300	500

(　　) 3. 甲公司有五張工單需進行派工,如表 3 所示。假設該公司只有一個工作站,工單處理時間(含設置時間)與到期日分別如下表所列。若客戶急單(Rush)為派工優先考量,而 SPT(Shortest processingtime)為第二考量準則,則其派工順序為何?　(A) A-B-C-D-E 　(B) A-C-B-D-E
(C) A-D-C-B-E 　(D) C-A-B-D-E

表 3

工單	處理時間（天）	到期日	客戶急單
A	3	5	是
B	4	8	否
C	2	2	否
D	5	12	否
E	6	9	否

(   ) 4. 某工廠之作業含加工和裝配，如表 4 所示，若依據強森法則（Johnson's Rule）將五個待處理之工單加以排序，則以下敘述何者不正確？ (A) 工作 V 的流程時間爲 20 (B) 最小化此組工單總完成時間的順序爲 III-I-V-II-IV (C) 工作 III 的加工開始時間爲 0，裝配作業的結束時間爲 5 (D) 如果工作 II 的到期日爲 15，則工作 II 之延誤時間爲 10

表 4

工單	I	II	III	IV	V
加工	4	8	2	3	6
裝配	7	5	3	1	6

(   ) 5. 有關生產設備採單元式佈置（Cellular layout）時，下列敘述何者正確？ (A) 單元佈置在產品需求組合變動較大時，較容易實施 (B) 單元佈置適合用於像飛機、船舶等大型產品之裝配 (C) 單元佈置係將相同功能之設備組成一組，方便一人多機操作 (D) 單元佈置係用於生產外觀或製程相似性高的產品族群

(   ) 6. 當使用關鍵比率（CR）優先排序規則時： (A) 比率小於 1.0，表示作業提前完成 (B) 比率小於 1.0 的，表示作業後於計劃 (C) 最早到期的作業安排在下一個 (D) 關鍵比率最高 CR 的作業安排在下一個

( ) 7. 優先排序選擇規則時： (A) 選擇多維規則優於單維規則 (B) 選擇逾期作業最小化的規則 (C) 做出決定之前，測試各種規則 (D) 選擇 CR 或 S/RO，因為它們使用更多信息資訊。

表 5

某工廠有 6 項作業待處理，如下表，從零開始計算，單位為天。請回答第 8 ～ 12 題：

工作	作業已到期時間	處理時間	到期天數（Due date）
A	8	5	12
B	7	7	18
C	6	8	6
D	4	3	10
E	2	9	22
F	1	12	17

( ) 8. 根據 SPT 規則，平均流程時間為多少？ (A) 少於或等於 19 天 (B) 大於 19 天但小於或等於 21 天 (C) 大於 21 天但小於或等於 23 天 (D) 大於 23 天

( ) 9. 根據 EDD 規則，平均流程時間為多少？ (A) 少於或等於 25 天 (B) 大於 25 天但小於或等於 27 天 (C) 大於 27 天但小於或等於 29 天 (D) 大於 29 天

( ) 10. 根據 EDD 規則，平均提早時間（Average early time）為多少？ (A) 0 天 (B) 大於 0 但小於 1.5 天 (C) 大於 2.5 但小於 2.5 天 (D) 大於 2.5 天

( ) 11. 根據 SPT 規則，平均逾期天數是多少？ (A) 0 天 (B) 大於 0 天但小於等於 5 天 (C) 大於 5 天但小於或等於 10 天 (D) 大於 10 天

( ) 12. 根據 FCFS 規則，平均流程時間是多少？ (A) 少於或等於 19 天 (B) 大於 19 天但小於或等於 21 天 (C) 大於 21 天但小於或等於 23 天 (D) 大於 23 天

( ) 13. 以下哪一項規則，在逾期工作百分比和逾期時間差異方面表現良好，但在平均流程時間方面表現相對較差？ (A) EDD (B) SPT (C) FCFS (D) LPT

( ) 14. 甘特圖可用於 (A) 監控作業的進度，但不能用於對每台機器上的工作進行排序 (B) 每台機器上按順序工作，但不能用於監控每項工作的進度 (C) 監控每台機器上的作業和排序工作的進度 (D) 監控機器在每項工作中產生的缺陷零件的平均數量

( ) 15. 作業流程時間定義爲： (A) 完成工作的時間加上工作站可用的時間 (B) 完成特定工作的處理時間 (C) 完成工作最後一個作業的時間減去第一個作業的開始時間 (D) 一組工作錯過到期日的時間

二、 證照題

( ) 1. 雙機流程型工廠（Two machine flowshop）排程問題中，六張工單的加工時間如表 6 所示，最小化總完工時間（Makespan）的工單排序爲何？
(A) 1-3-4-6-5-2 (B) 2-5-6-4-3-1 (C) 3-1-6-5-2-4 (D) 4-2-5-6-1-3
（110-2 工業工程師—生產與作業管理）

表 6 雙機流程型工廠六張工單的加工時間

工單	機台一加工時間	機台二加工時間
1	15	3
2	8	20
3	18	5
4	25	8
5	17	20
6	22	30

( ) 2. 下列哪一種工作排序準則，可以讓工作的流程時間最小化？ (A) SPT (B) CR (C) EDD (D) LPT （110-1 工業工程師—生產與作業管理）

( ) 3. 某鉻鏡製作所有六項工作處理，其加工時間及交貨時間如表 7。若以 EDD（Earliest due date）準則排序生產，其平均流程時間約爲多少？ (A) 10.33 (B) 17.17 (C) 19.33 (D) 20.56
（110-1 工業工程師—生產與作業管理）

表 7 鉻鏡製作所有六項工作處理時間

工作	1	2	3	4	5	6
交期	7	12	4	13	11	15
加工時間	2	6	4	11	5	9

( ) 4. 有關以下生產排程派工法則的敘述，何者不正確？ (A) CR（Critial ratio）：到期日剩餘時間對剩餘處理時間比值最小的先處理，此法一般來說效率是最佳的 (B) FCFS（First come, first served）：簡單執行，主要限制為較長的工作會延誤其他工作 (C) SPT（Shortest processing time）：處理時間較短的工件優先處理，有助於降低 WIP 存量 (D) EDD （earliest due date）：到期日較短的工優先被處理，此法則在減少工件的延遲上有較好的效果 （109-1 工業工程師—生產與作業管理）

( ) 5. 金屬加工廠有五件工作，皆須依序經過二個工作中心（I、II）進行加工。已知工作於各工作中心的加工時間（如表 8）。若以詹森法則（Johnson's rule）排定工作，則其工作序列為何？ (A) a-b-c-d-e (B) a-c-d-e-b (C) a-c-b-d-e (D) a-c-e-d-b （109-1 工業工程師—生產與作業管理）

表 8 五個工作在兩工作中心的加工時間（單位：分鐘）

工作	工作中心 I	工作中心 II
a	2	5
b	6	3
c	4	7
d	6	5
e	8	6

( ) 6. CNC 工具機裝配廠有五個在工作中心等待處理的工作，其作業時間與到期日如表 9。若使用 EDD 法則排程，則下列敘述何者正確？ (A) 排程順序為 e-d-b-c-a (B) 平均流程時間為 20 天 (C) 平均延理時間為 2.4 天 (D) 工作中心的平均工作數為 2.34

（109-1 工業工程師—生產與作業管理）

表9　五個工作的作業時間與到期日

工作編號（到達順序）	作業時間（天）	到期日（天）
a	14	30
b	8	15
c	10	28
d	4	18
e	6	6

三、 填充題

1. ＿＿＿＿＿＿（Scheduling）為特定作業的時間設定，包括設備及人力活動的使用，關心生產管理中關於何時生產（When）的問題。在產品生產前預先安排製造時間，規劃該產品的開工及完工時間，使產品能在一定期間內完成，趕上交貨期限，並減少資金積壓成本。

2. ＿＿＿＿＿＿工廠之排程：以生產線設備、機器或工作站為主，重點在於同時決定生產數量與產品的生產順序。決定哪一項工作應該優先執行的程序稱為排序（Sequencing），利用耗竭法（Runout method）處理。

3. ＿＿＿＿＿＿（Working station）是指事業體內的一個單位，該單位內有所需的生產器具，可以獨立完成作業，可能是一部機器，或是許多機器，或是用以執行某項工作的特定區域。

4. ＿＿＿＿＿＿STP（Shortest time processing）優先處理完成時間最短的工作訂單，再依次完成時間次短的訂單

5. ＿＿＿＿＿＿（Early due date, EDD）原則為到期日最近的先處理，計算交期減去目前日期之差額，再除以剩餘工作天數，比率最小的訂單優先處理。

6. ＿＿＿＿＿＿是最基本的排程問題，定義為 n 件獨立工作，依序分派至一部機台上作業，以某一績效評估指標最佳。排程問題隨著所考慮的機器數增加而增加。對 n 唯一的限制為必須是一個指定的有限數目。

7. 服務業與製造業影響作業排程最主要差異，在於服務業無法＿＿＿＿＿＿服務，同時，顧客對服務需求具有高度＿＿＿＿＿＿。

8. 顧客對服務需求具隨機性，一般用下列兩種方法解決：(1)＿＿＿＿＿＿＿＿
（Appointment systems）：透過預約系統，保留預留空間排程，預先進行排程，
使顧客等待時間最短；(2)＿＿＿＿＿＿＿＿（Reservation systems）：透過訂位系統，
保留部分排程，當臨時顧客增加，可以使顧客因等待或無法得到服務之失望程
度最低。

9. ＿＿＿＿＿＿＿＿（Bar chart）為較小的工作站及大型工作站之內個別部門使用，幫
助規劃與追蹤工作，是一種繪製工作對照時間的直條圖，使用於專案計畫與協
調。

10. ＿＿＿＿＿＿＿＿（Line of balance chart, LOB）之基本概念乃是當某一計畫在執行中
發現進度落後，為求如期達成各作業項目在該基準日應達成的目標量，也就是
所謂的平衡量，將這些目標量連接成為一條曲線，即為平衡線。

四、 簡答題

1. 簡述服務業特性。
2. 簡述進度控制的種類。

關鍵字彙

1. 排程（Scheduling）
2. 生產線平衡（Line balancing）
3. 排序（Sequencing）
4. 耗竭時間（Runout time）
5. 先到先服務（First-come, First-served, FCFS）
6. 最短處理時間（Shortest operating time, SOT）
7. 最早到期日（Early due date, EDD）
8. 關鍵比率（Critical ratio, CR）
9. 寬裕時間（Slack time remaining, STR）
10. 後到先服務（Last-come, first-served, LCFS）
11. 隨機選擇（Random sequencing, RS）
12. 強森法則（Johnson's rule）

Chapter

14 品質管理

 學習目標

1. 定義品質、品質管理的意義及說明其重要性
2. 描述品質的重要性
3. 瞭解品管大師對品質的定義與沿革過程
4. 比較品質成本之內容與差異
5. 計算製程能力與允差之關係
6. 簡短描述檢驗的意義及種類
7. 比較計數值、計量值抽樣計畫之差異

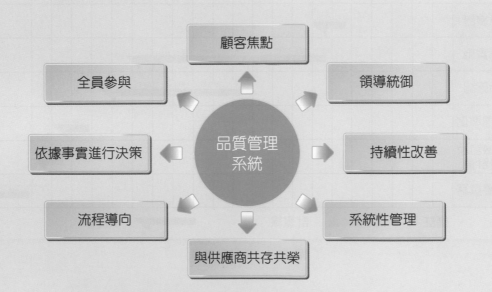

管理個案新知

電子大廠 QCC　改善電鍍產品穩定性

一、製程目的

　　去除 Molding 時溢出模具、殘留於 IC 腳上之膠膜，並於 IC 之引腳鍍上一層錫鉛合金，以利客戶進行 IC 構裝時，得以利用引腳，上錫鉛之絕佳銲錫性與電路板上之錫墊（Pin hole）有效且緊密的接合。

二、活動計畫

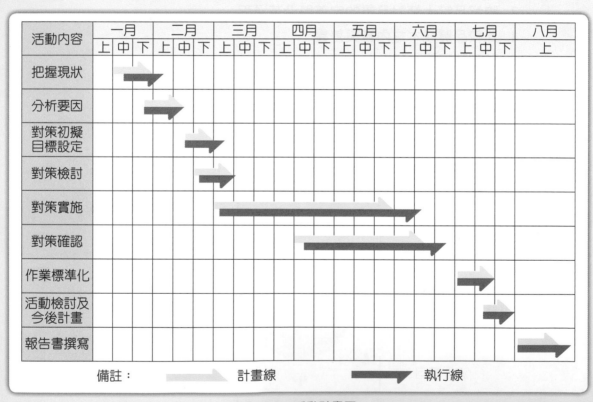

圖 14-1　活動計畫圖

三、現況分析

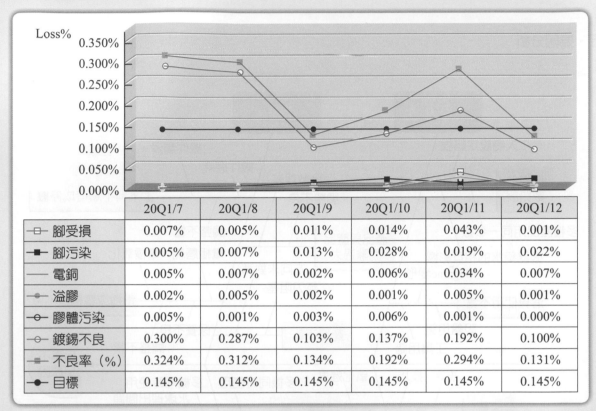

	20Q1/7	20Q1/8	20Q1/9	20Q1/10	20Q1/11	20Q1/12
—□— 腳受損	0.007%	0.005%	0.011%	0.014%	0.043%	0.001%
—■— 腳污染	0.005%	0.007%	0.013%	0.028%	0.019%	0.022%
—— 電銅	0.005%	0.007%	0.002%	0.006%	0.034%	0.007%
—●— 溢膠	0.002%	0.005%	0.002%	0.001%	0.005%	0.001%
—○— 膠體污染	0.005%	0.001%	0.003%	0.006%	0.001%	0.000%
—○— 鍍錫不良	0.300%	0.287%	0.103%	0.137%	0.192%	0.100%
—■— 不良率（%）	0.324%	0.312%	0.134%	0.192%	0.294%	0.131%
—●— 目標	0.145%	0.145%	0.145%	0.145%	0.145%	0.145%

圖 14-2　下半年度修補率

四、目標設定

1. 產品修補率降至 0.1% 以下。

2. 機故率由 10% 下降至 7% 以下。

3. CPK 值 98% 以上 >1.33。

五、要因分析

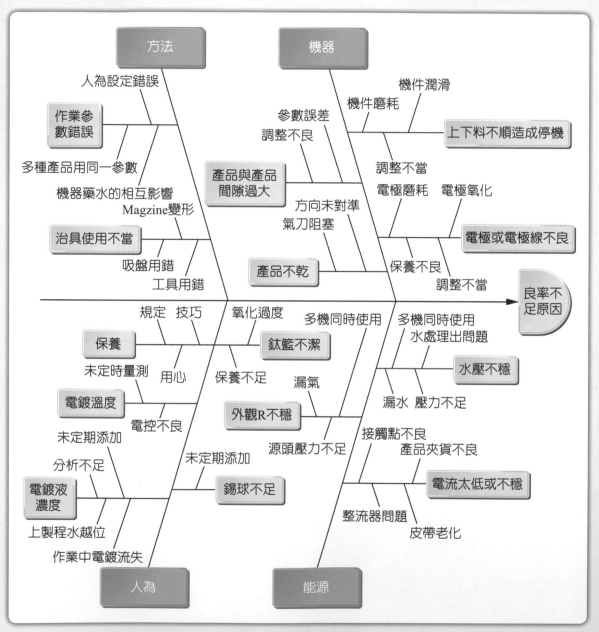

圖 14-3　要因分析圖

六、對策（PDCA 循環）

改善議題：如何有效應用 SPC 管制。

（一）Plan

1. SPC 的計算公式：CPK＝Min（CPL.CPU）

2. 尋求最佳控制點：

(1) 厚度最佳的控制點：500～550μ inch。
改變方法有三：1. 電流改變；2. 速度改變；3. 檔板改變。

(2) 鉛錫比例最佳控制點：85%。
改變方法有二：1. 濃度改變；2. 溫度改變。

(3) 建立 SPC 異常反應機制。

（二）Do

1. 生產線每二小時或換產品時，自動抽 5 條產品，將結果反映給領班。

2. QC 每二小時或換產品時，自動抽 5 條產品，將結果反映給領班。

3. 生產領班針對厚度/含量異常，檢查電流參數錫球高度，詳細依異常處理程序。

（三）Check

1. 同產品在不同機器用同一參數，狀況不理想。

2. 不同產品在同機器用同一參數，狀況不理想。

3. 改變方法有五：1. 電流改變；2. 速度改變；3. 檔板改變；4. 濃度改變；5. 溫度改變。
其中電流參數改變最適當、有效率且易控制。

（四）Action

1. 在同一機器，一產品對應一參數。

2. 現場領班對電流參數有 5 安培更改權限，並設登記簿以供交接及追查狀況使用。

七、SPC 管制改善前後之成果比較

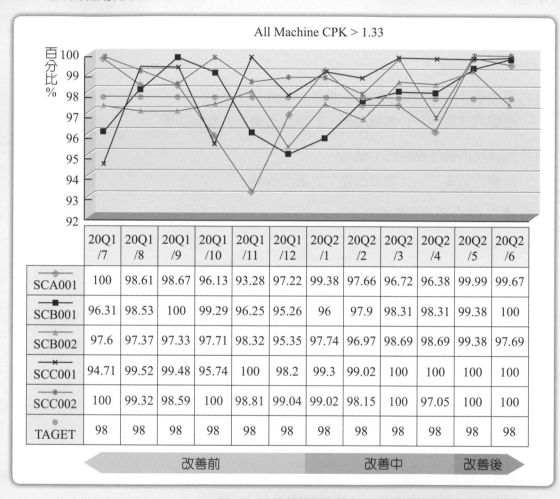

	20Q1/7	20Q1/8	20Q1/9	20Q1/10	20Q1/11	20Q1/12	20Q2/1	20Q2/2	20Q2/3	20Q2/4	20Q2/5	20Q2/6
SCA001	100	98.61	98.67	96.13	93.28	97.22	99.38	97.66	96.72	96.38	99.99	99.67
SCB001	96.31	98.53	100	99.29	96.25	95.26	96	97.9	98.31	98.31	99.38	100
SCB002	97.6	97.37	97.33	97.71	98.32	95.35	97.74	96.97	98.69	98.69	99.38	97.69
SCC001	94.71	99.52	99.48	95.74	100	98.2	99.3	99.02	100	100	100	100
SCC002	100	99.32	98.59	100	98.81	99.04	99.02	98.15	100	97.05	100	100
TAGET	98	98	98	98	98	98	98	98	98	98	98	98

改善前　　　　　　　　　　　改善中　　　　　　改善後

圖 14-4　改善前後比較

八、結論

　　電鍍製程在整個 IC 封裝流程中有相當大的重要性，產品在電鍍製程的好壞關係到產品在後製程的作業到完成品交到客戶手中的運用，因此，電鍍產品良率的提升一直是 IC 封裝產線所要追求的目標。良率的提升與 SPC 的控管與機故率有著很大的關聯，針對 SPC 的管制與如何降低機故率做要因分析，尋求解決對策。當異常發生時，依可能發生之原因逐步檢查，追查其發生真因；異常發生時，務必詳實記錄發生狀況，以利後續處理，集思廣益，尋求最佳的解決之道，提升產品良率，達到最佳製程品質。

14-1 品質管理的意義及其重要性

一、品質的意義

品質帶有主觀性的色彩。設計品質是指一件產品的功能或設計，以產品之品質是否符合產品達到顧客（使用者）的要求程度，說明產品的品質。「主觀性」是構成品質的要件之一，而製造品質則是生產過程是否達到標準規範，滿足顧客的要求或適用性（Fitness of use）。

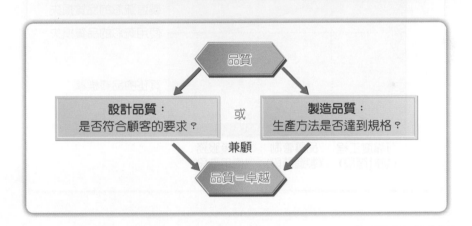

圖 14-5 品質的意義

1. 品質：

   (1) 製造為特性：如硬度、酸度技術特性等。

   (2) 無形的特性：如味覺、美感及姿態直覺心理性的美感。

   (3) 產品為特性：如產品可靠度、維護度的實體屬性以及材料、零組件等。

   (4) 價值為特性：如服務人員的熱忱及服務機關的誠實感，產品被認為物超所值等。

2. 品質投入三階段：品質是經過「設計」、「製造」及「使用」三個階段才產生出來的（圖 14-6），如下說明。

   (1) 設計階段：設計審查是針對設計者的設計內容，進行一系列的客觀評估，是設計保證中非常重要的一環。配合產品研發時程的進展，集合群體智慧與經驗，及時找出影響產品性能、可靠度、時程與成本等有關的設計問題，謀求對策及建議，從而提高產品性能及品質。

(2) 製造階段：實施品質保證，品質保證活動的基本概念大概分成三個階段：不讓不良品出廠、不製造不良品與不設計不良品。

(3) 使用階段：建立良好的售後服務、抱怨處理與資訊制度。

圖 14-6　品質投入三階段

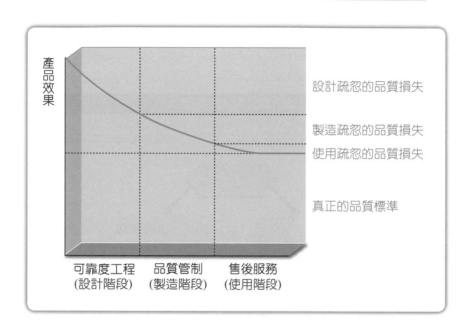

二、品質的重要性

　　品質可以降低作業成本、提昇顧客滿意度、提高作業效率、增加市場佔有率、提高企業信譽與社會責任。品質的重要性如圖 14-7，可分為以下幾點。

1. 一個企業的名聲以及印象與其所提供的產品或服務的品質及價格有關，不好的品質會使其信譽不佳，以至於降低企業市場佔有率。

2. 企業產品服務設計不佳或生產品質未加以控制，導致消費者因此受傷或遭到損失，這就造成了企業的潛在負債。

3. 生產上做好品質檢驗工作，檢驗工作徹底執行，使每一零組件規格符合要求，加快產品的裝配速度，使生產力提高，亦即品質對生產力的提升有正面影響。

4. 品質上的瑕疵會造成成本及費用的增加，包括丟棄處理的費用、瑕疵品再加工的成本、銷售後維修費用等。

5. 國際貿易間的品質形象對國家形象的影響甚鉅。

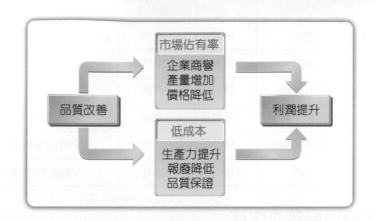

圖 14-7　品質重要性

三、品質管理（Quality management）的意義

　　品質管理為生產物美價廉且適用，能讓顧客滿意的產品，提高員工工作效率及服務品質，所做的一切努力與活動。品質觀念是逐漸演進的，大約可分為幾個階段：

1. **第一階段：**品質在於「適用」，著重於「檢驗」（Inspection），若將不良品篩選出來，其它的就是適合使用的良品，於是用領班、品管員從事篩選的工作。

2. **第二階段：**品質在於「製造」，若能製造產出良品，就能適合使用，於是運用統計方法從事品質管制工作。

3. **第三階段：**品質在於「符合規範」，著重於「管制」（Control），若能對不良品加以管制，其它的就是符合規範的良品。

4. **第四階段：**品質在於「滿足顧客的需求」，著重於「保證」（Assurance）。

5. **第五階段：**品質在於「提供附加價值」，是「習慣」造成的，只要維持良好的工作習慣，就能維持良好的品質，而強調全面品質保證。

6. **第六階段：**品質在於「創新」，而著重於「全面品質管理」，品管的工作，由成品後的篩檢到全面製程的管理。強調「品質始於顧客，終於顧客」。

　　從品質觀念的演進，可以瞭解企業對品質的要求愈來愈高，愈來愈嚴格，品質管理制度也隨著人們對品質觀念的不同而改變，由成品後的篩檢到全面製程的管理，如表 14-1。

表 14-1　品質觀念的演進

年代	品質的觀念	品質管理的重點	品質管理的制度
1920 ～ 1950 年	適用	品質是檢驗出來的	領班、品管員作篩選工作（OQC）
1950 年以後	適用	品質是製造出來的	運用統計方法（SQC）
1960 年以後	符合規範	品質是設計出來的	品質管制（QC）
1970 年以後	滿足顧客需求	品質是管理出來的	品質保證（QA）
1980 年以後	提供附加價值	品質是習慣出來的	全面品質保證（TQA）
1990 年以後	創新	品質可以預防（製程）	全面品質管理（TQM）

四、品管大師對品質之定義

　　品質的定義，由於觀點不同而產生不同的定義，蓋因品質擁有很多不同之面向，以下茲就數位品管大師及學者對品管所下之定義進行說明。

（一）戴明（W. E. Deming）

　　認為品質係「顧客之現在與未來之需要」，並強調品質是製造出來的，而非檢驗得來的，要用最經濟的手段製造市場最有用的產品。而品質的改善可藉由統計過程的控制及降低過程中的差異性而達成，且品質的改善是在員工的參與下才容易達成。品質問題源於生產和流程，他主張應在生產過程中就進行品質管理，使生產的產品零缺點，而不是對生產的成品進行品質管理，把不良品挑出來。他認為，品質是以最經濟的方法，製造出最有用的產品。他主張用統計方法進行品質管理，而提出計畫（Plan）、執行（Do）、查核（Check）及行動（Action）四個動作，稱為「PDCA 循環」，又稱「戴明循環」（Deming circle），如圖 14-8。

圖 14-8　PDCA 管理循環

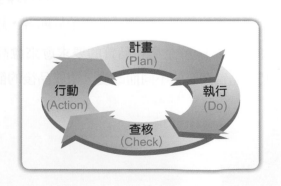

　　PDCA 循環是戴明博士在西元 1950 年受邀於日本講習時所介紹的一項管理理念，最初應用於品質管理，爾後擴及企業各階層的管理思維及行動上，經由不斷的改進而成爲如今的面貌。

　　圖 14-9 說明 PDCA 是循環過程，同時整合 SDCA，亦就是透過 PDCA 進行改善，進而維持 SDCA 循環，若過程中如果發現問題，再透過 PDCA 持續改善。

圖 14-9　有機組織的 PDCA 基本運作式

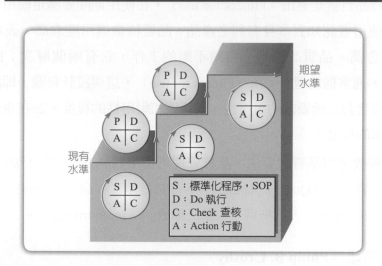

　　戴明於西元 1986 年提出「全面品質管理」的觀念以及「戴明十四項品管要點」（Deming's 14 points to quality），這十四項要點爲：

1. 透過創新、研究、教育、維修，以建立企業永續經營的目標，而非只想賺錢。

2. 以新的觀念來看品質，將品質的觀念帶入企業的各層面。

3. 注意每一個流程所產生的統計數據，同時取消設定財務目標與批量。品質並非對成品檢查，而是來自改善流程。

4. 使用統計數據挑選材料供應商而非價格，並減少供應商的家數。

5. 使用統計方法使問題來源單純化。

6. 從事在職訓練。

7. 建立激勵的領導制度，取代監督的方式。

8. 以學習取代恐懼。

9. 破除各部位的本位主義。

10. 摒棄對員工說教、訂定目標和喊口號。

11. 不斷改善工作方式。

12. 給予員工統計方法的訓練。

13. 建立員工進修制度，並不斷的吸收新知識與新技能。

14. 每天反覆演練上述十三觀點。

（二）朱蘭（**Joseph M. Juran**）

　　朱蘭認為品質就是適用（Fitness for use），在使用期間要滿足使用者的需要。主要決定於使用者認知對本身有利之產品，品質特徵適用度愈高，表示使用者愈滿足及品質愈高。品質改善是一持續不斷的工作，它有兩個層次：1. 確定任務（Mission），通常稱為適於使用（Fitness for use），這與設計有關，即設計的要求如何，以及符合設計所要求的可用性、信任性和耐用性的程度。2. 在企業中各部門配合設計要求的程度。

　　朱蘭詳細敘述對品質的要求，品質管理可援用財務管理所採行的三個管理程序，分別為品質規劃（Quality planning）、品質控制（Quality control）、品質改善（Quality improvement），合稱為「朱蘭三部曲」（Juran trilogy）。

（三）克勞斯比（**Philip B. Crosby**）

　　克勞斯比提出兩個問題：什麼是品質？（What is quality？）達到品質要求的標準和系統是什麼？（What standards and systems are needed to achieve quality？），強調的是品質的觀念，而非統計方法。

　　克勞斯比認為品質就是符合要求的標準，強調第一次就把工作做好，他對品質的看法主要以四個絕對品質（Absolute of quality）來回答這個問題，分別為：

1. 符合必要性，即一般所說的，第一次就做好（Do it right the first time）。

2. 沒有缺點是唯一可接受的。

3. 零缺點是唯一的標準。

4. 品質的成本是僅有的衡量品質的標準，由品質而產生出的成本一定小於品質不良而產生出的成本。

（四）費根堡（A. V. Feigenbaum）

認為品質就是在產品的用途及實際用途等消費條件下的「最好」，他並認為只有當組織對產品發展一套明確的決策制定和運作架構，能對品管問題採取適當行動，組織才能達成較佳的品質。品質管理應有效的整合三項功能：

1. **品質發展（Quality development）**：包括觀念、計畫、設計、結構。

2. **品質維護（Quality maintenance）**：包括生產、分配、服務。

3. **品質改進（Quality improvement）**：包括訓練、資料分析、顧客的反應。

費根堡認為，品質的目標是，當顧客需要服務或使用產品時，就能夠得到所需要的服務或產品，並能滿足顧客的需求。

（五）石川馨（Kaoru Ishikawa）

石川馨認為，品質是一種能令消費者或使用者滿足，並樂於購買的特質。他主張，品質管理是全部門和全員參與的工作，企業內各部門、各人，從董事長到基層員工，都對品質管理負有責任，品管圈是品質管理的工具，它由員工和管理者所組成，透過品管圈來發掘企業的問題，並設法解決。

各學者對品質的定義，如表 14-2。

表 14-2　各學者對品質的定義

品質大師	定義	重要事蹟與見解
戴明	最經濟的手段，製造市場最有用的產品。	1. 日本品質之父，其貢獻特別設立日本戴明獎。 2. 戴明 14 個管理原則（Deming's 14 points）。 3. 從生產系統每一環節，不斷改進品質（PDCA 又稱戴明循環）。
朱蘭	品質是產品使用期間，要滿足使用者的需要，即合用性（Fitness）。	1. 協助創建美國國家品質獎，品質管制手冊（Quality control handbook）被視為品質管理領域中的聖經。 2. 品質三部曲：品質規劃、品質管制、品質改進。

表 14-2　各學者對品質的定義（續）

品質大師	定義	重要事蹟與見解
克勞斯比	品質就是符合要求的標準，強調第一次就把工作做好，使顧客獲得滿意。	1. 零缺點作為評定品質成效的標準，而不是可接受的品質水準數據。 2. 「零缺陷」（Zero defectives）之父。 3. 第一次就把工作做好。 4. 四個絕對品質。
費根堡	品質絕不是最好的，而是在某種消費條件下的最好。	1. 全面品質管制（TQC）的創始人。 2. 品質管理應有效的整合三項功能。 3. 沒有不變的品質水準，要不斷提升。
石川馨	品質是一種能令消費者或使用者滿意，並且樂意購買的特質。	1. QCC 品管圈之父。 2. 品管始於教育，終於教育、下一工序即是顧客、用資料 / 事實說話、尊重人的經營。 3. 特性要因圖又稱為石川圖或魚骨圖。

五、檢驗的意義及種類

（一）品質成本（Cost of quality）

產品為符合要求、預防產品不符合要求而付出的總成本，防止「現在及未來出現錯誤」而產生的所有有關成本。

1.　**預防成本**：為保證達成特定品質標準之產品設計等有關之成本，且尚有位在製程上提升品質所採用的各種設備、訓練員、原料等各項成本。

2.　**鑑定成本**：是檢驗與維持統計品質管制系統之成本，包括檢驗員、分析員及品質管制管理等人事成本及檢驗儀器之成本。

3.　**內部失敗成本**：包括損壞及瑕疵品之重做成本。

4.　**外部失敗成本**：為修理及更換成本，以及服務保證有關之營業成本和商譽的損失成本等。

　　品質成本隨著符合品質水準的增加而提昇，但隨著不符合成本的增加而降低，總品質成本是符合成本與不符合成本之和，如圖 14-10。

圖 14-10　品質成本分類

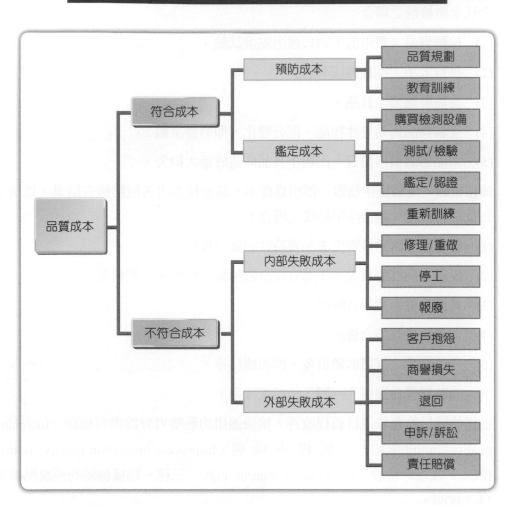

（二）檢驗（Inspection）的意義

　　品質管理雖然強調品質的預防和持續改善，然而檢驗仍然被使用在特定的應用上。檢驗乃是將原物料、製程中的產出或產品依照預定的檢查方法，進行品質特性的檢測，並將其結果與預定的品質標準作比較，從而判定此批產品是否合格。原料零件之購入，半成品或製成品依照約定的檢查方法，就整批或一部份試驗，分析或測定樣本之規定的品質特性，將其結果與原訂的品質標準比較，以判斷該批是否合格的全部過程。

（三）檢驗的種類

檢驗的種類包括：全數檢驗、抽樣檢驗及無檢驗通過三種，說明如下：

1. **全數檢驗**：將整批的物品一一挑選，發現不良品或不合格即予更換或重製。適合採全數檢驗之場合：

    (1) 檢驗容易、費用低，例如燈泡點燈試驗。

    (2) 批量太小，採抽樣沒有意義。

    (3) 檢驗群體需全良品。

    (4) 受驗物品為易染性物品，部分變化，即影響全體。

    (5) 物品個體價格昂貴，出現不良品即造成重大損失。

2. **抽樣檢驗**：從整批中抽取一部份為樣本，基於樣本內各個體檢查結果，以決定該批是否合格。適合採用抽樣之場合：

    (1) 受驗品經試驗後將失去品質特性的破壞性檢驗。

    (2) 受驗物品群體很大，不適宜採全數檢驗，例如米、肥料等。

    (3) 為節省檢驗費用及時間。

    (4) 允許有少許不合格品。

    (5) 受驗物品之群體個體很多，例如螺絲等。

    (6) 受驗群體為廉價性物體，例如電線等。

    抽樣檢驗目的在於進行製程改善，檢驗適用的範疇可分為進料檢驗（Incoming quality control, IQC）、製程中檢驗（In-process inspection quality control, IPQC）及最終檢驗（Final quality control, FQC）三種。抽樣檢驗的優缺點如表 14-3 說明。

3. **無檢驗通過**：供應商交貨之貨品頗為可信，且審查交貨者之檢驗記錄皆合理者，可不經檢驗即認定該批合格。

表 14-3　抽樣檢驗的優缺點及偏誤

優點	缺點	偏誤
1. 適用破壞性產品。 2. 省時、省力且省成本。 3. 因只是檢驗群體之一部分，降低檢驗人員因身心疲勞所造成的檢驗誤差。 4. 可促使生產者改進品質。 5. 降低檢驗過程中造成的損壞。	1. 拒收好批、允收壞批之風險。 2. 因抽樣僅是樣本檢驗，較全數檢驗所提供的情報少。 3. 增加規劃和文書工作。 4. 抽樣計畫花費較多時間規劃。	1. 從同一地方抽取樣本。 2. 預先得知產品情況，專門抽取良品或不良品。 3. 忽視不方便抽取的批別。

14-2　統計品質管制

一、管制圖之意義

　　將蒐集之數據用統計方法加以計算出管制界限，用以表示製程能力水準，在製程中抽樣，並將樣本統計量點入圖中，用以判斷品質變異之情形，此種圖形為管制圖。

　　產品（X）由 n 個組件（X_i）組成時，該產品的平均數與標準差公式如下：

$$平均數：\overline{X} = \overline{X_1} + \overline{X_2} + \cdots\cdots + \overline{X_n}　　　　　　（式 14-1）$$

　　其中：$\overline{X}$ 為產品的平均數，$\overline{X_i}$ 為各組件的平均數。

$$標準差：\sigma = \sqrt{\sigma_1^2 + \sigma_2^2 + \cdots\cdots + \sigma_n^2}　　　　　　（式 14-2）$$

管制圖的管制界限為判定製程是否在管制中（樣本統計量），其公式如下：

$$UCL = \mu + \frac{3\sigma}{\sqrt{n}}$$ （式 14-3）

$$LCL = \mu - \frac{3\sigma}{\sqrt{n}}$$ （式 14-4）

二、管制圖之繪法

為一種特殊的趨勢圖，它可以表現出產品特性的變化情形，管制圖由三部份組成：管制界限（Control limit）、中心線（Center line）與樣本點，如圖 14-11，說明如下。

1. **中心線（Central Line, CL）**：以實線表示，平均值的直線為產品特性之標準值，它是由過去一般時間觀察而得，用以決定工程中可能達到的目標及標準，此線有助於了解工程實際情形及品質趨勢。

2. **上（下）管制界限（Uppor & Lower Control Limit, UCL & LCL）**：以虛線表示，在距離中心線上，下三個標準差的地方，表示容許產品變動的範圍，有助於了解品質變動之情形。在常態分配中，落於此兩線之間的機率應為 99.73%，落於線外的機會很小，僅 0.27%。在界線內之差異視為偶發事件，界限外則視為由個人原因造成，此時應查明原因，進而加以矯正。

圖 14-11　管制圖上下界限

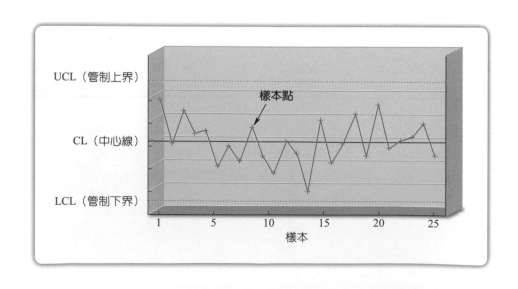

三、製程能力與製程能力指標

（一）製程能力

　　製程能力（Process capability）係指產品生產品質之一致性。製程能力之良窳將影響產品品質之一致性，因此產品銷售規格之制定除考量實際產品的規格（眞值）與顧客期望的規格兩者之間的差異外，尚需考量製程變異。進行製程能力分析時，須將其他各種可能影響品質變異的變數固定或剔除其影響，例如操作人員、抽樣時間、操作方法或生產批號等。

　　產品製程變異係經由製造過程與量測過程所產生，其中量測過程係由人為因素與量測機具等所造成之變異。製程總變異＝產品製程變異＋量測變異（人＋機）。製程能力與允差的關係，如圖 14-12 所示，會因變異差異，產品製程變異會落在管制圖不同的區間。

圖 14-12　製程能力與允差關係

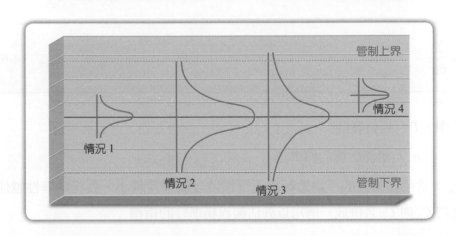

1.　**情況 1**：製程能力在允差範圍內，產品瑕疵品的機率將非常小，而產出品質將較規格為優，此時檢驗數目可以較少。

2.　**情況 2**：製程能力與允差相同的情況之下，此時若製程平均數及變異數不變，則 1,000 件產出中，瑕疵品將少於 3 件。

3.　**情況 3**：製程能力在允差範圍之外，將產生許多瑕疵品，管理者應採取以下措施：(1) 改變產品規格；(2) 若不能改變規格，則應改善製程；(3) 若以上均不能實現，則採 100% 檢驗，唯檢驗成本很高。

4.　**情況 4**：製程較允差為小，但製程平均數不適當，因而產生瑕疵品，此時生產問題為重新矯正機器，使品質特性之平均值與規格一致。

（二）製程能力指標

常採用的手法為製程能力指標，常見的指標有 C_a、C_p、以及 C_{pk}。，如表 14-3 彙整，說明如下。

1. **C_a**：製程準度指標值係表示產品製程平均數（C_a）與規格中心值（μ）之一致性。當品質特性平均值較接近目標值時，製程準確性較佳。

$$C_a = \frac{\alpha - x}{T} \qquad \text{（式 14-5）}$$

其中，μ ＝規格中心值

x ＝量測數據平均值

T ＝規格寬度

2. **C_p**：當品質特性標準差越小，製程精密性越佳。

$$C_p = \frac{T}{6\sigma} \qquad \text{（式 14-6）}$$

其中，T ＝規格寬度

σ ＝量測數據的標準差

3. **C_{pk}**：當品質特性的平均數較接近目標值且標準差越小，製程精準性越佳，因此將 C_a 與 C_p 合併成一個用以評估製程精準性的指標

$$C_{pk} = \alpha c \qquad \text{（式 14-7）}$$

表 14-4　製能力指標評價基準

等級	C_{pk}	製程評價
A	$1.5 \leq C_{pk}$	製程穩定，可考慮縮小規格以勝任更精密的工作
B	$1.25 \leq C_{pk} < 1.5$	製程尚佳，應設法維持
C	$1.00 \leq C_{pk} < 1.25$	製程能力不足，應進一步分析問題是出自於 C_a 或 C_p 的問題，並進行改善
D	$C_{pk} < 1.00$	應立即採取緊急改善措施，必要時停止生產

14-3　計數值與計量值抽樣計畫

抽樣檢驗計畫分為兩種，兩者之比較如表 14-5。

1. **計數值抽樣計畫**：由一批產品或材料中，抽取一組樣本加以檢驗，比較不良品和允收數（良品 / 不良品），以決定允收或拒收此批產品，稱為計數值抽樣計畫，如 MIL-STD-105E。

2. **計量值抽樣計畫**：抽取一組樣本測量其品質特性彙成統計量，然後與規定的允收率比較以決定允收或拒收此批產品，產品品質特性是計量值，則稱為計量值抽樣計畫，如 MIL-STD-414。

表 14-5　計量值與計數值之比較

	計量值	計數值
群體分配	常態分配	二項分配、卜瓦松分配
樣本大小	小	大
檢驗費用 – 固定	大	小
減用費用 – 變動	小	大
檢驗難易	較難	較易

一、單次抽樣檢驗

單次抽樣檢驗即僅抽取一次樣本判定整批是否合格之抽樣檢驗。自含有 N 個群體中，隨機抽取樣本 n 個，檢驗其中不合格品數 d 小於或等於允收數 c 時，判該批合格，否則為不合格批。圖 14-13 為單次抽樣之流程。

圖 14-13　單次抽樣流程

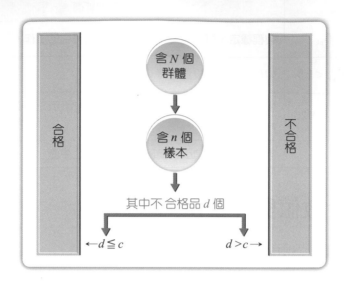

　　例如某一送檢批量共 1,000 件產品，今隨機抽取 100 件，其允收之條件如下：$n = 100$，$c = 2$，符號 n 代表抽樣的樣本數，c 為允收數，r 為拒收數，亦即抽取 100 件產品，若發現其中有 2 件或 2 件以下不良品時，才接受送驗之 1,000 件產品。現以圖 14-14 說明之。

圖 14-14　單次抽樣流程案例圖解

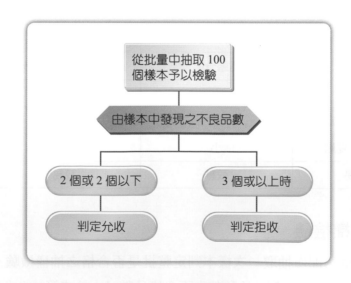

二、雙次抽樣檢驗

雙次抽樣檢驗之流程如圖 14-15，群體批大小為 N，第一次抽取 n_1 個為樣本，第二次為 n_2，第一次允數為 c_1，第二次為 c_2，第一次抽樣 n_1 個中，不良品為 d_1 個，若：

1. $d_1 \leq c_1$ 則判該批允收。
2. $d_1 > c_2$ 則該批拒收。
3. $c_1 < d_1 \leq c_2$，則第二次抽樣 n_2 個其中不良品數 d_2 個。
4. $d_1 + d_2 \leq c_2$ 則判允收，若 $d_1 + d_2 > c_2$ 則拒收該批。

圖 14-15　雙次抽樣檢驗流程

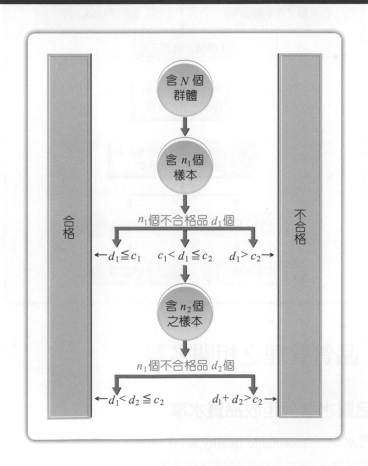

雙次抽樣亦稱二階段抽樣。所謂雙次抽樣係表示送檢批量經由一次抽驗時，可以判定允收、拒收或第一次無法決定時再進行第二次抽樣，藉由第二次抽樣之檢驗結果判定該批貨允收或拒收，即必須在二次後作決定，如圖 14-16。

圖 14-16 雙次抽樣檢驗流程案例圖解

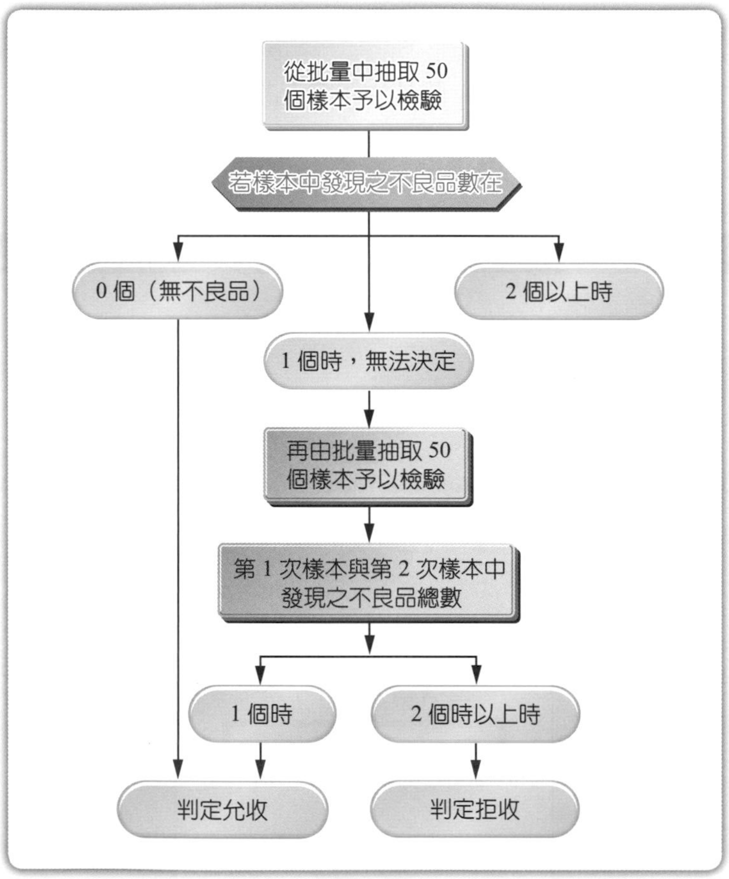

14-4 品質管理之相關名詞

一、允收品質水準與拒收品質水準

允收品質水準（Acceptable quailty level, AQL）是指生產者自己衡量自己本身的能力，認為這種水準的不良率是可以負荷的，因此在協議時，提供給買方。買方亦同意採用，而買方在抽驗中以此最大的不良品個數，或說其仍感滿意的最壞品質，若結果小於或等於此最高不良率則允收，否則拒收。一般而言，通常小於或等

於此不良率而被拒收的機會非常小，約 5% 左右，亦即此 AQL 允收機率爲 95%。

對消費者而言，這種程度的不良群體，是無論如何都不能接受的，即爲拒收品質水準（Reject quality level），表示不合格批的最低不良率。

二、消費者冒險率與生產者冒險率

消費者冒險率（Consumer's risk, CR）即抽樣檢驗中，是壞的送驗批被顧客允收的機率，通常以符號 β（型 II 錯誤）表示，$1 - \beta$ 稱爲檢定力（Power of test）。通常 β 風險設爲 10%，意味消費者只有 90% 的機會拒收不合格之產品。

生產者冒險率（Producer's risk, PR）即抽樣檢驗中，是好的送驗批被顧客拒收之機率，通常以符號 α 表示（型 I 錯誤），α 又稱爲顯著水準（Signifi cance level）。通常 α 風險設爲 5%，意謂品質在合格水準下，被判爲允收之機率爲 95%。

圖 14-17 說明當 AQL 等於 1% 時，生產者冒險率爲 5%，則被判爲允收機率爲 $1 - \alpha = 95\%$；而當 LTPD 等於 5% 時，消費者冒險率 β 爲 10%，亦表示消費者只有 90% 拒絕不合格的機會。

圖 14-17　允收與拒收品質水準

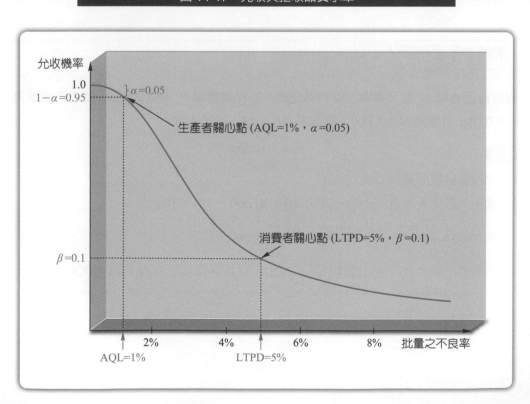

三、平均出廠品質界限

平均出廠品質界限（Average outgoing quality limit, AOQL）之最大值，表示經過選別檢驗之後，所可能產生之最差平均品質，此點稱之為平均出廠品質界限。AOQL 之實際計算，則應先計算群體批各個可能不良率 P 之平均出廠品質（AOQ）再從其中找出極大值為 AOQL。AOQL 是一連串多批產品之平均不合格率，個別貨批的不合格率仍有可能高於 AOQL。

1. **AOQ** 之計算：允收樣本部分與拒收批量均以良品代替。

$$\text{AOQ} = \frac{kP_a P(N-n)}{kN} = \frac{PP_a(N-n)}{N} \qquad （式 14-8）$$

2. 平均出廠品質界限（**AOQL**）：

$$\text{AOQL} = \text{Max}\{\text{AOQ}\} \qquad （式 14-9）$$

其中，k = 批數，P = 不良率，P_a = 允收機率

例題 14-1　★進階題型（偏難）

假設最近檢驗 10 批，其中二批判為允收，即允收機率 $P_a = 0.2$，檢驗批之不良率為 $P = 0.01$，批量為 $N = 1,000$，樣本大小 $n = 10$，試求 AOQ。

解答

1. 總檢驗檢數為 $K_n = (10)(1,000)$
2. 總不良數為 $K_a \times P(N-n) = 10(0.2)(0.01)(1,000 - 10) = 19.8$

   故 $\text{AOQ} = \dfrac{kP_a P(N-n)}{kN} = \dfrac{PP_a(N-n)}{N} = 0.00198$

   由各種不同之 P 中，可換算不同之 AOQ，從其中最大之 AOQ 即為 AOQL。

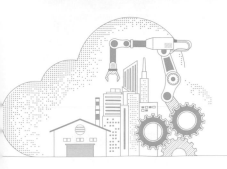

工管小常識

精實六標準差基本技術應用於降低庫存成本的改善

建構精實六標準差的架構模式，針對個案公司資材部門為實證研究對象，以 DMAIC 活動整合六表標準差改善技術，圖 14-18 使用精實六標準差執行 DMAIC 管理工作，即定義（Define）庫存問題點的源流、評量（Measurement）庫存問題的所在、分析（Analysis）瞭解造成庫存問題的關鍵因素、改善（Improvement）關鍵指標的不確定性因素，以統計製程控制（Control）確保所有的庫存指標在管理範圍，完成精實六標準差庫存成本降低之企業改造。

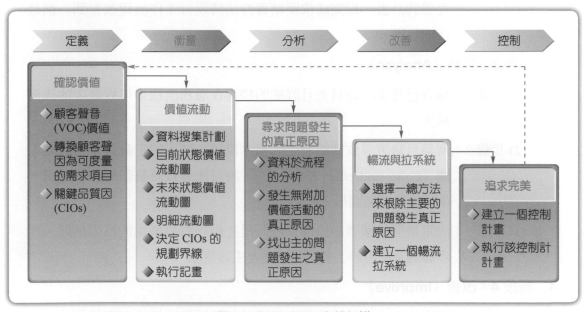

圖 14-18　DMAIC 改善架構

1. 階段 1：定義（Define）

(1) 步驟 1：首先鑑定顧客的聲音，顧客是包含外部顧客和內部顧客，調查可估計其服務品質是否能滿足外部顧客及內部成員的需求。

(2) 步驟 2：將步驟 1 鑑定的各個屬性轉換成為可量化的數值。轉為量化的理由為能夠將顧客的需求作一詳細的測量以利下一步驟的執行，量化的工具透過品質機能展開的方法來瞭解顧客的需求。

2. **階段 2：衡量（Measure）**

    (1) 步驟 1：建立一個蒐集資料的計畫並蒐集測量 CTQs 的資料。通常用來蒐集資料的方法是調查，透過集群分析、面談、市場研究、抱怨系統建立。

    (2) 步驟 2：建構一個目前各階段工作流程的價值流動圖，瞭解階段需求改變或存在任何獲利機會。此關鍵見解可協助後續步驟判斷並消除無附加價值的活動，必要時，更能增加獲利的機會。

    (3) 步驟 3：建構一個未來狀態價值流動圖，而此圖能夠增加現行各階段流程績效的改善機會。此步驟不但可以順利消除無附加價值的活動，更能使其他活動透過流程改造的執行達到較佳的效率。發展一套完善的計畫，以完成依照精實方法將現行工作流程改善到一個最佳的狀態。

3. **階段 3：分析（Analyze）**

    (1) 步驟 1：檢查已蒐集的資料並且詳細的描述在服務流程中可能發生的任何缺失。

    (2) 步驟 2：辨識且驗證導致缺陷發生的根本原因，使用的工具就是特性要因圖（Cause-and-effect diagram），將可能導致該缺陷的原因建構一個完整的連結圖形。

    (3) 步驟 3：決定幾個最顯著的原因並依照優先順序將最嚴重的原因排除。此步驟最常使用的工具是柏拉圖及主效應圖。

4. **階段 4：改善（Improve）**

    (1) 步驟 1：選取能夠完全消除顯著影響關鍵品質特性之根本原因的方法。一個最簡單且最常用來產生解決方案的方法就是透過專案團隊的腦力激盪。

    (2) 步驟 2：發展一個創造市場價值的拉式系統流程，此流程必須是緊密的結合且不含任何無附加價值的步驟，因此可以降低流程速度並且快速滿足顧客的需求。

5. 階段 5：控制（Control）

　　(1) 步驟 1：發展一個管制計畫以確保解決方案的有效性，此控制計畫必須從
　　　　　　　策略面及戰略面考量後產生。典型的方法是採取管制圖（Control
　　　　　　　chart）、進行圖（Run chart, R-chart）及查檢表（Check list）來達
　　　　　　　到此目的。

　　(2) 步驟 2：執行管制計畫為協助管制計畫更容易，將作業機能轉換成為新的
　　　　　　　管制計畫且運用新的程序訓練員工。定期稽核流程，運用新的管
　　　　　　　制技術以確保流程的績效。

一、 選擇題 ★標示為較難題目

( ) 1. 哪位品質大師於「品質免費」一書中，提出第一次就做好的口號？
(A) 田口玄一（Taguchi） (B) 戴明（Deming） (C) 克勞斯比（Crosby）
(D) 朱蘭（Juran）

★( ) 2. 在某雙次抽樣計畫中，若 $n_1 = 60$，$c_1 = 2$；$n_2 = 100$，$c_2 = 8$。d_1 則表示第一次抽樣之不合格品數，d_2 為第二次抽樣的不合格品數。請問下列敘述何者正確？ (A) 若 $d_1 = 3$，則允收貨批，不再進行第二次抽樣 (B) 若 $d_1 = 4$，則再抽 $n_2 = 100$；若 $d_1 + d_2 = 8$ 則允收貨批 (C) 若 $d_1 = 5$，則再抽 $n_2 = 100$；若 $d_1 + d_2 = 9$ 則允收貨批 (D) 若 $d_1 = 8$，則允收貨批

★( ) 3. 在某雙次抽樣計畫中，若 $n_1 = 75$，$c_1 = 1$；$n_2 = 150$，$c_2 = 4$。d_1 則表示第一次抽樣之不合格品數，d_2 為第二次抽樣的不合格品數。請問下列敘述何者不正確？ (A) 若 $d_1 = 1$，則允收貨批，不再進行第二次抽樣 (B) 若 $d_1 = 3$，則再抽 $n_2 = 150$；若 $d_2 = 0$ 則允收貨批 (C) 若 $d_1 = 2$，則再抽 $n_2 = 150$；若 $d_1 + d_2 = 3$ 則允收貨批 (D) 若 $d_1 = 3$，則再抽 $n_2 = 150$；若 $d_2 = 3$ 則允收貨批

★( ) 4. 產品品質特性之規格為 150 ± 12。已知製程平均值為 153，製程標準差為 2，下列何者為正確？ (A) $C_p = 1$，且 $C_{pk} = 0$ (B) $C_p = 2$，且 $C_{pk} = 1.5$ (C) $C_p = 2$，且 $C_{pk} = 1$ (D) $C_p = 1.5$，且 $C_{pk} = 2$

( ) 5. 在假設檢定中，下列敘述何者正確？ (A) 型 II 誤差機 值在品質管制中稱為生產者風險 (B) 當虛無假設為偽，但卻被拒絕，則產生型 I 誤差 (C) 當虛無假設為真，但被接受，則產生型 I 誤差 (D) 當虛無假設為偽，但卻被接受，則產生型 II 誤差

( ) 6. 在品質成本中，測試設備維護的成本屬於： (A) 外部失敗成本 (B) 內部失敗成本 (C) 鑑定成本 (D) 預防成本

( ) 7. 下列哪些是朱蘭（Juran）的朱蘭三部曲？ (I) 品質規劃、(II) 品質管制、(III) 品質保證、(IV) 品質改善 (A) 僅 (I)、(II)、(III) (B) 僅 (I)、(II)、(IV) (C) 僅 (I)、(III)、(IV) (D) 僅 (II)、(III)、(IV)

(   ) 8. 哪位品質大師於「品質免費」一書中，提出第一次就做好（Do it right the first time）的口號？   (A)田口玄一（Taguchi）   (B) 戴明（Deming）   (C) 朱蘭（Juran）   (D) 克勞斯比（Crosby）

(   ) 9. 下列敘述何者正確？   (A) 朱蘭（Juran）提出品質三部曲   (B) 克勞斯比（Crosby）提出 PDCA 循環   (C) 柏拉圖（Pareto）提出管制圖之觀念   (D) 史瓦特（Shewart）提出柏拉圖

(   ) 10. 某製程的 CP 值為 2，當品質規格為 130、9 英吋，製程標準差為   (A) 2.5   (B) 2.0   (C) 1.5   (D) 1.0

(   ) 11. 檢驗所花費的成本是為   (A) 評估成本   (B) 預防成本   (C) 外部失敗成本   (D) 內部失敗成本

(   ) 12. 計量值管制圖之優點為何？   (A) 能提供更多資訊   (B) 檢驗成本較低   (C) 可以同時考慮數個品質特性   (D) 方法比計數值管制圖簡單

(   ) 13. 在諸多對於品質的定義中，以製造為基礎的觀點來定義，其意涵為何？   (A) 某個特定可量測變數的函數   (B) 由顧客的需求決定   (C) 用途或滿意程度對價格的關聯   (D) 產品製造的結果與規格的一致性

(   ) 14. 戴明提出的 PDCA（Plan-do-check-action）循環，通常被應用作為品質改善活動所遵循的程序。下列那一項通常被使用作為改善活動的驅動力？   (A) Plan   (B) Do   (C) Check   (D) Action

(   ) 15. 品質改善活動中須針對對策（Action）執行稽核，其最重要的是須確認？   (A) 對策被執行   (B) 對策有效性   (C) 對策如期完成   (D) 對策標準化

二、證照題

(   ) 1. 有關於品管的歷史沿革，A：品質是設計出來的；B：品質是檢查出來的；C：品質是製造出來的；D：品質是管理出來的。其先後的排序為：
    (A) BDCA   (B) BACD   (C) BCAD   (D) CBAD

（110-2 工業工程師—品質管理）

（　　）2. 下列敘述何者正確？　(A) 朱蘭（Junin）提出品質三部曲　(B) 蕭華特（Shewart）提出品質機能展開　(C) 柏拉圖（Pares）提出管制圖之觀念　(D) 克勞斯比（Crosby）提出 PDCA 循環

（110-2 工業工程師—品質管理）

（　　）3. 有關下列對品質管理的敘述，何者不正確？　(A) 品質規劃是一種策略活動，傾聽顧客的心聲是最主要的工作　(B) 品質改善為增強組織符合品質要求能力的活動，通常以專案進行，專案完成後就停止　(C) 品質保證係為有計畫性的行動，以有足夠信心去確保產品或眼務能滿足品質需求　(D) 品質管理包括品質規劃、品質保證、品質管制及品質改善等工作

（110-2 工業工程師—品質管理）

（　　）4. 全面品質管制（TQC）之觀念是由哪一位學者所提出？　(A) 費根堡（Feigenbaum）　(B) 蕭華特（Shewhart）　(C) 戴明（Deming）　(D) 田口玄一（Taguchi）　（110-1 工業工程師—品質管理）

（　　）5. 下列均為品質規劃的工作，但最重要的首要工作在於：　(A) 參與設計評核活動　(B) 決定製程能力　(C) 評估供應商之品質系統　(D) 鑑定顧客並決定顧客之需求　（110-1 工業工程師—品質管理）

（　　）6. 增加哪一項品質成本就可以降低其他的品質成本？　(A) 內部失敗成本　(B) 外部失敗成本　(C) 預防成本　(D) 鑑定成本

（110-1 工業工程師—品質管理）

（　　）7. 因應 COVID-19，政府編列預算施打疫苗，請問這類成本屬於：　(A) 內部失敗成本　(B) 預防成本　(C) 外部失敗成本　(D) 鑑定成本

（110-1 工業工程師—品質管理）

三、　填充題

1. 品質帶有主觀的色彩。設計品質是指一件產品的功能或設計是否達到顧客（使用者）的要求程度，以此說明產品的品質。「主觀性」是構成品質的要件之一，而製造品質則是生產過程是否達到標準規範，滿足顧客的要求或＿＿＿＿＿＿（Fitness of use）。

2. 戴明（W. E. Deming）張用統計方法進行品質管理，而提出計畫（Plan）、執行（Do）、查核（Check）及行動（Action）四個動作，稱為「＿＿＿＿＿＿＿」，又稱「戴明循環」（Deming's circle）。

3. 朱蘭（Joseph M. Juran）認為品質就是適用（Fitness for use），品質管理可援用財務管理所採行的三個管理程序，分別為品質規劃（Quality planning）、品質控制（Quality control）、品質改善（Quality improvement），合稱為「＿＿＿＿＿＿＿＿」（Juran trilogy）。

4. 品質成本被分為兩類：「＿＿＿＿＿」（Conformance）與「＿＿＿＿＿」（Nonconformance），指產品為符合要求、預防不符合要求而付出的總成本，是防止「現在及未來出現錯誤」而產生的所有相關成本。

5. 符合成本是為了使產品合乎規格或滿足顧客需求所產生的成本，包括＿＿＿＿＿＿＿（Prevention）和＿＿＿＿＿＿（Appraisal）成本的總和。不符合成本是因產品不符合規格或不能滿足顧客需求所發生的成本，包括＿＿＿＿＿＿＿＿（Internal failure costs）和＿＿＿＿＿＿＿（External failure costs）的總和。

6. 檢驗的種類包括：＿＿＿＿＿＿＿、抽樣檢驗及無檢驗通過三種。

7. 抽樣檢驗目的在於進行製程改善，檢驗適用的範疇可分為進料檢驗（Incoming quality control, IQC）、製程中檢驗（In-process inspection quality control, IPQC）及＿＿＿＿＿＿＿＿（Final quality control, FQC）三種。

8. 抽樣檢驗計畫分為兩種：(1)＿＿＿＿＿＿抽樣計畫：由一批產品或材料中，抽取一組樣本加以檢驗，比較不良品和允收數（良品／不良品），以決定允收或拒收此批產品，如 MIL-STD-105E；(2)＿＿＿＿＿＿抽樣計畫：抽取一組樣本測量其品質特性彙成統計量，然後與規定的允收率比較以決定允收或拒收此批產品，如 MIL-STD-414。

9. ＿＿＿＿＿＿＿＿（Acceptable quailty level, AQL）是指生產者衡量自身的能力，認為這種水準的不良率是可負荷的。

10. ＿＿＿＿＿＿＿＿（Consumer's risk, CR）即抽樣檢驗中，壞的送驗批被顧客允收的機率，通常以符號 β（型 II 錯誤）表示，$1-\beta$ 稱為檢定力（Power of test）。通常 β 風險設為 10%，意味消費者只有 90% 的機會拒收不合格之產品。＿＿＿＿＿＿＿＿（Producer's risk, PR）即抽樣檢驗中，是好的送驗批被顧客拒收之機率，通常以符號 α 表示（型 I 錯誤），α 又稱為顯著水準（Signifi cance level）。通常 α 風險設為 5%，意謂品質在合格水準下，被判為允收之機率為 95%。

四、 簡答題

1. 簡述全數檢驗、抽樣檢驗、無檢驗通過。

2. 列出抽樣檢驗的優缺點。

3. 請說明克勞斯比對品質的看法主要四個絕對品質。

關鍵字彙

1. 品質（Quality）
2. 適用性（Fitness of use）
3. 戴明循環（Deming circle）
4. 零缺點（Zero defects）
5. 預防（Prevention）成本
6. 內部失敗成本（Internal failure costs）
7. 外部失敗成本（External failure costs）
8. 製程能力（Process capability）
9. 進料檢驗（Incoming quality control, IQC）
10. 製程中檢驗（In-process inspection quality control, IPQC）
11. 最終檢驗（Final quality control, FQC）
12. 允收品質水準（Reject quality level）
13. 拒收品質水準（Lot Tolerance Petcent Defective, LTPD）
14. 消費者冒險率（Consumer's risk, CR）
15. 生產者冒險率（Producer's risk, PR）
16. 平均出廠品質界限（Average outgoing quality limit, AOQL）

學習目標

1. 定義專案、專案管理意義並說明其重要性
2. 描述專案生命週期的五大流程
3. 了解專案組織的優缺點
4. 敘述專案管理九大知識內容
5. 簡短描述PERT/CPM方向
6. 建立PERT/CPM網路圖
7. 分析作業時間之估計（三時估計法）
8. 要徑之求法

專案計畫流程

專案章程範圍

專案資源

專案品質

專案溝通

專案行程

專案預算與成本

專案風險

管理個案新知

奇美實業 ezteamwork 維修管理解決方案

　　成立於 1960 年的奇美實業是全球主要的塑膠與橡膠材料供應商，逐步朝向高科技、低汙染、技術密集、高價值取向等特用化學品方向發展，目前，奇美實業是全球最大的 ABS 樹脂、PMMA 樹脂及導光板供應商。近年面對產業大環境轉變，奇美以創新思維，轉向發展高質化及差異化的產品服務，提升品牌價值，更透過數位轉型，為下一階段的變革做好準備。

一、建置背景 / 挑戰

　　奇美實業的物流部門負責進行產品的倉儲、包裝、出貨、運送等後勤作業，機台數量眾多且分散於不同廠區，而機台維修及保養管理，是確保機台順暢運作、減少停機損失的重要關鍵。建置維保管理平台之前，機台報修、故障排除、定期維護、追蹤處理等作業，主要是以電話、紙本、Excel 等傳統方式進行，在整體運作和管理上都面臨以下的挑戰：

1. 機台設備維修保養狀況難以掌握，影響出貨產能及營收。

2. 以人工作業進行報修、派工、備料、維修和回報，容易造成資訊落差。

3. 溝通不即時，維修人力無法充分應用。

4. 以電話叫修，不易判斷故障原因，影響備料和維修所需時間。

5. 維修保養紀錄不完整，維修、保養、顧機經驗不易傳承。

二、解決方案

　　運用 ezteamwork 維修管理解決方案的系統架構，發展建置奇美設備維保管理系統平台，建置重點包括：

1. 建立行動維保 APP，提供即時隨身數據：機台人員以條碼掃描快速登入 APP，直接在平板或手機上報修、上傳故障照片，建立維修工單等，操作介面簡單好上手。維修人員亦可透過 APP 接收工單、查詢維修紀錄、回報維修進度等作業，以對快速回應現場人員。

2. 機台報修、維修進度、及保養資訊同步集中：行動 APP 與後台資料雙向同步更新，管理人員可於集中審核、管理所有機台維修保養進度資訊，簡化報修及維修流程，提高人員協作效率、大幅降低溝通所花費的時間成本。

3. 以手機拍照即時上傳故障照片：報修人員直接在手機上輸入故障部位、情況、並拍照上傳，讓維修人員預先判斷可能的故障原因，加快備料和維修速度。

4. 根據機台保養週期自動提醒、簡化保養流程：系統平台可依最新工單資料產出多種統計分析報表，針對維保進度、機台故障率、維修時數等進行數據分析。

5. 提供即時分析報表，快速掌握機台維保狀況：系統平台依所設定的保養週期及機台包裝數量，定期自動產出機台的保養工單，由管理人員直接在線上進行審核。

6. 進行大數據（Big data）分析機台故障率及維保管理績效分析：系統保存完整即時的機台故障維修和保養紀錄，可結合大數據進行機台設備、維修保養成本等績效分析，或進行預測性保養、人力、備料管理。

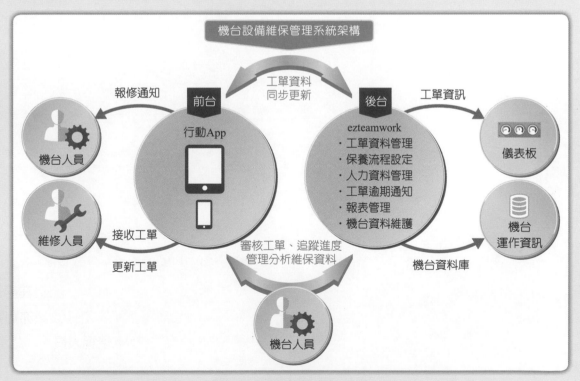

圖 15-1　維修派工解決方案

三、導入效益

1. 更即時準確掌握維保進度，有助於提高產能，並降低因停機造成的營收損失。

2. 簡化維修及保養作業流程，提升維保作業效率，降低傳統溝通方式所花費的時間成本。

3. 運用科技落實數位轉型，建立完善有效的維保管理機制，提升產能和出貨績效。

4. 結合大數據分析進行更準確的績效分析、或預測性保養、人力、備料管理。

5. 維保資料紀錄完整集中，有助於維修保養經驗的傳承。

6. 讓員工的工作技能與時俱進，職能再升級。

資料來源：孟華科技官網

15-1　專案管理

一、專案（Project）的意義

專案係一組相互關聯的活動，具有明確的起點和終點，從而為特定的資源分配產生獨特的結果。為了開發一特定產品（Product）、服務（Service），或欲得到某一特定結果（Result）所進行之臨時性投入工作（Temporary endeavor）。

專案所處理的標的包括產品、服務與某特定結果，只要是有起點終點的開發事件（Event）都可視為一專案，從廣義角度來看，所有具生命週期且有計畫與規律之活動，均可稱的上為一專案。

專案是組織在一定的時間內，為了達成特定目標的臨時性投入和努力。通常一個企業組織中的活動，一連串彼此相關聯，目標相同且需耗費一段時間的作業。可區分成「持續重複性」與「暫時唯一性」兩種，專案屬於後者，具有下列三種特性：

1.　**暫時性**：每個專案都有開始期限與結束明確的終點，這個點就在專案達成目標，或目標無法完成被中止時。所謂暫時性，並非指運作時間短暫，有些專案甚至可以長達十年之久。

2.　**唯一性**：專案完成的目標，產生獨一無二的產品、服務或結果，如生產某一產品或勞務，與往昔已存在者有所區別，稱為「唯一性」。

3.　**相關性及連續性**：專案是一項在預定的時間內，投入預定的資源，以達成特定目標的組織活動，彼此活動有其相關與持續的流程關係。

二、專案管理（Project management, PM）

專案管理即是專案進行過程中，為滿足專案需求（Project requirement），所使用知識（Knowledge）、技巧（Skills）、工具（Tools）與技術（Techniques）等管理工作總稱。管理工作包括：

1.　定義與釐清需求（Requirement）。

2.　建立明確且可達成的目標（Objectives）。

3.　平衡品質（Quality）、範圍（Scope）、時間（Time）與成本（Cost）。

4.　採用特定規格（Specifications）、計畫（Plans）與解決途徑（Approaches）滿足不同厲害關係人（Stakeholders）之關切與期望。

專案管理是一序列的計畫（Planning）、組織（Organizing）、用人（Staffing）、領導（Leading）與控管（Controlling）的過程，充分運用企業的資源，包含時程、成本、品質、範圍等，利用有效的管理方法和工具，以有限的資源達成組織的策略性目標。

三、專案管理的目標

一個成功的專案係指在成本、時間的限制條件下，達到預期性能。因為在執行專案時，成本、時間、性能都是事先設定的，專案管理即在同時達成此三項互相獨立的目標，僅達成一個或兩個皆不算是成功的專案。

1. **績效與品質**：必須符合專案原先設定的目的與規格。專案團隊應盡最大的努力思考應變的方法，修正目標的內容，最終就是以顧客滿意為主。透過概念設計、原型製作、與品保來完成一個可信賴的產品，提供商品以滿足市場需求。

2. **預算**：必須在許可的費用範圍內完成專案。在衡量專案的績效時，通常以規範作為性能的指標，以時程作為時間的指標，以預算作為成本的指標。

3. **完成的時限**：實際的工作度必須符合或甚至超越既定的時程。

15-2 專案計畫的意義

每一個專案都在創造一個獨特的產品或服務，企業為因應專案的獨特性，採取暫時性努力，常運用專案團隊所設立的窗口，負責與客戶維持全時與動態的聯繫，以確保雙方在專案上密切的配合。專案管理強調的是時程（Time）、成本（Cost）與資源（Resource）的整合，與管理由於每一個專案都有相當的獨特性，並沒有辦法完全複製，因此，專案管理團隊可以利用 5W2H 方法以掌握正確性。

1. 專案目的（Why）？
2. 要做什麼（What）？
3. 由誰做（Who）？
4. 何時要做（When）？
5. 在什麼地點（Where）？
6. 要如何做（How）？
7. 允許花多少費用（How much）？

　　圖 15-2 說明專案管理強調時間的限制、成本的考量以及工作說明的基準，三者之間相互限制下，發揮專案管理最大的績效。

圖 15-2　專案的限制

　　專案不僅包含了為達成某種目標的串性的整體任務（Task），任務可以說是把專案從起點處至完成彼方的「工具」，在專案計畫流程中，需注意三件事：

1.　專案概念的定義階段：

(1)　工作說明（Statement of work, SOW）：描述專案的需求、目標、簡要工作說明、工作任務、各成員的職責、時程、績效評估標準與預算。

(2)　有效的協調及控制專案中每一項作業。

2.　在專案的執行階段：

(1)　工作結構分析（Work breakdown structure, WBS）：定義專案中的所有作業，將專案的每一個工作項目，層層分解，賦予合理的排程，並依工作時間訂定各作業的先後順序，如圖 15-3，企劃案分層專案 1 及專案 2，而專案再次分解工作、次工作以及作業，透過工作依次分解。

(2)　計畫出專案的期程並與實際工作進度進行比對，實際掌握工作進度，及時掌握在專案執行的過程中，資源所遭受的困擾與耽擱的原因。

圖 15-3　工作結構分析

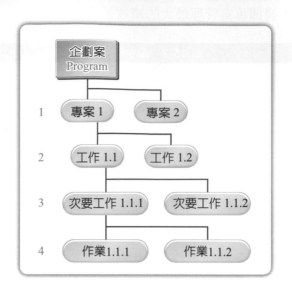

3. **專案生命週期的各階段**：制訂專案規劃及進度表（Project plan & schedule），然後按照該表所訂定的任務（Tasks）、時段（Duration）和資源（Resources）執行相關的工作，直至該專案結束。

在專案計畫作為中，計畫人員主要工作有以下項目：

1. 依循計畫、執行、檢查、改正行動的過程中，就專案的預算、時程，進行資料收集及分析。

2. 依專案的任務、依據及前提，提出一份簡要的專案記事，已獲得管理階層及專案團隊成員的支援。

3. 彙整專案各種可行方案，並對方案進行評估，以確定優先順序。

4. 編撰專案主計畫書及相關輔助文件。

5. 彙整主要的顧客及過程改善的關鍵需求，建立一個溝通計畫。

15-3 專案組織

通常專案的環境充滿複雜、變化、不確定與不可預測性。專案需要調和多數人、單位與組織的資源及工作成果，透過讓各次級單位一起工作以評估所需的資源，再將這些需求整合成為調和性的規劃，並依規劃進行工作。由於需要彈性以及高度整合性來回應目標改變並修正組織結構，專案型組織便因應而生。專案組織結構是為適應組織的專案目標而形成的專案組織內部和外部各個機構相互關係的總和。在專案管理中常見的組織結構可分為以下三種型式：

一、專案型組織（Project organization）

單純式專案型組織，按照專案的特性和需要，將組織設計成不同的專案部門，且相同專案的專案成員會集中在同一部門內工作，單純式專案型組織類似一個獨立的執行實體，可分配到所需的資源。專案成員對專案比較有認同感，彼此的溝通與決策也較快，亦較能配合專案的進度，專案經理對成員掌控力最強的組織型式。但專案型組織缺點有以下四點：

1. 人員與設備無法共用，資源重複。
2. 組織的目標及政策易被忽略。
3. 功能部門與新科技脫節。
4. 專案小組成員無功能部門為後路（專案完成即失業），使得專案延誤。

二、功能型組織（Functional organization）

組織依任務的特性，區分為幾個功能性部門，具分工和專業化的優點，能提高資源的使用效率，達到專業技術的經濟規模，並且減輕高階管理者的負擔。但僅適合於較專注某個專業領域，並不適於動態、不確定性與複雜性高的專案。在功能式組織專案經理必須透過部門經理，才能將專案的任務下達給專案成員。

功能型組織，專案建構在功能部門中，優點如下：

1. 成員可同時做許多專案。
2. 專業技術不會因人員離開而遺失。
3. 成員有機會升遷。
4. 功能部門中有大量的專業人員，處理專案的技術問題時會產生綜效。

缺點為：

1. 專案的觀點與功能部門的功能，無直接相關者易被忽略。

2. 動機較差。

3. 顧客的需求易被忽略。

圖 15-4　功能型組織

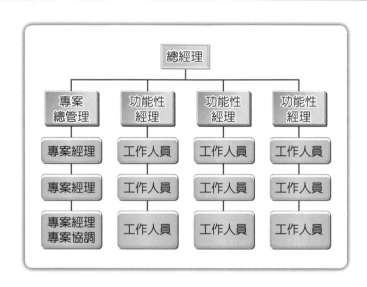

三、矩陣型組織（Matrix organization）

　　矩陣型組織是希望在部門式的組織下執行專案，而又要增加專案經理對成員掌控力的一種組織型式，在專案結案後，該組織成員就會解散回歸至原先的部門。組織參與人員是由幾個功能部門的人員所組成的臨時性組織，在專案經理與部門經理的職權分配不明確的情況下，很容易就引發衝突。可以有以下三個分類：

1. **弱矩陣組織（Weak matrix organization）**：專案成員來自各部門所借調過來，沒有指派專案負責人的角色，專案成員主要靠協調來執行專案。

2. **平衡矩陣型（Balanced matrix organization）**：向各部門借調過來的成員當中，指定其中一人擔任專案主持人（Project leader）的角色，一旦專案結束，專案主持人的頭銜就隨之消失。

3. **強矩陣組織（Strong matrix organization）**：專案經理來自於組織內正式的專案管理部門，是屬於組織內部一個固定的頭銜，且專案經理對專案成員有十足的管控權。

結合單純式與矩陣式，成員由不同功能部門提供，專案經理決定工作內容、完成時間，功能部門經理控制人員、技術。優點如下：

1. 強化與功能部門的溝通。

2. 專案經理對專案負成敗的責任。

3. 降低資源的重複。

4. 成員於專案結束後，無出路的問題。

5. 較忠實的執行上級組織的政策專案獲較多的支持。

缺點為：

1. 同時面對兩個老闆。

2. 專案經理需優異的談判技巧。

3. 局部最佳化。

圖 15-5　矩陣型專案組織

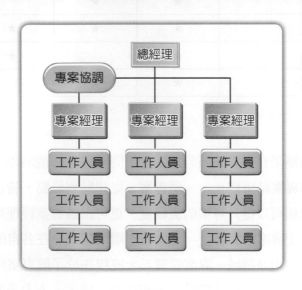

15-4 專案管理知識體系（Project management body of knowledge, PMBOK）

　　將專案管理畫分為九大知識領域，並將專案管理程序區分為起始、計畫、執行、管理與控制、結案五個階段。PMBOK 指南中，詳述九大知識領域的定義、如何制定相關文件與執行、監控，並說明彼此之間緊密牽連的關係。

　　表 15-1 說明專案管理知識體系中最重要的兩項要素就是五大流程、九大知識領域，由這兩項要素交織而成的矩陣表。

表 15-1　五大流程與九大知識矩陣表

流程 知識構面	1. 起始階段	2. 規劃階段	3. 執行階段	4. 控制階段	5. 結案階段
1. 整合管理		★	★	★	
2. 範疇管理	★	★		★	
3. 時程管理		★		★	
4. 成本管理		★		★	
5. 品質管理		★	★	★	
6. 人資管理		★	★		
7. 溝通管理		★	★	★	★
8. 風險管理		★		★	
9. 採購管理		★	★		★

一、五大流程

　　專案的生命週期是在把專案區分為許多不同階段，一個階段結束後方能進入下一個階段，一直到專案結束為止。一個專案，從起點到終點，皆會經過五大流程，如圖 15-6，五大流程可以提升專案的流暢度，更可以讓專案經理知道在每個流程各要做甚麼事，以促使專案的完善度。五大流程環環相扣，在各自的流程中，也皆會用到九大知識中的的知識領域。專案管理五大流程在於了解專案內涵，包括「在做甚麼」、「誰負責做」、「為什麼做」，和時間、成本、人力等做出規劃後執行，同時在各個流程中不斷反覆檢視並做變更，以有效控管，進而達成專案目標。

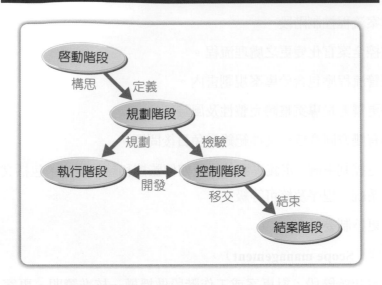

圖 15-6 專案管理五大流程

1. **啟動（Initiate）**：專案起始階段工作重點：透過計畫，確定專案目標，了解專案需求、假設與限制專案成本與時間概估，可以使企業的專案小組與相關人員，對專案有關事項的瞭解，事先約定以避免紛爭。

2. **規劃（Plan）**：專案規劃階段工作重點：建立工作分解結構工作清單，可以使專案得到企業資源及支援，相關工作能及時得到安排，避免專案各子流程間的互相牽制。

3. **執行（Execute）**：專案執行階段工作重點：執行專案規劃，管理專案進度，讓專案團隊成員熟知自己的職責，得以自我管理與激勵。

4. **控制（Control）**：專案控制階段工作重點：專案成員中的業務人員、品管人員及測試人員等，據以執行工作追蹤及檢查，採取更正的動作。

5. **結案（Close out）**：專案結案階段工作重點：專案經理人可以透過專案實際運作情況不斷的比較，以提升專案經驗及精練專案過程，並將專案的經驗昇華爲「組織知識管理」。

二、九大知識

專案管理知識體系將專案管理劃分爲九大知識領域，以下詳述九大知識領域的定義、制定相關文件與執行、監控，並說明彼此之間緊密牽連的關係。

1. **整合管理**（**Integration management**）

   (1) 專案流程控制階段。

   (2) 掌控全案官化變更之處理流程。

   (3) 控管流程應包含於專案規劃書內。

   (4) 變更需考量專案整體完整性及風險評估。

   (5) 須有雙方同意變更文件紀錄避免日後問題。

   (6) 變更控制系統：定義專案效能及如何監控和驗證程序，包括文件管理、追蹤系統、程序及核可等級。

   (7) 變更控制委員會。

2. **範圍管理**（**Scope management**）

   (1) 專案起始階段：對專案或工作階段做授權—核准證明、專案選擇方法—效益。

   (2) 專案範疇管理：①規劃—描述如何管理專案範疇和專案決策的文件；②定義—將專案分成數個工作包或工作細項；③確認—範疇確認 VS. 正式驗收；④變更—控制專案的範疇變更。

3. **時間管理**（**Time management**）

   (1) 活動設計：定義在專案執行中必須被完成的活動事項、活動彙整表、定義並紀錄活動彼此的相互前後關係、專案活動網路圖與估算完成個別活動所需花費的時間。

   (2) 時程發展：分析活動順序、活動時程估算及資源需求以建立專案時程表、甘特圖、網路圖、CPM、PERT。

   (3) 時程控管：控制專案時程變更的方法及手段、更新專案時程表、改正行動。

4. **成本管理**（**Cost management**）

   (1) 資源規劃：規劃完成專案活動所需的資源，包括人、物、設備。

   (2) 成本預估：估計完成專案所需的資源成本。

   (3) 成本編列：概估完成個別活動所需的成本。

   (4) 成本控制：專案成本的變更控制。

5. 品質管理（**Quality management**）

   (1) 品質規劃：訂定專案品質標準及衡量方法。

   (2) 品質確保：訂定全面性品質評估方式以確保專案品質標準、全面品質管理、品質稽核、專案品質人人有責，但主要責任在專案經理。

   (3) 品質控制：利用工具監控專案績效以決定是否符合標準、QC 七大手法、新 QC 七大手法。

6. 人力資源管理（**Human resource management**）

   (1) 組織規劃：指派專案成員的角色與責任及層級關係。

   (2) 人員獲得：專案相關人力的需求獲得、談判／預先指派、外包。

   (3) 團隊發展：透過個別獲群體的互補關係及貢獻來提升專案績效、團隊建立活動、獎勵與認同、一般管理技巧、協同工作、教育訓練

7. 溝通管理（**Communications management**）

   (1) 溝通規劃：專案關係人的溝通方式，包括人、地、時、如何進行。

   (2) 資訊發佈：適時、適當的方式提供專案關係人必須的資訊、溝通技巧／資訊取得系統／資訊發布方法。

   (3) 成效報告：收集及傳播績效資訊、狀態報告／進度報告／趨勢報告／預測報告、差異報告／實獲值分析。

   (4) 結案管理：當階段性任務獲專案完成時所產生、收集即傳播的資訊、效能報告、專案完工報告書與專案發表。

8. 風險管理（**Risk management**）

   (1) 風險管理規劃：決定專案中活動需用何種方法管理風險。

   (2) 風險辨識：文件定義哪些風險可能影響專案的進行。

   (3) 定性風險分析：定性分析方法將專案中的風險依影響度排序。

   (4) 定量風險分析：評量風險機率及重要性預估日後可能產生的影響。

   (5) 風險回應規劃：研擬風險回應流程降低風險隊專案所造成威脅。

   (6) 風險監控：監控殘留的風險、定義新風險、執行風險減低計畫、評估風險對整個專案的影響。

9. 採購管理（**Procurement management**）

　(1) 邀商規劃：邀商規劃、產品需求文件紀錄定定義潛在的資源。

　(2) 邀商作業：獲得適當的報價、競價、出價及專案規劃書。

　(3) 商源評選：從眾多具潛力的麥加中選擇適當的廠商。

　(4) 履約管理：管理與賣方的責任義務關係。

　(5) 合約終結：結束合約的相關事項。

15-5　計畫評核術（PERT）與要徑法（CPM）

　　計畫評核術（Program evaluation and review technique, PERT）與要徑法（Critical path method, CPM）是專案管理最常用的方法，藉由使用 PERT/CPM，管理者可以獲得：

1. 專案活動的流程。

2. 評估專案所需的時間。

3. 完成專案關鍵性活動。

4. 各活動可彈性運用的時間。

一、PERT/CPM 之意義

　　PERT/CPM 在進行時有一定之程序，首先必須確定計畫所需完成之目標與任務；其次，列出所有活動；然後再繪製網路圖，列明各活動之先後次序與相互關係。

1. **計畫評核技術**：用於規劃、控制及協調複雜專案的網路分析技術，應用於各作業時間不確定者，一般採用三時估計法來估計時間，即樂觀時間、最可能時間及悲觀時間。

2. **要徑法**：用於各作業時間確定者，注重於完成時間與成本間之互換，例如趕工、搶修等。

二、PERT/CPM 之假設條件

PERT/CPM 是各自獨立發展出來的，且具有許多相似之處，但兩者之間本來並無關聯，經過相當時間的發展後，PERT 與 CPM 原先兩者之間的差異，因使用者的相互借用，取而代之的是混合兩種技術優點的新作法，一般合稱為 PERT/CPM 要構成 PERT/CPM 之要件，假設條件如下：

1.　專案計畫可劃分成一組可預測的、互相獨立的作業。
2.　專案計畫中各作業的先行關係可以非循環的網路圖來表示，且圖中可表示出各作業之直接後續作業。
3.　各作業所需時間的估計均互相獨立。
4.　各作業時間估計，PERT 採三時估計，CPM 採單時估計法。
5.　各作業時間長短與耗用資源的成本呈線性關係。

三、PERT/CPM 主要內容

PERT/CPM 都是採用網路圖和要徑為主要概念。要徑法和計劃評核術等專案管理，都需要尋找出專案計畫的要徑（Critical path），以便對在要徑上的各項作業進行有效的控制。確認要徑有以下三個重點：

1.　**計畫（Planning）**：瞭解專案計畫內容及專案工作優先順序。
2.　**排程（Scheduling）**：作業的起始與結束時間掌握，方便日程工作之安排。
3.　**跟催（Follow-up）**：作業會因某些因素而遲延，為了使專案能更順利地在期限內完成，必須對各項作業進行進度跟催工作。

四、PERT/CPM 基礎

由節點和箭頭組成，以網路圖為基礎，包括事項和活動。

1.　**事項（Event）**：作為活動之起點或結束。
2.　**活動（Activities）**：表明活動之工作順序，相互依存與彼此之關聯。

五、PERT/CPM 程序

專案排程的 PERT/CPM 方法為網路表達方式，反應出各個活動之間的先後關係與活動完成時間，PERT/CPM 方法之目標是希望專案完成時間為最短，執行步驟順序如下：

1. 確定計畫所需完成之目標與任務，並列出所有活動。

2. 繪製網路圖，列明各活動先後次序與相互關係。

3. 估計每一工作所需時間與費用。

4. 求出要徑路線。

5. 考核進度與協調執行，並作機動調整：往往由專案經理負責，此時公司之組織型態為矩陣式組織，其彈性大。

六、PERT/CPM 的關鍵因素

PERT/CPM 進行順利，關鍵因素要加以思考，才不會使專案半途而廢。

1. 專案中的活動與作業必須清楚定義，互相獨立且固定。

2. 作業先後順序關係須具體詳述且以網路圖連結。

3. 時間上的預估傾向主觀意見，且受到管理者的捏造使其不超過原本樂觀時間與低於悲觀時間。

4. 過分強調要徑或最長路徑有潛在的危險存在。

七、PERT/CPM 之異同

計畫評核術（PERT）與要徑法（CPM）的主要差異在於，真正的計畫評核術須使用機率計算，而要徑法卻沒有。換句話說，使用計畫評核術可以計算一項活動在某一段時間內，可以完成的機率有多少，而要徑法就做不到這一點。PERT/CPM 之比較如表 15-2 所示。

表 15-2　PERT/CPM 之比較

	CPM	PERT
1.　相同點	均以計畫網狀圖解為主要工具	
2.　不同點		
(1) 目的	決定最少的時間及最低的成本	資源合理調配、估計完工時間、估計某時間完成的機率
(2) 初期發展的主要對象	經常性的檢討，保養工程	非重複性專案
(3) 特點	設計並調配完成時間及總成本	統計方式處理未確定的作業完成時間
(4) 適用於	提供確定性成本及時間之工作	工作時間為不確定性者
(5) 發展者	美國杜邦公司	美國海軍部
(6) 作用	工程專案的開始工作	計劃與控制的工具
(7) 時間估計	單時估計法	三時估計法
(8) 專案的完成	較確定成時間	有機率性

八、網路圖之劃法

　　網路圖是 PERT 在專案管理中的具體運用，使專案管理的計畫安排具有時間進度內容的一種表示方法，掌握關鍵路線進度，按時和提前完成計畫。網路圖有以下兩種表示方式。

（一）箭頭代表作業（Activities on arrow, AOA）

　　網路圖例子如表 15-3 說明，以下三種符號表示作業相互關係：

1.　○：代表作業開始或結束時的狀態（事項）。
2.　──→：代表作業，在其上標上時間。
3.　---→：虛擬作業，本身不需時間，但含有先後順序之意義。

（二）節點代表作業（Activities on nodes, AON）

將作業放置於節點而非放置於箭線上，其與 AOA 法最大之差別在於不須利用虛擬作業。

表 15-3　網路圖之例

網路圖	說明
	作業 B 要等作業 A 完成才可進行
	作業 C 要等作業 A、B 完成才可進行
	作業 C、D 要等作業 A、B 完成才可進行
	作業 C、D 可同時進行，不受互相干擾 作業 D 須等 A、C 完成才可進行 作業 C 須等 B 完成才可進行（C 本身不需時間）

九、要徑之求法

要徑又稱為關鍵路徑，乃是專案計畫規劃網路圖上一連串之特定事項與作業連接而成的最長時間路徑，而要徑上各作業均無寬裕時間（Floating time），依據此觀點，要徑有以下意義。

1. 完成整個專案計畫所需時間最長的路徑。

2. 由緊要作業所構成之路徑。

3. 由寬裕時間零的作業所構成之路徑。

4. 由不能有所耽誤的作業所構成之路徑。

5. 完成整個專案計畫的最短時間。

6. 專案計畫中至少有一條要徑。

最長路徑法是整個專案計畫網路中時間最長的路徑，例如圖 15-7：

1.　作業 A-B-C-E 路徑，路徑所需時間為 8 ＋ 7 ＋ 6 ＋ 4 ＝ 25 單位時間。

2.　作業 A-D-E 路徑，路徑所需時間 8 ＋ 2 ＋ 4 ＝ 14 單位時間。

3.　作業 A-B-F，路徑所需時間 8 ＋ 7 ＋ 3 ＝ 18 單位時間。

　　最長路徑之要徑為 25 單位時間。

圖 15-7　最長路徑法

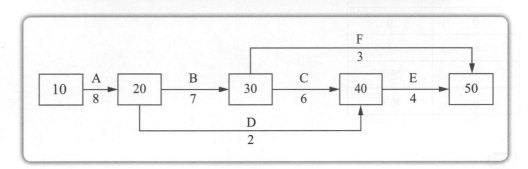

例題 15-1

下一網路圖中之要徑是什麼？其工期為幾天？

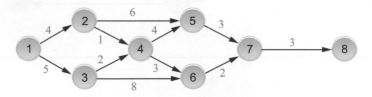

解答

路徑	工期
1-2-5-7-8	16
1-2-4-5-7-8	15
1-2-4-6-7-8	13
1-3-4-5-7-8	17
1-3-4-6-7-8	15
1-3-6-7-8	[18]

故此網路圖之要徑為 1-3-6-7-8，工期為 18 天。

例題 15-2

某專案組織之作業列示如下，試求：試利用：AON 法，繪製網路圖。

活動	後續作業
a	c
b	c、d、e
c	f
d	g
e	f
f	結束
g	結束

解答

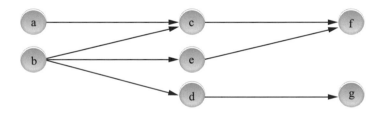

例題 15-3

請依據下表畫出網路圖。

	先行作業
	↓
A	-
B	-
C	A
D	B
E	B
F	A
G	C
H	D
I	A
J	E, G, H
K	F, I, J

解答

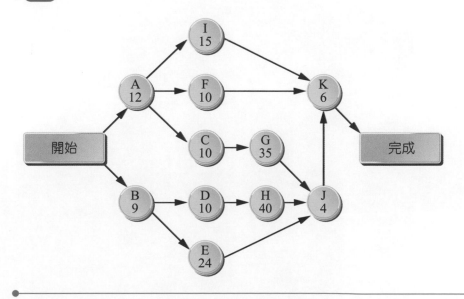

例題 15-4

請依據下表畫出網路圖。

活動	活動時間（天）	先行作業
A	7	-
B	2	A
C	4	A
D	4	B, C
E	4	D
F	3	E
G	5	E

解答

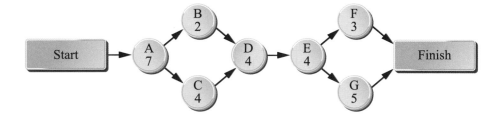

例題 **15-5**

下方網路圖中之要徑是什麼？其工期為多久？

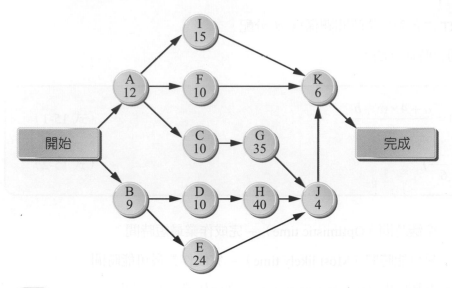

解答

路徑	時間（星期）
A-I-K	33
A-F-K	28
A-C-G-J-K	67
B-D-H-J-K	69
B-E-J-K	43

故此網路圖之要徑為 B-D-H-J-K，工期為 69 週。

十、作業時間之估計

1. 任一作業時間之估計：採取三時估計方式，包含樂觀、最可能時間與悲觀時間，
    說明如下：

    (1) PERT 之各項作業時間關係為 β 分配。

    (2) 利用三時估計法：

$$期望時間(t) = \frac{a + 4 \times m + b}{6} \qquad （式 15\text{-}1）$$

$$變異數 = (\frac{b - a}{6})^2 \qquad （式 15\text{-}2）$$

其中：a = 樂觀時間（Optimistic time）－ 完成作業最短時間

m = 最可能時間（Most likely time）－ 完成作業最可能時間

b = 悲觀時間（Pessimistic time）－ 完成作業最長時間

例題 15-6

某一使用 PERT 的專案中，作業 A 之樂觀、最可能、悲觀時間的預測值分別 8, 12, 22
（天）。假設若以 Beta 分佈描述此作業時間，則作業平均時間與標準差為何？

解答

$$作業平均時間 = \frac{a + 4m + b}{6} = \frac{8 + 4 \times 12 + 22}{6} = 13 \quad （天）$$

$$作業標準差 = \frac{b - a}{6} = \frac{22 - 8}{6} = \frac{7}{3} （天）$$

2.　全部完工時間估計：

　　(1)　各路徑中最長路線時間加總起來稱爲要徑。

　　(2)　其時間總和呈現常態分配。

　　(3)　時間爲：

期望時間$(T_\ell) = \Sigma(t_i) =$（要徑上各作業時間加總）

期望變異數$(\sigma_\ell^2) = \Sigma\sigma_i^2 =$（要徑上各作業變異數加總）

期望標準差：$(\sigma_\ell) = \sqrt{\Sigma(\sigma_i^2)} = \sqrt{\sigma_1^2 + \sigma_1^2 + \cdots + \sigma_n^2}$

3.　計算某一工作完成之機率：

　　(1)　因一工作時間爲常態分配，必須利用 Z 值計算。

　　(2)　以要徑上之期望時間與變異數爲準。

　　(3)　求 $\Pr(T \le t)$

$$\Pr(T \le t) = \Pr(Z \le \frac{t - T_\ell}{\sigma_\ell}) \qquad \text{（式 15-3）}$$

3.　**寬裕時間爲零法**：寬裕時間之計算方法如下：

　　(1)　作業之時間：

　　　　①　最早開始時間（Earliest Start time, ES）：工作最早可能開始時間，由前向後，所有前置作業的作業時間總和。

　　　　②　最早完成時間（Earliest Finish time, EF）：由前向後加作業時間，EF = ES + 作業所需時間（t）。

　　　　③　最遲完成時間（Latest Finish time, LF）：不造成專案延誤的最晚完成時間，由後向前，完成的時間 – Max（後繼作業所需時間）。

　　　　④　最遲開始時間（Latest Start time, LS）：由後向前減作業時間，即 LS = LF– 作業所需時間（t）。

圖 15-8

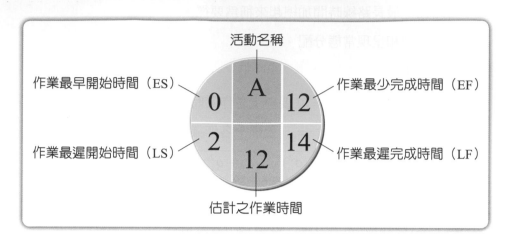

(2) 寬裕之時間：

① 總寬裕時間：不影響專案完工期限下，允許之最大寬裕時間。

② 自由寬裕：可延遲而不影響任何後續作業之最早時間。

③ 計算公式：

總寬裕 = 作業最遲完成時間 − 作業最早完成時間 = LF − EF

　　　　 = 作業最遲開始時間 − 作業最早開始時間 = LS − ES

自由寬裕 = 下一作業最早始 − 本作業最早完成時間

干擾寬裕 = 總寬裕 − 自由寬裕

　　　　 = 最遲完成時間 − 下一作業最早開始時間

④ 若為要徑其總寬裕時間 = 0。

例題 15-7

承例題 15-1，計算其 ES、EF、LF 與 LS，並計算其要徑與總寬裕時間。

解答

1. 計算最早開始 ES，最早完成時間 EF

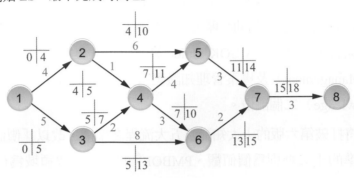

2. 計算最遲完成時間 LF，最遲開始時間 LS

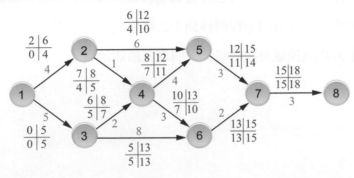

3. 計算總寬裕時間與要徑

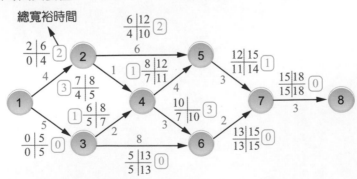

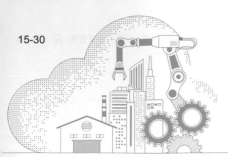

工管小常識

《專案管理知識體系指南》

《專案管理知識體系指南》（PMBOK®Guide, A Guide to the Project Management Body of Knowledge）是美國國際專案管理學會所發行的一本專案管理著作，內容包含關於專案管理的標準。MBOK®Guide 第七版包含專案管理標準（The Standard For Project Management）及專案管理知識體系（A Guide to the Project Management Body of Knowledge）二個部份。

第七版將打破第六版的十大知識及五大流程之架構，改以「價值為導向」，以專案管理標準的十二準則為價值觀、PMBOK® 的八大績效領域為行為基準，主要改變包含以下內容：

1. 從基於過程（Process）的方法轉變為基於整體原則的方法，類似於敏捷思維。

2. 專案管理標準已從五個過程轉移到十二個專案交付原則。

3. 架構從十大知識領域分類轉移到八個專案績效領域。

第六版《PMBOK®》指南

《專案管理知識體系指南》：
- 引言、專案環境及專案經理的角色
- 知識領域
  - 整合
  - 範疇
  - 時程
  - 成本
  - 品質
  - 資源
  - 溝通
  - 風險
  - 採購
  - 利害關係人

《專案管理標準》：
- 起始
- 規劃
- 執行
- 監視與管制
- 結束

附錄、詞彙表及索引

第七版《PMBOK®》指南

《專案管理標準》：
- 引言
- 價值交付系統
- 專案管理原則
  - 總管精神
  - 團隊
  - 利害關係人
  - 價值
  - 系統思考
  - 領導
  - 裁適
  - 品質
  - 複雜性
  - 風險
  - 調適性與韌性
  - 變革

《專案管理知識體系指南》：
- 專業績效領域
  - 利害關係人
  - 團隊
  - 開發手法與生命週期
  - 裁適
  - 模型、方法及工作
  - 規劃
  - 專案工作
  - 交付
  - 衡量
  - 不確定性

附錄、詞彙表及索引

數位內容平台

- 此平台透過〈模型、方法及工作〉這一章節與《PMBOK®指南》相連結，且進一步延伸其內容。
- 此平台涵蓋了所有符合PMI標準的內容，以及專為該平台所撰寫的內容。
- 這些內容顯示在實際實務中該「如何運用」，包括新興實務。

資料來源：國際專案管理學會

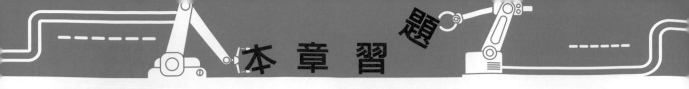
一、選擇題 ★標示為較難題目

( ) 1. 對於下圖的敘述，何者為眞？ (A) 作業 T 要先完成才能進行作業 S (B) 作業 U 要先完成才能進行作業 T (C) 作業 S 與 T 要先完成才能進行作業 U (D) 作業 S 要先完成才能進行作業 V

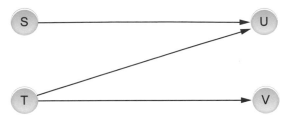

表 1

活動	前置作業	時間（週）		
		樂觀時間	最可能時間	悲觀時間
A	－	2	4	6
B	－	1	4	7
C	A	2	2	2
D	B	1	7	10
E	D	2	4	6
F	E	1	2	3
G	C	3	4	17
H	D、G	3	7	11
I	D	8	9	10
J	F、H	4	5	6
K	I	1	1	1

★( ) 2. 如表 1，計畫完成最早期望時間為： (A) ≤ 21 天 (B) > 21 天，但 ≤ 22 天 (C) > 22 天，但 ≤ 23 天 (D) > 23 天

★( ) 3. 如表 1，下列那項作業在關鍵路徑？ (A) 作業 D (B) 作業 F (C) 作業 G (D) 作業 K

二、 證照題

( ) 1. 某公司於工業區購得一座工廠，欲佈置為新產品的製造廠。管理室成立了一專案小組統籌各項事宜，經討論會將廠內製程的作業分為 10 項，分別以 A 至 J 編號，各項作業內容資訊如表 2 所示。該小組以正常作業時間為依據，以 PERT/CPM 進行專案管理，以下何者有誤？　(A) 至少須要 35 週完成此專案　(B) 作業 A 為要徑作業　(C) 作業 E 為要徑作業　(D) 作業 J 為要徑作業。　　　　　　　　　　（103-1 工業工程師—作業研究）

表 2

業	說明	前置作業	作業時間（週）		單位壓縮成本（萬元）
			正常	壓縮	
A	產銷資料整理分析	-	9	2	1
B	廠房量測規劃	-	4	1	7
C	現場水電配線	B	6	3	4
D	管理室水電配線	B	4	1	3
E	廠房裝潢施工	C, D	9	4	12
F	人員調度進駐	A	4	3	2
G	機台設備進駐	E	5	2	5
H	物料整備	E, F	12	5	2
I	試產調整	G	5	2	6
J	上線投產	H, I	4	1	10

( ) 2. PERT/CPM 較適用於下列何種生產型態？　(A) 大量生產　(B) 重複性生產　(C) 專案生產　(D) 零工型生產
　　　　　　　　　　（107 臺灣智慧自動化與機械人協會—自動化工程師）

( ) 3. 三種主要的活動排序圖解法（diagramming methods）為　(A) AOA、PERT、CPM　(B) PERT、CPM、GERT　(C) 順序圖解法、箭頭圖解法、條件圖解法　(D) AON、AOA、PDM　　　　　　（106 嘉義大學專案管理）

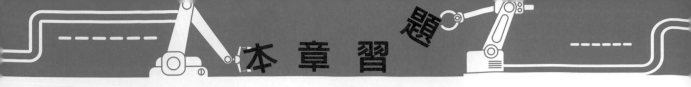

(　) 4. 下列那一種管理方式要求工作人員一開始就要對任何事情有做得好、做得對的信心和決心？ (A)計畫評核術（PERT） (B)要徑方法論（CPM） (C)目標管理（MBO） (D)無缺點計畫（ZDP）

(　) 5. 下列有關要徑法與計畫評核術的描述，何者有誤？ (A) 要徑法是由杜邦（Du Pont）公司針對營建管理專案所發展出，而計畫評核術則是由美國海軍針對北極星飛彈計畫所發展出 (B) 最初專案網路中各項作業（activities）之工時的估計值在要徑法中假定是機率性的（probabilistic），而在計畫評核術中假定是確定性的（deterministic） (C) 要徑法較適合用於經常要執行之作業所構成之專案計畫，而計畫評核術較適合用於較無經驗或較無法控制之專案計畫 (D) 在要徑法中認為工時是成本的函數，即工時可因成本的增加（如趕工）而縮短

（94-2 工業工程師—作業研究）

6. 你是一位專案經理，下圖是你所負責某專案 PERT 圖，總共有 A ～ K 共 11 個工作項目，框內標示的是這些工作項目預計需要花掉的工作天數。如果你的老闆想要從這個專案裡抽掉一些人力去支援其他專案，請問你會優先從哪些項目上抽調人力給他，請說明為什麼？　　　　　（105 年公務人員高等考試）

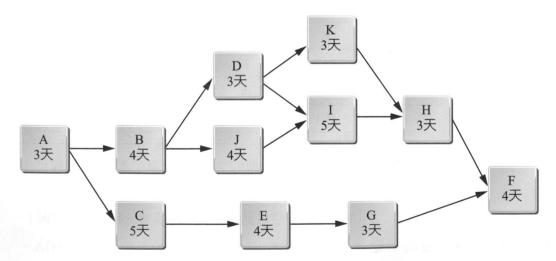

三、填充題

1. ＿＿＿＿＿＿＿＿（Project）係一組相互關聯的活動，具有明確的起點和終點，從而為特定的資源分配產生獨特的結果。為了開發一特定產品（Product）、服務（Service），或欲得到某一特定結果（Result）所進行之臨時性投入工作（Tcmporary endeavor）。

2. ＿＿＿＿＿＿＿＿（Project management, PM）即是專案進行過程中，為滿足專案需求（Project requirement）所使用的知識（Knowledge）、技巧（Skills）、工具（Tools）與技術（Techniques）等管理工作的總稱。

3. 專案管理強調的是時程、＿＿＿＿＿＿＿＿與資源的整合與管理，由於每一個專案都有相當的獨特性，無法完全複製，專案管理團隊可利用 5W2H 方法以掌握正確性。

4. 專案定義階段包含 (1)＿＿＿＿＿＿＿＿（Statement of work, SOW）：專案的需求、目標、簡要工作說明、工作任務、各成員的職責、時程、績效評估標準與預算；(2) 有效的協調及控制專案中每一項作業。

5. ＿＿＿＿＿＿＿＿（Work breakdown structure, WBS）：定義專案中的所有作業，將專案的每一個工作項目層層分解，賦予合理的排程，並依工作時間訂定各作業的先後順序。

6. 專案生命週期階段：制訂專案規劃及進度表（Project plan & schedule），然後按照該表所訂定的＿＿＿＿＿＿＿＿（Tasks）、時段（Duration）和資源（Resources）來執行相關的工作，直至該專案結束。

7. ＿＿＿＿＿＿＿＿＿＿（Project management body of knowledge, PMBOK）將專案管理畫分為九大知識領域，並將專案管理程序區分為起始、計畫、執行、管理與控制、結案五個階段。

8. ＿＿＿＿＿＿＿＿（Program evaluation and review technique, PERT）與＿＿＿＿＿（Critical path method, CPM）是專案管理最長用的方法，藉由使用 PERT/CPM，管理者可以獲得專案活動的流程。

9. PERT/CPM 都採用網路圖和要徑為主要概念。要徑法和計劃評核術等專案管理，都需要尋找出專案計畫的＿＿＿＿＿＿＿＿（Critical path），以便對在要徑上的各項作業進行有效的控制。

10. ＿＿＿＿＿＿＿＿ = 作業最遲完成時間 − 作業最早完成時間 = 作業最遲開始時間 − 作業最早開始時間 = LS − ES。

四、 簡答題

1. 依 CPM 法,求每條路徑的長度、要徑。

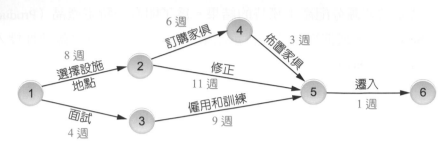

2. 某項作業活動表 3,請劃出其作業相關 PERT/CPM6 圖,計算其 ES、EF、LS、LF。

表 3

活動	代號	前置作業	週
設計	A	—	21
原型製造	B	A	5
設備評估	C	A	7
原型測試	D	B	2
記錄設備報告	E	C、D	5
記錄方式報告	F	C、D	8
記錄最後報告	G	E、F	2

3. 請寫出 PERT 與 CPM 的差異。(至少 4 項)

4. 請寫出功能性專案組織的優缺點。

5. 請寫出矩陣式專案組織的優缺點。

6. 依據下列作業劃出其網路圖,並計算 ES、EF、LS、LF 之各項作業時間與要徑。

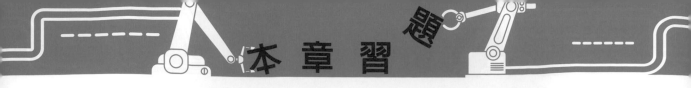

表 4

作業	前置作業	時間（週）
A	—	3
B	—	4
C	A	6
D	B	9
E	B	6
F	C、D	6
G	D、E	8
H	G、F	9

7. 依據下列表格，完成網路圖並回答下列問題：

表 5

作業	前置作業	樂觀時間（週）	最可能時間（週）	悲觀時間（週）
A	—	4	7	10
B	A	2	8	20
C	A	8	12	16
D	B	1	2	3
E	D、C	6	8	22
F	C	2	3	4
G	F	2	2	2
H	F	6	8	10
I	E、G、H	4	8	12
J	I	1	2	3

(1) 計算作業 B 的期望時間、(2) 計算作業 B 的變異數、(3) 要徑、(4) 要徑幾週、
(5) 要徑幾週變異數。

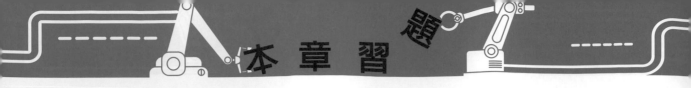

關鍵字彙

1. 專案（Project）
2. 專案管理（Project management）
3. 工作說明（Statement of work）
4. 工作結構分析（Work breakdown structure, WBS）
5. 五大流程：啓動（Initiate）、規劃（Plan）、執行（Execute）、控制（Control）、結案（Close out）
6. 計畫評核術（Program evaluation and review technique, PERT）
7. 要徑法（Critical path method, CPM）
8. 箭頭代表作業（Activities on arrow, AOA）
9. 節點代表作業（Activities on nodes, AON）
10. 樂觀時間（Optimistic time）
11. 最可能時間（Most likely time）
12. 悲觀時間（Pessimistic time）
13. 最早開始時間（Earliest start time, ES）
14. 最早完成時間（Earliest finish time, EF）
15. 最遲完成時間（Latest finish time, LF）
16. 最遲開始時間（Latest start time, LS）

Chapter

16 供應鏈管理

學習目標

1. 供應鏈管理與目的
2. 供應鏈管理的演進
3. 供應鏈管裡的關鍵議題
4. 供應鏈運作參考模式SCOR
5. 供應鏈策略

管理　　分析　　物流　　準點　　計畫　　配送　　採購　　獲利

管理個案新知

COVID-19 來襲 ── 全球供應鏈失衡下 可口可樂仍能屹立不倒的神話！

　　COVID-19 來襲，全球多個城市實施封城措施，非必要經濟活動的企業工廠被勒令關閉，航運物流業大受打擊。全球的國際企業都面對不同程度的供應鏈問題，例如香港的麥當勞更因供應鏈問題一度停止薯餅供應；相反地，全球每天消耗量近 8 億的可口可樂卻能安然度過這危機。到底可口可樂背後有什麼厲害的絕招令他們將疫情的影響程度最小化呢？

一、可口可樂公司簡介

　　可口可樂公司創立於 1892 年 1 月 29 日，總部位於美國喬治亞亞特蘭大，除了招牌商品可口可樂外，擁有過百種不同的飲料品牌，如 Sprite、Fanta 及 Schweppes 等。可口可樂的業務遍佈全球 206 個國家，比聯合國會員國總數要多，2020 年年營業額更達到了 376 億美元。

二、可口可樂公司面對的供應鏈困難

1. 先天：運送瓶運輸成本高昂（難以選擇一個地點大量包裝生產）。

2. 後天：受 COVID-19 影響。

3. 生產力危機：各國實施封城措施，工人禁止上班。

4. 原料危機：封城措施影響原物料供應。

5. 運輸問題：物流航班大幅削減。

6. 監控品質：即使可以上班，仍需要遠距監控工廠。

三、可口可樂供應鏈

　　要在眾多國家中選擇一個最便宜的容器生產地點 / 工廠不是一件難事，但可口可樂業務遍及世界各地，要選擇一個無論到任何地方的運費都最低的地點就十分困難。可口可樂公司想出了一個很棒的供應鏈─把裝瓶廠設於鄰近市場的地區。這樣一來，由裝瓶廠運送到目標消費市場的運輸成本就能大大降低了。

這個供應鏈模型亦大大減低了 COVID-19 對可口可樂供應鏈的風險，因為裝瓶廠鄰近銷售市場，可口可樂公司能夠緊急聯繫鄰近目標市場的上游供應商，商討供應的問題 / 策略，快速解決原材料供應危機；另外，可口可樂面對運輸問題，如遠程航班大幅削減，影響亦較少。

　　相比起其他依賴單一地區生產 / 組裝貨品的銷售商，供應鏈在封城政策下則可謂完全斷裂，如依賴中國生產 / 組裝戶外家品市場。在 COVID-19 發展初期（2019 農曆年後），歐美零售商基本上沒有受到影響，市場需求依然強勁，可是中國的工廠仍陷於水深火熱之中，封城封區，工人短缺，造成供應鏈斷裂，短時間內無法滿足歐美的市場需求。

　　或許有人會好奇－那可樂本體呢？運送液體不貴嗎？可口可樂公司沒有運送極大量的液體，因為可口可樂本身是一種高濃度濃縮液（可口可樂成份中約有 9 成是水）。可樂公司只負責將高濃度濃縮液運送至全球的裝瓶廠，由當地工廠把可樂濃縮液轉換成可飲用可樂，中間涉及不少工序，如消毒水源、去除原水源味道等。由可口可樂運送的液體相較整份可樂而言不算太多。

　　另外，可口可樂瓶裝廠引入智能眼鏡技術（Smart glasses X assist technology），即使在國家限制旅遊的時期，仍能夠搖遠監控瓶裝廠的工作，確保品質及安全等。

資料來源：供應鏈管理一站式資訊

16-1 供應鏈管理與目的

一、意義

供應鏈（Supply chain）基本上就是指連接製造商、供應商、零售商和顧客所組合而成的一個體系，整個供應鏈的最終目的就是有效率地把產品從生產線送到顧客的手中，以滿足最末端消費者的需求。

供應鏈管理（Supply chain management, SCM）概念起源於 1980 年代末，主要是企業為因應全球化競爭壓力、經濟環境變動，以及資訊科技發展等因素的衝擊下，發展出尋求企業間密切合作以便營造共同競爭優勢的競爭工具。

供應鏈管理的特質是一個新的企業經營管理模式：管理的哲理是跨企業整合以創造更大的供應鏈價值；管理的終極目標是「創造顧客、股東及供應鏈成員顯著之價值」；營運目標則為企業內部與外部供需間的有效整合－創新、集中力量、同步化、競爭力；管理標的則為市場產品、服務與資訊；涉及的核心企業功能與程序包含搜源、採購、轉換（生產）及物流，介面功能與程序包含行銷、銷售、產品設計、財務與資訊科技；涉及的企業組織包含企業自體、通路夥伴－可能是供應商、中間商、物流商或顧客；營運方法著重在整合、協調與協作。

圖 16-1 供應鏈與成本間的關係

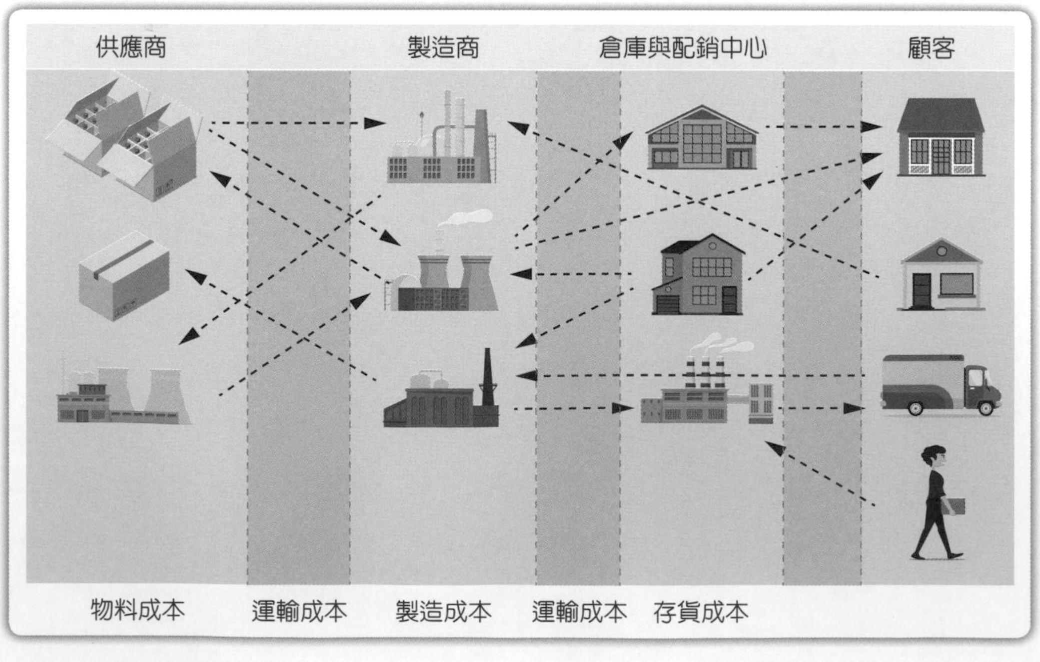

二、目的

在滿足消費者需要下，對整個供應鏈的各個環節進行有效率的管理，降低供應鏈整體的物流、庫存以及配銷成本，以達到企業間競爭力的最佳優勢，使整體系統有效率且具成本效益。供應鏈管理的目的，是從提供原料到商品配送的全體通路管理，為了不讓之受限於企業，通路應該由整體來了解，並且考量生產、配送、行銷等活動的決策來做為制定的層次。這些設備對成本有影響。

三、有效率供應鏈管理

有效率的供應鏈管理，是有效整合商流、物流、金流、以及資訊流系統，連結供應鏈網絡中各個節點的運作，藉由策略夥伴關係、有效的整合與分享彼此的資源或使用風險緩和策略、全面最佳整合方案等程序，獲取供應鏈整體競爭優勢。

圖 16-2　供應鏈的四流

但供應鏈是一個複雜的網路，供應鏈網絡的連結透過虛擬與實體二種方式，前者以資訊分享來提升供應鏈作業之透明度，後者以物流管理來確保供應鏈流程順暢，因此企業須整合組織本身的企業流程與資訊系統。供應鏈的設計和運作皆在結合通路、物流廠商、供應商，以及商業夥伴，有效率的供應鏈管理因素如下：

1. **不同設施有不同且衝突的目標**：製造商追求大批量生產，但物流倉庫則追求減少存貨成本。在確知市場實際需求前，製造商便已決定其生產水準，導致財務及供應風險。

2. **供應鏈是一個動態系統**：顧客需求、供應商能力與供應鏈關係會隨時間改變，配銷商對工廠所下的訂單遠大於零售商的需求變動前置時間、製造產出及運輸時間等因素皆顯著影響供應鏈。

3.　**長鞭效應**（**Bullwhip effect**）：供應鏈上各個環節，如零售商、批發商、分銷商和製造商等，每一個節點企業的訂單都會產生波動，需求資訊都有扭曲發生，透過零售商、批發商、分銷商、製造商逐級而上。儘管特定產品的顧客需求變動不大，因前置時間、製造產出、運輸時間等影響，商品的庫存和延期交貨波動水平相當大。

圖 16-3　長鞭效應連鎖反應

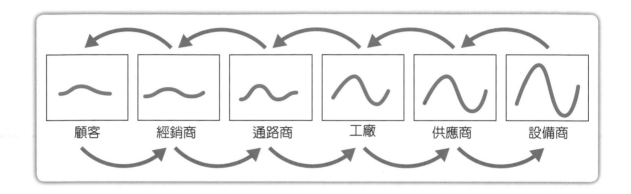

4.　**產業的趨勢**：精實製造（Lean manufacturing）及外包（Outsourcing）注重減少成本（Cost down），卻顯著地增加風險。

圖 16-4　創造有效率的供應鏈管理

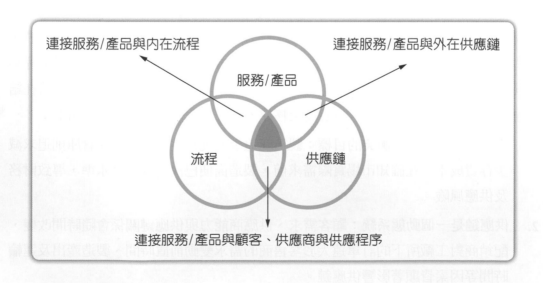

16-2 供應鏈管理的演進

　　供應鏈管理源自自20世紀80年代中期以後，隨經濟全球化和資訊技術的發展，特別是及時生產方式（Just in time）的出現，物流（Logistics）管理開始關注顧客需求，從單純物流管理發展到注重供應鏈環節間資訊的整合。

　　進入 90 年代後，各種新技術促使物流管理的演進，不僅整合物流，還對資金流、資訊流、工作流進行整合協調，進一步在原物料供應商、製造商、批發商、零售商與終端用戶間形成的供應鏈環節上密切合作，通過所有參與者共同努力來提升效率，物流管理因之擴充為整合性供應鏈管理。

一、1980 年代

1. 及時製造、看板、精實製造、TQM 等策略流行。
2. 新的製造技術和策略可減少成本並提升競爭力。

二、1990 年代

1. 龐大的投資包含許多不必要的成本要素。
2. 著重於能減少成本與其供應鏈夥伴成本的策略。

三、1990 年代前期

1. 巨大壓力：減少成本與增加利潤。
2. 產業製造商開始採取外包方式。

四、1990 年代後期

1. 網際網路與相關電子商業模式興起。
2. 電子商業策略。

五、2000 年之後

1. 平衡降低成本與風險管理。

2. 管理供應鏈的風險。

    (1) 在供應鏈建立重複性。

    (2) 利用資訊來更加了解與回應破壞性。

    (3) 將彈性納入供應契約。

    (4) 利用風險評估方法來改善供應鏈程序。

表 16-1　供應鏈管理演進歷程

階段	第一階段	第二階段	第三階段	第四階段
時間	1960 年代以前	1970 年至 1980 年	1980 年至 1990 年	1990 年至 2000 年
管理重點	基層作業的效能	最佳化作業	物流策略及戰術運用	供應鏈管理願景及全球化目標
發展重點	倉儲管理和配送為主	總成本管理為主	整合性物流管理為主	強調供應鏈管理和整體績效
組織設計	充分授權	集權管理	物流功能為主設計組織	注重夥伴關係及發展虛擬組織

16-3　供應鏈管理的關鍵議題

　　供應鏈管理較傳統通路不易管理，因為各行各業的供應鏈普遍存在市場的不確定性、製造的不確定性與供應的不確定性三種「不確定性」。供應鏈管理的關鍵議題即在克服這三種不確定性，以最有效的方法將原物料製成產品，且在指定的時間內將客戶訂購的產品運抵客戶指定的地方。

一、配銷網路（Distribution networks）架構

　　配銷網路是影響價值鏈的重要環節，唯有將配銷網路最佳化，選擇倉庫的位置和容量，決定每一個工廠內每一樣產品的生產水準，設定設備之間的流量，才能以最低配銷成本，在正確的時間與地點，提供給客戶正確數量的產品。運輸費用、訂單處理週期、顧客服務、透明化可即時追蹤之輸送網路，皆屬有效配銷活動在設計

時的重要條件。

1. **庫存生產（Make-to-stock）**

　　建立安全庫存，因應顧客需求的不確定性，庫存量的多寡決定於反應顧客需求的時間以及顧客需求的變化。整個製程所需的時間很短，物料開始加工到完成成品的時間很短，僅需要少量的最終產品存貨即可，但產能資源必須具有較大的彈性才行。

圖 16-5　庫存生產策略（Make-to-stock strategy）

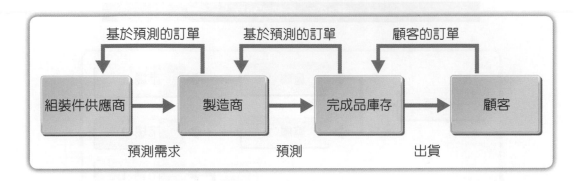

2. **組裝生產（Assemble-to-order）**

　　組裝策略是為了改善反應市場所需的時間，以因應種類多、變化大的市場需求，只儲存少種類的半成品，等到顧客下單後，再依據顧客訂單的需求，組裝成多樣化的產品。

圖 16-6　組裝策略（Assemble-to-order strategy）

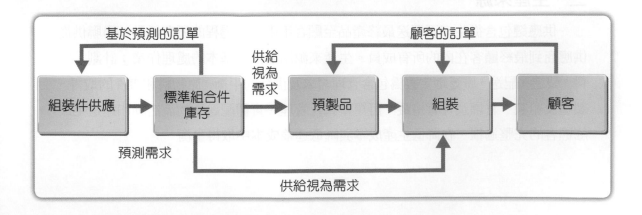

二、存貨控制

　　面對庫存管制的問題，需要有一套清楚的庫存管理策略，採用可降低存貨的管制方法，了解能夠預測顧客需求的工具，庫存下單時間與訂購量等於預測的量，可掌握存貨週轉率。

1. **集中式庫存**：將產品的所有庫存保存在同一個倉庫，例如公司的製造工廠或倉庫，並直接運送給每個客戶。

2. **分散式庫存**：由於合併客戶間可變需求，減少庫存和安全庫存。

圖 16-7　分散式庫存

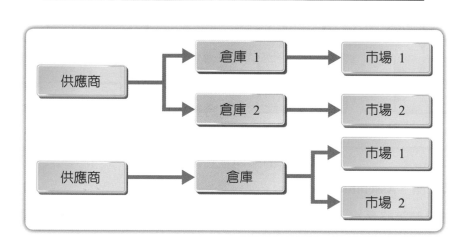

3. **前進式庫存**：將產品的所有庫存保存在離客戶更近的地點，位在倉庫、配送中心、批發商或零售商處。

三、生產來源

　　供應鏈包含從生產至運送最終產品至顧客手中這項過程的所有活動，串聯供從供應商到最終顧客在內的所有成員。生產來源涵蓋四項基本的處理作業：計劃、原料、製造、配送，廣泛地定義為包含管理需求及供給的平衡，原物料和零件的取得、製造及組裝、倉儲及存貨追蹤、訂單輸入及管理、實體配送的物流活動和運送至最終顧客的完整過程，在降低生產成本與降低運輸成本中取得平衡。

四、供應契約

供應鏈是由各種場所（工廠、倉庫、港口、店家與消費者住所）、交通工具（卡車、火車、飛機與船舶）以及物流資訊系統所組成的網路，以各種流程作業（顧客回應、存貨規劃、供應、運輸與倉儲）串連供應鏈成員（上游供應商、製造商、批發商、零售商與最終消費者），而供應鏈成員之間有物料、資訊以及金錢的流動，供應契約要取代傳統的供應鏈策略，數量折扣和營收共享契約對供應鏈績效亦有一定的影響。

五、配銷策略

供應鏈策略決定原物料採購、廠商間的物料運輸、產品的製造與生產以提供服務、產品配送至顧客及後續服務的本質。配銷策略說明必須徹底做好何種製造、配送與服務。對公司而言，策略必須依財務、會計、資訊科技與人力資源作規畫。

配銷策略勝於傳統的生產、採購、存貨、倉儲、配送、銷售及服務等一般程序，供應鏈策略強調的是供應鏈的整合，從製造商、供應商、配銷商、物流中心等到顧客間關係的整合，以及策略的運用。透過持續的整合，企業得以降低成本及創造更高的顧客滿意度，有利於增加企業的競爭優勢。

圖 16-8 服務業配銷策略（花市為例）

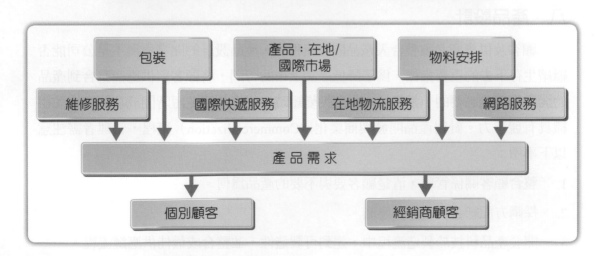

六、供應鏈整合及策略夥伴關係

有關於生產、配送、服務和各種作業流程等都是供應鏈策略中的一環，彼此之間緊密連結，且必須適時互相支援，因此很難個別單獨規劃，同時，也需因應各種需求來發展合適的策略。供應鏈策略的設計與發展，就是期望企業能夠運用這些策略以及採用適當的決策流程，來達到成本的最小化，且能夠滿足各種顧客需求，創造出企業的競爭優勢。

七、外包（Outsourcing）與境外委外（Offshoring）策略

外包製造即從第三方購買它自己生產的零件／服務，例如一家美國的通用汽車公司將某汽車零組件的生產外包給一家中國公司（兩家公司）。

境外外包基本理念是，將內部運營流程或交易活動轉移至另一個地區。使組織更專注於專業核心能力與知識。境外外包被廣泛地採用如採購的產品／服務以外國地區為來源，取代原本在國內公司內部生產的產品／服務、中間產品或部分零組件，包含子公司或其他密切相關供應商為來源的主要進口。

一般外包製造與境外外包應用差異如外包考慮因素包含人工成本比較、重工和產品退貨、物流成本、關稅和稅收、市場效應、勞動法令、互聯網、能源成本與供應鏈複雜性等。

八、產品設計

顧客及供應商必須整合入產品開發流程中，產品設計的開發與誕生是公司能否繼續生存下去的重要指標。為了降低產品上市的時間，將顧客與供應商整合到產品的開發程序是必要的，當產品生命週期變短時，新產品能在短時間成功開發，使組織具有競爭力。針對產品開發與商業化（Commercialization）流程，管理者需注意以下事項：

1. 整合顧客關係管理，清楚顧客要與不要的產品為何。
2. 採購方面結合物料與供應商。
3. 開發產品科技於製造流程中，達到可製造性，並整合成最佳供應鏈流程。

16-4　供應鏈運作參考模式（SCOR model）

　　為協助企業更好地實施有效的供應鏈，實現從基於職能管理到基於流程管理的轉變，供應鏈運作參考模式，是以美國供應鏈協會所提出之供應鏈參考模式（Supply chain operations reference model, SCOR model）為基礎，提供分析、建構供應鏈作業之整體架構，適合於不同工業領域的供應鏈運作參考模型。

　　SCOR 是第一個標準的供應鏈流程參考模型，評估供應鏈的銷售和運營計畫（S&OP）的有效性和效率。但 SCOR 模型旨在幫助標準化流程並建立可衡量的方法追蹤結果。SCOR 是供應鏈的診斷工具，涵蓋了所有行業，適用於任何供應鏈流程。使用 SCOR 模型，企業可以判斷供應鏈流程的先進程度或成熟程度，以及它與業務目標的契合程度，幫助企業開發流程改進的策略。

　　SCOR 模型主要由四個部分組成：

1. 定義供應鏈管理流程。

2. 建立流程性能基準指標。

3. 描述供應鏈最佳實務（Best practices）。

4. 選擇供應鏈軟體產品的資訊。

　　SCOR 模型下，將供應鏈管理定義為一個整合流程：涵蓋從供應商的供應商到客戶的客戶之間相互往來的所有供應鏈活動，SCOR 認可 6 個主要流程：計畫、採購、製造、交付、退貨和啟用，稱為一級流程。

1. **計畫（Plan）**：計畫過程描述製定供應鏈運營計畫相關的活動。包括確定需求、收集與評估相關可供應資源、平衡需求和資源、確定計畫的能力和需求或資源的差距，安排生產和物料的需求，制定產能行動計畫（Rough-cut capacity）。

2. **採購（Source）**：流程描述與原材料項目、組件、產品或服務的訂購、交付、接收和轉移相關的活動。採購業務流程包括發出採購訂單、安排交貨、接收訂單、驗證訂單、存儲貨物和接受供應商的發票。

3. **生產（Make）**：製作過程描述與材料轉換或服務內容相關的活動。包括組裝、加工、維護、修理、大修、回收、翻新、製造和其他常見類型的材料轉換過程。

4. **交付（Delivery）**：交付流程描述執行訂單管理流程、報價單產品配置、客戶訂單維護和維護客戶資料庫活動。包括接收、驗證和創建客戶訂單、安排訂單交付、揀貨、包裝或標籤和運輸，並為客戶開具發票。

5. **退貨（Return）**：退貨流程描述與貨物反向流動相關的活動。包括確定退回的物品、決定正確的處置方法、安排退貨以及調度運輸和接收退回的貨物。維修、回收、翻新和再製造過程未使用退貨流程要素進行描述。

6. **啓用（Enable）**：啓用流程描述與供應鏈管理相關的活動。包括業務管理、績效管理、數據管理、資源管理、設施管理、合同管理、供應鍊網絡管理、風險管理和供應鏈採購。

圖 16-9　SCOR 模式

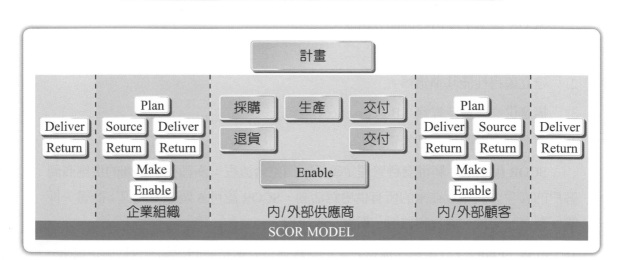

16-5 供應鏈策略

一、效率型供應鏈

Fisher（1997）認為，效率型供應鏈主要目的，就是在最低可能成本下，有效率地預測需求。製造方面，維持高度的平均使用率；存貨策略方面，提高週轉率與最小化存貨。Lee（2002）認為，效率型供應鏈主要目的是在供應鏈中創造最高的成本效率，為了達到這樣的目標，應該去除沒有附加價值的活動（Non-value-added activities），並追求規模經濟。

二、回應型供應鏈

回應型供應鏈主要目的就是快速回應不確定需求，以降低缺貨或逾期庫存，在製造上，準備超額生產量以備不時之需。Lee（2002）認為，回應型供應鏈的主要目的在於能夠有彈性地回應顧客變動與多樣化的需求。為了回應顧客，企業應該採用 Build-to-order 與大量客製化的方式生產，滿足顧客的特殊需求。

三、避險型供應鏈

Lee（2002）認為避險型供應鏈的目的是藉由匯集與共享供應鏈中的資源，分攤供應鏈中的風險。藉由與其他企業共享相同關鍵零組件的安全庫存，也可以降低維持這些安全庫存的成本。

四、適應型供應鏈

Lee（2004）建立適應型供應鏈的目標在於調整供應鏈的設計，以面對市場結構的轉變。從策略、產品與技術來修正供應鏈網路，建立具有適應力的供應鏈有兩個關鍵的部分，分別是發現市場趨勢的能力，與改變供應網路的能力。

五、協和型供應鏈

Lee（2004）認為，在供應鏈中，優秀的企業會照顧與該公司有關的其他企業的共同利益。如果有任何企業的利益與供應鏈中其它企業的利益不一致時，則該企業的行動就不會使供應鏈的表現達到最大化。也就是說，利益的不協和會導致供應鏈受到傷害。

六、連續補貨型供應鏈

連續補貨規劃是一種關係建立的活動，透過資訊分享來拉近供應端與需求端的距離。Gattorna（2006）認為，身處這種供應鏈型態之中，信任是很重要的一個因素。連續補貨供應鏈的特色，是與顧客協作的購買行為，逐步建立深入、可持續、能夠表現出顧客價值的合作關係。在這類型供應鏈中獲勝的基礎，就是可靠度和信任度。因為顧客非常認同這些要素的價值。

七、精實供應鏈

精實（Lean）概念起源於日本豐田汽車的生產系統。Vitaseketal.，（2005）提出了六項精實供應鏈的屬性，企業可以藉由這些屬性來發展精實供應鏈，分別是：需求管理能力、減少浪費與成本、流程與產品的標準化、採用產業標準、文化改變的能耐、跨企業的協作。

八、敏捷型供應鏈

Lee（2002）認為，敏捷型供應鏈的目的在於，當企業供應來源短缺或遭到破壞時，能夠快速、有彈性地回應顧客的需求。這種類型的供應鏈策略，是結合回應型供應鏈與避險型供應鏈的優勢，稱為敏捷（Agile），是因為它有能力回應顧客變動、多樣、無法預測的需求，並同時能使供應中斷的風險最小化。

敏捷性（Agility）是供應鏈在混亂與多變的市場中，應該具備的基礎的特性。Gattorna（2006）表示，捷型供應鏈的獨特價值，在於身處無法預測的供應與需求環境中，它確實能依據高優先等級進行快速反應，這就代表需要保留一定閒置或多餘的能力來應付無法預測的波濤。

九、完全彈性型供應鏈

Gattorna（2006）表示，完全彈性型供應鏈針對不尋常的供應鏈問題，努力追求具有創造性的解決方案。通常，這種供應鏈會發生在政府或非政府組織處理一場大規模的災難時。但是，若企業需要有能力處理一件突發的事情才能避免損害，甚至摧毀競爭力時，完全彈性型供應鏈就會出現。

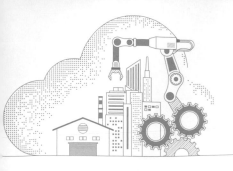

工 管 小 常 識

8 個供應鏈管理的熱門工作

　　對供應鏈管理有興趣的人有時會問，供應鏈管理有什麼工作？供應鏈管理找工作容易嗎？供應鏈管理等於物流運輸？

　　以下是供應鏈管理各工作的主要工作內容：

1. 買手（Buyer）

　　買手是決定買什麼 / 買多少貨的人。供應鏈管理需要具備市場觸角，對數字敏感，能與廠家建立良好關係等條件，因為他們選擇的貨品市場對公司的銷售業績有重大的影響。

2. 採購員（Merchandiser）

　　採購員與買手的工作內容有些相似，且經常合作。買手是最終決策人，決定選購那些產品，而採購員就是接洽廠商生產產品的人。採購員根據買手的要求，例如價錢、款式、規格等聯繫廠商和廠商議價。

3. 需求計畫（Demand planner）

　　大數據時代來臨，不少大公司有自己的團隊規劃公司的需求，例如製衣公司可根據市場部門的分析、存貨與對手行銷策略等不同因素制定是否要開拓瑜伽成衣市場，制定購買數量 / 頻率。

4. 物流部門（Operation/Logistic handler in office）

　　不少國際公司因為時差，會在鄰近廠的地區如東南亞、中國等地分公司設立物流部門，負責管理相關商業活動，包含選擇哪一個貨品代理商、處理廠商物流問題等。如中國農曆年前一般貨車 / 船運會比較緊張，相關部門要制定相應策略，做好風險管理措施）。

5. 倉儲管理人員（Warehouse managing team）

　　庫存是供應鏈管理重要的一環，公司過度囤積貨品會對造成成本壓力，貨量太少又不能立即滿足客人的需求。電商業發展蓬勃，加上 COVID-19 的影響，加大了公司對倉庫管理人才的渴求。

6. 船運公司（Shipping forwarder）

　　船運公司內的工作選擇也不少，由處理船務文件（如報關清關）至計畫安排航運路線，甚至成為貨輪上的船員，都是可以考慮的工作。

7. 航運公司（Air freight forwarder）

　　和船運公司相似，航運公司提供不少工作機會，協助處理空運活動。一般來說空運的工作比船公司來得更急、更趕也更刺激。

8. 其他銷售（Amazon FBA/ shoptify etc.）

　　近年電商興起，許多人透過電商創業，例如 Amazon FBA project，透過 Amazon 提供的庫存及物流服務，在 Amazon 上進行買賣。

資料來源：供應鏈管理一站式資訊

( ) 1. 關於供應鏈與供應鏈管理的描述，下列何者不正確？　(A) 一般而言，供應鏈管理的目的包含設計與運作一全域最佳話（Global optimization）的供應鏈，並管理環境之不確定性　(B) 傳統各環節彼此獨立的供應鏈，隨著部分功能整合、內部整合、外部整合，而演變成現代化的供應鏈　(C) 供應鏈管理就是廣義的物流管理　(D) 供應鏈廠商的組織型態可依嚴密程度分為鬆散型與緊密型、依涵蓋範圍幅度分為全域型與局部型

( ) 2. 有關於供應鏈管理的觀念，下列何者錯誤？　(A) 供應鏈管理需要利用有效率的方法來整合供應商、製造商、倉庫與商店，在正確的時間將產品配送到正確地點，使成本降低　(B) 供應鏈的網路設計完成後，不會依時間產生變化　(C) 供應鏈網路的各成員所在乎的營運目標，常常會有所衝突　(D) 供應鏈管理成員間的依存，需要考慮風險、權力與領導地位

( ) 3. 根據供應鏈協會所定義的 SCOR，下列敘述何者錯誤？　(A) SCOR 著重在三個流程層面，並預留空間讓個別企業將有關模式套用到其商業系統之中　(B) SCOR 是專為製造業所開發的供應鏈流程參考模式，是供應鏈的診斷工具　(C) SCOR 將企業流程再造，標竿企業（Benchmarking）與流成績效指標整合　(D) SCOR 模型的設計可支援各種不同複雜和跨企業的供應鏈，它是一個具有三個流程層級的階段式模型

( ) 4. 以下有關 SCOR 的敘述，哪一個不正確？　(A) SCOR 模型有一個多層的架構，可以一層一層往下分解　(B) SCOR 第一階主要和營運策略相關　(C) SCOR 有整合績效的考量　(D) SCOR 是一個能執行的資訊系統

( ) 5. 以下哪一項不屬於 SCOR 五大核心管理程序內容之一？　(A) 規劃（Planning）　(B) 搜源（Sourcing）　(C) 遞交（Delivery）　(D) 配銷（Distribution）

( ) 6. 有關供應鏈管理發展的驅動力量，下列敘述何者錯誤？　(A) 漸漸注重消費者的需求　(B) 全球化的趨勢已然形成　(C) 政府貿易管制趨向自由化　(D) 社交網路之意見領袖是指少數人的意見不需要重視

( ) 7. 下列關於供應鏈管理的敘述，何者錯誤？　(A) 在一個有競爭力的供應鏈中，企業間的關係從過去的鬆散關係，走向虛擬整合的緊密依存關係　(B) 供應商的管理關係是一個很重要的管理課題　(C) 供應鏈的關係中，通常最有「權利」的一方，從相對弱者獲得最大利益　(D) 供應鏈管理中，經常會有策略聯盟的關係存在

二、證照題

( ) 1. 以下何者不是使供應鏈更有效率的方法？　(A) 市場需求為高產品多樣性和小批量，卻常伴隨較高運輸與存貨管理成本，可採用延遲差異化來改善，盡可能最小化產品的差異　(B) 大批量生產與運輸可降低成本，但會增加前置時間，可藉由直接由倉庫送達顧客，減少中間商，降低庫存成本　(C) 比較大批量效益與成本及小批量的效益與風險，運用大批量可能產生長鞭效應　(D) 物流使用越庫方式，可有效控制存貨持有成本及前置時間　　　　　　　　　　　　　　　　（110-2 工業工程師—生產與作業管理）

( ) 2. 下列何者不是近期供應鏈管理的趨勢？　(A) 管理風險　(B)「綠化」供應鏈　(C) 創新研發　(D) 整合 IT（110-2 工業工程師—生產與作業管理）

( ) 3. 供應鏈管理的任務為達成「需求」與「供給」的平衡，則下列敘述何者為非？　(A)「韌性」是企業的供應鏈由負面影響的事件中恢復的能力，與企業的風險管理能力習習相關　(B) 精實作業原則及六標準差方法已大量用於提升供應鏈績效，有助於避免長鞭效應的發生，在當前經濟發展受 COVID-19 疫情影響下，可幫助企業減少供應鏈斷鏈的風險　(C) 供應鏈可見度是風險管理的關鍵因素，仰賴於供應鏈上的所有廠商願意分享存貨水準、生產能力、運送狀態等即時資訊　(D) 整合 IT，藉由生產即時資料來加強策略規劃和控制成本、衡量品質及生產力、快速反應問題，可改善供應鏈運作　　　　　　　　（110-2 工業工程師—生產與作業管理）

( ) 4. 供應鏈運作參考模式（Supply-chain operations reference-model, SCOR model）提供了創造有效供應鏈的步驟，下列何者不屬於 SCOR model 所提供的步驟？　(A) 預測　(B) 採購　(C) 製作　(D) 運送與退貨管理　　　　　　　　　　　　　　　　（110-1 工業工程師—生產與作業管理）

( ) 5. 關於供應鏈的長鞭效應（Bullwhips effect）敘述何者正確？ (A) 需求預測會產生變異，供應鏈中愈往上游的企業變異愈大 (B) 上下游相關企業所形成的供應鏈架構形同長鞭狀 (C) 供應鏈結構過於複雜時，會出現上下游彼此溝通不良現象 (D) 企業實施流程簡化，貫徹指揮系統一條鞭

（110-1 工業工程師—生產與作業管理）

( ) 6. 根據 Hau Lee 針對不確定性供應面環境下所提出的供應鏈策略類型，以下何種類型為創新產品且具穩定性流程？ (A) 效率型供應 (B) 風險迴避型供鏈 (C) 靈敏型供應鏈 (D) 回應型供應鏈

（110-1 工業工程師—生產與作業管理）

( ) 7. 針對供應鏈的協同規劃、預測和補貨之敘述，下列何者不正確？ (A) 協同規劃、預測和補貨若要能夠成功，合作者雙方要同步化資料，並建立資訊交換的標準 (B) 組織若欠缺跨文化的管理能力，通常容易造成協同規劃、預測和補貨施行的障礙 (C) 協同規劃、預測和補貨的發展是為了要達到預測和歷史資訊的分享、評估異常狀況，以及進行各方面的修正，所以需要將企業系統整合 (D) 配送中心補貨協同是幾種協同作業當中最不容易實行的，且必須透過分享詳細的銷售時間資料，並不是協同作業的最佳起始作業 （109-1 工業工程師—生產與作業管理）

( ) 8. 針對供應鏈管理之敘述，下列何者正確？ (A) 第三方業者會受到企業的規模、需求的不確定性與所需資產專用性等因素，而影響供應鏈的利潤 (B) 外包決策是根據第三方業者所能提升的供應鏈利潤和所增加的風險加以考量。若利潤成長而風險小，則採用自製 (C) 第三方業者可以透過產能總合方式，將眾多的顧客累積存貨，進而增加供應鏈的利潤 (D) 針對供應商評估時，企業應該專注在價格因素，可以忽略其他因素

（109-1 工業工程師—生產與作業管理）

( ) 9. 下列何者不是造成長鞭效應的主要原因？ (A) 價格波動 (B) 品質不穩定 (C) 大批量訂購 (D) 需求預測的落差

（108-2 工業工程師—生產與作業管理）

( ) 10 供應鏈愈上游，所需的前置時間往往愈長，會造成愈上游的廠商：
(A) 延後採購 (B) 延後生產 (C) 小批量採購 (D) 大批量生產

（108-2 工業工程師—生產與作業管理）

( ) 11. 商品從供應商運到倉庫時，不將商品卸載而直接裝載至出貨車，是一種避免倉儲作業的方法，稱之為 (A) 減少中間商（Disintermediation） (B) 直送物流（Direct logistics） (C) 越庫（Cross-docking） (D) 集中配送（Centralized distribution） （108-2 工業工程師—生產與作業管理）

三、 填充題

1. ＿＿＿＿＿＿（Supply chain）基本上就是指連接製造商、供應商、零售商和顧客所組合而成的體系，整個供應鏈的最終目的就是有效率地把產品從生產線送到顧客的手中，以滿足最末端消費者的需求。

2. ＿＿＿＿＿＿（Supply chain management, SCM）概念起源於 1980 年代末，主要是企業為因應全球化競爭壓力、經濟環境變動，以及資訊科技發展等因素的衝擊，發展出尋求企業間密切合作，以便營造共同競爭優勢的競爭工具。

3. 有效率的供應鏈管理，是有效整合商流、物流、金流、以及＿＿＿＿＿＿系統，連結供應鏈網絡中各個節點的運作，藉由策略夥伴關係、有效的整合與分享彼此的資源、使用風險緩和策略或是全面最佳整合方案的程序，獲取供應鏈整體競爭優勢。

4. 供應鏈管理源自 20 世紀 80 年代中期，隨經濟全球化和資訊技術的發展，特別是＿＿＿＿＿＿（Just in time）的出現，＿＿＿＿＿＿（logistics）管理開始關注顧客需求，從單純＿＿＿＿＿＿管理發展到注重供應鏈環節間資訊的整合。

5. ＿＿＿＿＿＿（Bullwhip effect）：供應鏈上各個環節，如零售商、批發商、分銷商和製造商等，每一個節點企業的訂單都會產生波動，需求資訊都有扭曲發生，透過零售商、批發商、分銷商、製造商逐級而上。儘管特定產品的顧客需求變動不大，因前置時間、製造產出、運輸時間等影響，商品的庫存和延期交貨波動水平相當大。

6. ＿＿＿＿＿＿（Distribution Networks）是影響價值鏈的重要環節，唯有將配銷網路最佳化，選擇倉庫的位置和容量，決定在每一個工廠之每一樣產品的生產水準，設定設備之間的流量，才能以最低配銷成本，在正確的時間與地點，提供客戶正確數量的訂購產品。且運輸費用、訂單處理週期、顧客服務、透明化可即時追蹤之輸送網路，皆屬有效配銷活動在設計時的重要條件。

7. _____（Make-to-stock）係指建立安全庫存，因應顧客需求的不確定性、庫存量的多寡，決定反應顧客需求的時間以及顧客需求的變化。整個製程所需的時間很短，物料從開始加工到完成成品的時間很短，僅需要少量的最終產品存貨即可，但產能資源必須具有較大的彈性。

8. _____（Outsourcing）考慮因素包含人工成本比較、重工和產品退貨、物流成本、關稅和稅收、市場效應、勞動法令、互聯網、能源成本與供應鏈複雜性等。另外還需考慮外包的風險為何？該如何最小化這些風險？應如何保證產品準時供應？境外委外對存貨水準與資本成本的影響為何？

9. 為協助_____更好地實施有效的_____，實現從基於_____到基於_____理的轉變，供應鏈運作參考模式，以美國供應鏈協會所提出之_____（Supply chain operations reference model, SCOR model）為基礎，提供分析、建構供應鏈作業之整體架構，適合於不同工業領域的供應鏈運作參考模型。

10. SCOR 模型下，供應鏈管理定義為一個整合的流程，涵蓋供應商的供應商到客戶的客戶之間相互往來的所有供應鏈活動，SCOR 認可 6 個主要流程：計劃、採購、_____、交付、_____和啟用，稱為 1 級流程。

四、 簡答題

1. 請簡述供應鏈管理（Supply chain management, SCM）概念。
2. 何謂長鞭效應（Bullwhip effect）？
3. 請說明何謂庫存生產（Make-to-stock）。
4. 請說明何謂組裝生產（Assemble-to-order）。
5. 請問供應鏈運作參考模式 SCOR 主要由哪四個部分組成？

關鍵字彙

1. 供應鏈（Supply chain）
2. 供應鏈管理（Supply chain management, SCM）
3. 精實製造（Lean manufacturing）
4. 外包（Outsourcing）
5. 配銷網路（Distribution networks）
6. 庫存生產（Make-to-stock）
7. 組裝生產（Assemble-to-order）
8. 供應鏈運作參考模式（SCOR）

國家圖書館出版品預行編目(CIP)資料

生產與作業管理 / 鄭榮郎編著. -- 六版. -- 新北
市：全華圖書股份有限公司, 2022.04
面；　公分
ISBN 978-626-328-088-5(平裝)

1.CST: 生產管理　2.CST: 作業管理

494.5　　　　　　　　　　　　　　111002398

生產與作業管理（第六版）

作者 / 鄭榮郎

發行人 / 陳本源

執行編輯 / 陳品蓁

封面設計 / 盧怡瑄

出版者 / 全華圖書股份有限公司

郵政帳號 / 0100836-1 號

印刷者 / 宏懋打字印刷股份有限公司

圖書編號 / 0813305

六版二刷 / 2023 年 8 月

定價 / 新台幣 640 元

ISBN / 978-626-328-088-5

全華圖書 / www.chwa.com.tw

全華網路書店 Open Tech / www.opentech.com.tw

若您對本書有任何問題，歡迎來信指導 book@chwa.com.tw

臺北總公司(北區營業處)
地址：23671 新北市土城區忠義路 21 號
電話：(02) 2262-5666
傳真：(02) 6637-3695、6637-3696

南區營業處
地址：80769 高雄市三民區應安街 12 號
電話：(07) 381-1377
傳真：(07) 862-5562

中區營業處
地址：40256 臺中市南區樹義一巷 26 號
電話：(04) 2261-8485
傳真：(04) 3600-9806(高中職)
　　　(04) 3601-8600(大專)

版權所有・翻印必究

得　分

全華圖書（版權所有，翻印必究）

生產與作業管理
CH1　生產作業管理策略

班級：＿＿＿＿＿＿＿
學號：＿＿＿＿＿＿＿
姓名：＿＿＿＿＿＿＿

一、選擇題

（　　）1. 下列何者不是企業營運過程中投入之資源？ (A)人員 (B)產品 (C)方法 (D)資訊。

（　　）2. 下列何者是正確的？ (A)生產力＝產出－投入 (B)生產力＝產出＋投入 (C)生產力＝產出÷投入 (D)生產力＝產出×投入。

（　　）3. 生產 14,080 單位，以 $1.10/ 單位銷售，人工成本：$1,000，原料成本：$520，製造費用：$2,000，總生產力為多少？ (A) 2.20 (B) 3.20 (C) 4.40 (D) 5.20。

（　　）4. 「科學管理之父」是指： (A)亞當史密斯（Adam Smith） (B)甘特（Gantt） (C)泰勒（Taylor） (D)吉爾伯斯（Gikbreth）。

（　　）5. 對於作業員的習慣作業注入新的挑戰，增加其工作深度，是下列何種作為？ (A)工作擴大化 (B)工作豐富化 (C)工作理想化 (D)工作輪調。

二、簡答題

1. 簡要說明就生產管理競爭優勢而言，通常會由哪四個軸線來考慮？

2. 就產能擴充的時機而言，決策者有哪三種選擇或政策？

3. 請簡述在製程技術第二階層（作業經理或廠長的觀點）中，製程可以大致分為哪五種？

4. 何謂企業五管？

5. 請簡述泰勒式哲學的三個重要觀點。

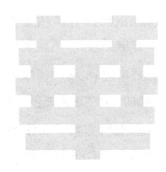

得　分	全華圖書（版權所有，翻印必究）	

生產與作業管理

CH2　預測

班級：＿＿＿＿＿＿＿＿

學號：＿＿＿＿＿＿＿＿

姓名：＿＿＿＿＿＿＿＿

一、選擇題

Pizza店經理必須預測特殊產品的每週產品需求量，以便下訂原物料，最近幾週需求量如表1，請回答第1～3題：

↘表1

週	1	2	3	4	5	6
數量	50	65	53	56	55	60

(　　) 1. 從表 1 的資料，使用三期移動平均法，預測第 7 星期的需求量： (A) 55　(B) 56　(C) 57　(D) 58。

(　　) 2. 使用天真法，預測第 7 星期的需求量為： (A) 53　(B) 55　(C) 56　(D) 60。

(　　) 3. 使用 4 期加權法，權數分別為 0.60、0.30、0.07、0.03（0.60 為最近星期的權數，0.03 應用於最舊星期的權數），預測第 7 星期的需求量為： (A) 58　(B) 60　(C) 62　(D) 64。

(　　) 4. 對於沒有相關產品經驗或資訊之新產品的銷售預測而言，下列哪種預測技術最不合適？ (A) 德菲法　(B) 市場調查法　(C) 移動平均法　(D) 專家意見法。

(　　) 5. 在預測模型需考量預測值之諸多行為，若遇到地震走山或天災事故屬於下列哪種行為？ (A) 趨勢變動　(B) 季節變動　(C) 隨機變動　(D) 不規則變動。

二、簡答題

1. 何謂預測？

2. 預測的程序上，通常包括哪五個步驟？

3. 請簡述趨勢變動。

4. 請簡述季節變動。

5. 請簡述循環變動。

得　分

生產與作業管理

CH3　產品與服務設計

班級：＿＿＿＿＿＿＿＿＿＿

學號：＿＿＿＿＿＿＿＿＿＿

姓名：＿＿＿＿＿＿＿＿＿＿

一、選擇題

（　　）1. 價值之定義：　(A) $V = \dfrac{C}{F}$　(B) $V = \dfrac{F}{C}$　(C) $V = \dfrac{F}{O}$　(D) $\dfrac{Output}{Intput}$。

（　　）2. 價值分析的程序首先是：　(A) 選定產品　(B) 收集情報與資料　(C) 機能決定　(D) 腦力激盪、團隊合作。

（　　）3. 顧客不熟悉、銷售量緩慢成長、配銷及推廣費用高這種特性是形容生命週期中哪種階段？　(A) 導入期　(B) 成長期　(C) 成熟期　(D) 衰退期。

（　　）4. 所謂的新產品是指：　(A) 降低成本的新產品　(B) 全世界的新產品　(C) 公司的新產品線　(D) 以上皆是。

（　　）5. 研究發展基本上可分為三大類，下列何者為非？　(A) 基礎研究　(B) 應用研究　(C) 發展或開發　(D) 價值分析。

二、簡答題

1. 請問新產品歸類可分為哪六大類？

2. 請簡述產品或服務在導入期的策略。

3. 請簡述產品或服務在成長期的策略。

4. 請簡述產品或服務在成熟期的策略。

5. 請簡述產品或服務在衰退期的策略。

得　分	**全華圖書**（版權所有，翻印必究）	

生產與作業管理
CH4　產能規劃

班級：＿＿＿＿＿＿＿＿
學號：＿＿＿＿＿＿＿＿
姓名：＿＿＿＿＿＿＿＿

一、選擇題

　　某家企業欲導入新產品，有A、B、C、D四種生產方法可供選擇，未來可能需求包括高、中與低三種可能性，不同方案的現值收入如表1所示。請根據表1，回答第1～5題：

↘表1

	未來可能需求		
	高	中	低
方法A	$80	$61	$38
方法B	$22	$46	$100
方法C	$9	$14	$52
方法D	$44	$55	$24

（　　）1. 採取最大最小準則（Maximin），應選擇方案：　(A)方法 A　(B)方法 B　(C)方法 C　(D)方法 D。

（　　）2. 採取最大最大準則（Maximax），應選擇方案：　(A)方法 A　(B)方法 B　(C)方法 C　(D)方法 D。

（　　）3. 採取拉普拉斯（Laplace）準則，應選擇方案：　(A)方法 A　(B)方法 B　(C)方法 C　(D)方法 D。

（　　）4. 採取最小最大悔惜值（Minimax regret）準則，應選擇方案：　(A)方法 A　(B)方法 B　(C)方法 C　(D)方法 D。

（　　）5. 假設高成長機率為 0.2，中成長機率為 0.5，以及成長機率為 0.3，應選擇方案：　(A)方法 A　(B)方法 B　(C)方法 C　(D)方法 D。

二、簡答題

1. 請簡述資源需求規劃。

2. 請簡述產能需求計畫。

3. 請舉出常用的決策準則。

4. 請簡述變動成本與固定成本。

5. 請說明產能有三種不同的適用情形？

得　分

生產與作業管理
CH5　整體規劃

班級：_____
學號：_____
姓名：_____

一、選擇題

(　　) 1. 下列何者不是影響長期規劃（一年以上）之因素？　(A) 工作指派　(B) 設備佈置　(C) 工作系統設計　(D) 產品設計。

(　　) 2. 中期規劃期間為：　(A) 一年以上　(B) 2 個月～1 年　(C) 少於 2 個月　(D) 不一定。

(　　) 3. 下列那一規劃屬於最低層次計畫？　(A) 資源需求規劃（RPP）　(B) 整體規劃（AP）　(C) 主生產排程（MPS）　(D) 負荷計畫（Loading）。

(　　) 4. 整體規劃的結果可供下列哪一項規劃或決策參考？　(A) 主生產排程（MPS）　(B) 企業資源規劃（ERP）　(C) 競爭策略　(D) 物料需求規劃（MRP）。

(　　) 5. 將整體規劃的結果進一步分解可得下列那一項？　(A) 主生產排程（MPS）　(B) 企業資源規劃（ERP）　(C) 顧客需求預測　(D) 期初存貨。

二、簡答題

1. 何謂平穩生產策略？

2. 何謂追逐需求策略？

3. 請簡述線性規劃的目的。

4. 何謂資源規劃（Resource planning, RP）？

5. 何謂需求規劃（Demand planning, DP）？

得　分

生產與作業管理
CH6　物料需求計畫與企業資源規劃

班級：＿＿＿＿＿＿＿＿

學號：＿＿＿＿＿＿＿＿

姓名：＿＿＿＿＿＿＿＿

一、選擇題

(　　) 1.　下列選項何者是指生產所需配件之清單，可用表列或結構樹表示？　(A) 物料檔案　(B) 總生產排程　(C) 存貨記錄檔　(D) 主生產排程。

某獨立需求的產品，相關資訊如下：
(1)每星期需求＝50單位；(2)訂購成本為＝$8/次；(3)持有成本＝$4/次；(4)一年＝50星期。
請根據上述資料，回答第2～3題：

(　　) 2.　以 EOQ 模式為基準，則幾週要發一次訂單？　(A) 每週　(B) 每兩週　(C) 每三週　(D) 每四週。

(　　) 3.　假設因流程改變，訂購成本降為每次 $4，同時每週需求增加到 64 單位，這些改變對於 EOQ 模式有何影響？　(A) EOQ 模式維持不變　(B) EOQ 數量增加 20%　(C) EOQ 數量減少 20%　(D) 無充分資訊可供判斷。

某家中小企業主對其暢銷產品BZ15進行成本分析，成本結構如下：
(1)需求＝25單位/星期；(2)訂購成本＝$3/次；(3)持有成本＝$1.50/單位／年；
(4)一年＝52星期。請根據上述資料，回答第4～5題：

(　　) 4.　其經濟批量（EOQ）為？　(A) ≤ $90　(B) > $90，但 ≤ $100　(C) > $100，但 ≤ $115　(D) > $115。

(　　) 5.　假設因實施及時生產方式，其訂購成本減為一半，請問經濟批量可減少多少單位？　(A) ≤ 10　(B) 11 到 15 之間　(C) 6 到 20 之間　(D) > 20。

（請沿虛線撕下）

二、簡答題

1. 請列出物料編號之原則。

2. 請簡述 BOM。

3. 請問毛需求的來源有哪三項?

4. 請列出淨需求的公式。

5. 請列出 EOQ 公式。

得 分

生產與作業管理

CH7　豐田式生產管理

班級：＿＿＿＿＿＿＿＿＿

學號：＿＿＿＿＿＿＿＿＿

姓名：＿＿＿＿＿＿＿＿＿

一、選擇題

（　　）1. 豐田生產體系中，指稱防止錯誤的名詞是：　(A)燈籠（Andon）　(B)浪費（Muda）　(C)自働化（Jidoka）　(D)防呆（Poka-yoke）。

（　　）2. 作業員在加工物品時，由材料到加工完成程序的作業步驟稱為：　(A)週期時間　(B)作業標準化　(C)在製品標準存量　(D)標準作業順序。

（　　）3. 各種不合動作經濟原則的操作，所造成的浪費稱為：　(A)停工待料的浪費　(B)加工本身的浪費　(C)動作的浪費　(D)搬運的浪費。

有一生產線，前製程為零件加工，後製程為裝配作業，每一標準容器的容量為30件。假設裝配部門的需求率每小時40件，移動時間為0.25小時，裝配時間為0.5小時，一容器零件的總加工時間為0.4小時，安全因子訂為0.15。請根據以上敘述，回答第4～5題：

（　　）4. 請問看板片數為何？　(A) 3 或更少　(B) 4 或 5　(C) 5 或 6　(D) 7 或更多。

（　　）5. 若每一標準容器的容量為 10 件，則看板片數為何？　(A) 3 或更少　(B) 4 或 5　(C) 5 或 6　(D) 7 或更多。

二、簡答題

1. 請列舉豐田式生產管理兩大支柱，並解釋其內容。

2. 請問豐田為了消除浪費，減少不必要損失，將浪費分成哪七種？

（請沿虛線撕下）

3. 請簡述 5S。

4. 請列出豐田式生產方式與 MRP 系統的相同處。

5. 請列出看板需求公式。

得　分

生產與作業管理

CH8　廠址選擇與設施規劃

班級：＿＿＿＿＿＿＿＿

學號：＿＿＿＿＿＿＿＿

姓名：＿＿＿＿＿＿＿＿

一、選擇題

聯合貨運有5個物流中心，各區域位置與需求量如表1所示。請根據表1，回答第1~2題：

↘**表1**

物流中心	A	B	C	D	E
座標	(2,4)	(6,2)	(4,10)	(13,4)	(10,5)
需求量	10	15	25	30	20

(　　)1. 採取重力中心法（Center of gravity），則 x 軸與 y 軸：　(A) $x > 7.5$，$y > 6$　(B) $x > 7.5$，$y < 6$　(C) $x < 7.5$，$y > 6$　(D) $x < 7.5$，$y < 6$。

(　　)2. 假設有二個工廠，工廠 1 供應物流中心 A、B、C，工廠 2 供應物流中心 D 與 E，則工廠的 x 軸與 y 軸：　(A) $x > 4$，$y > 7$　(B) $x > 4$，$y < 7$　(C) $x < 4$，$y > 7$　(D) $x < 4$，$y < 7$。

(　　)3. 造船業、建築業的佈置方式是：　(A) 群組技術佈置　(B) 固定式佈置　(C) 功能式佈置　(D) 產品式佈置。

(　　)4. 下列何者為設計程序式佈置時，需考慮位置相關性的主要因素？　(A) 走道　(B) 工作站　(C) 部門　(D) 訂單。

(　　)5. 下列工廠佈置類型中，何者容易產生較高之在製品庫存？　(A) 固定式佈置　(B) 產品式佈置　(C) 程序式佈置　(D) 群組技術佈置。

二、簡答題

1. 請簡述粗略產能規劃。

2. 請簡述群組技術佈置。

3. 請列出設施規劃的應用時機。

4. 請列出選擇地點時所應考慮之重要因素。

5. 何謂重心法？

得 分

生產與作業管理
CH9　製程選擇與佈置分析

班級：＿＿＿＿＿＿
學號：＿＿＿＿＿＿
姓名：＿＿＿＿＿＿

一、選擇題

(　　) 1. 下列何種作業程序分類法所牽涉的活動較為複雜，需要特殊的技術，如計畫評核術或要徑法來加以處理？　(A) 專案式　(B) 零工式　(C) 間歇式　(D) 直線式。

(　　) 2. 生產線平衡技術中，最短週期時間最可能由下列何者決定？　(A) 最短作業時間　(B) 最長作業時間　(C) 平均作業時間　(D) 作業時間總和。

(　　) 3. 某裝配生產線有 5 項工作單元，其裝配時間分別為 2.4、2.2、2.0、1.8 及 1.6 分鐘，各工作單元之裝配先後順序無限制，假設生產線每天作業 450 分鐘，週期時間盡可能最小，請問所需之最少工作站數目為？　(A) 5　(B) 4　(C) 3　(D) 2。

(　　) 4. 續上題，倘若每天生產率為 125 單位，其週期時間應為若干？　(A) 2.4　(B) 2.8　(C) 3.6　(D) 3.8。

(　　) 5. 在接近性評等法的矩陣中方格內，文字 A 代表：　(A) 緊鄰重要　(B) 絕對必要緊臨　(C) 不重要　(D) 不能緊臨。

二、簡答題

1. 請簡述訂貨生產與存貨生產的方式。

2. 何謂生產線平衡？

3. 請列出設備佈置的目標。

4. 請簡述接近性評等法步驟。

5. 請簡述製程選擇。

得 分

全華圖書（版權所有，翻印必究）

生產與作業管理

CH10 工作研究

班級：＿＿＿＿＿＿＿

學號：＿＿＿＿＿＿＿

姓名：＿＿＿＿＿＿＿

一、選擇題

作業者有4個工作單元的重複性作業，採取連續法觀測時間（單位：秒），記錄如表1。請根據表1，回答第1～5題：

↘ **表1**

工作單元	循環1	循環2	循環3	循環4
1	12	66	111	168
2	21	75	122	185
3	37	86	133	200
4	53	99	146	209

( ) 1. 第 3 工作單元的觀察時間為多少秒？ (A) < 12 秒 (B) ≥ 12 秒，但 < 13 秒 (C) ≥ 13 秒，但 ≤ 14 秒 (D) ≥ 14 秒。

( ) 2. 假如第 4 工作單元的評比為 1.2，則正常時間為多少？ (A) < 10 秒 (B) ≥ 10 秒，但 < 11 秒 (C) ≥ 11 秒，但 < 12 秒 (D) ≥ 12 秒。

( ) 3. 假設第 1 工作單元的評比為 1.4，寬放為 15%，則標準時間為多少？ (A) < 12 秒 (B) ≥ 12 秒，但 < 13 秒 (C) ≥ 13 秒，但 < 14 秒 (D) ≥ 14 秒。

( ) 4. 第 2 工作單元的觀察時間為多少秒？ (A) < 12 秒 (B) ≥ 12 秒，但 < 13 秒 (C) ≥ 13 秒，但 ≤ 14 秒 (D) ≥ 14 秒。

( ) 5. 假設第 1 工作單元評比為 1.1，而其他工作單元的評比為 1.2，工作單元 1 與 3 為間隔循環，工作單元 2 與 4 每次循環，完成一次循環時間為： (A) < 45 秒 (B) ≥ 45 秒，但 < 48 秒 (C) ≥ 48 秒，但 < 51 秒 (D) ≥ 51 秒。

二、簡答題

1. 請簡述「作業分析」。

2. 請簡述「工作擴大化」與「工作豐富化」之間的差異。

3. 請簡述工作抽查的優點與缺點。

4. 請簡述工作設計。

5. 請簡述品管圈。

得　分

全華圖書（版權所有，翻印必究）

生產與作業管理

CH11　物料管理

班級：＿＿＿＿＿＿＿

學號：＿＿＿＿＿＿＿

姓名：＿＿＿＿＿＿＿

一、選擇題

（　）1. 物料分類編號的功用在於：　(A) 便於統計分析　(B) 便於記錄　(C) 便於領發　(D) 以上皆是。

（　）2. 原料加工後，已改變形狀或性質，但尚未完工時稱為：　(A) 零件　(B) 用品　(C) 在製品　(D) 製成品。

（　）3. 下列何者是採購流程產生的文件？　(A) 報價單　(B) 採購單　(C) 提貨單　(D) 以上皆是。

（　）4. 當功能對成本之比值為 1 時，代表價值為：　(A) 公平價值　(B) 優良價值　(C) 低劣價值　(D) 毫無影響。

（　）5. 關於價值分析之對象，下列何者為非？　(A) 總成本比率較大之項目　(B) 利潤較低之項目　(C) 分析預期成果較小之項目　(D) 易於推行之項目。

二、簡答題

1. 請列出盤點的目的。

2. 請列出採購的重點目標。

3. 請簡述良好分類與編號的功能及優點。

4. 請列出編號的原則。

5. 請簡述物料的 ABC 管理。

得　分

全華圖書（版權所有，翻印必究）

生產與作業管理

CH12　存貨管理

班級：＿＿＿＿＿＿＿＿＿

學號：＿＿＿＿＿＿＿＿＿

姓名：＿＿＿＿＿＿＿＿＿

一、選擇題

（　　）1. 有關定期訂購與經濟訂購批量兩種存貨管制模型，下列敘述何者不正確？　(A) 定期訂購管制 C 類存貨　(B) 定期訂購實施永續盤存制　(C) 經濟訂購批量管制 A 類存貨　(D) 經濟訂購批量實施永續盤存制。

（　　）2. 在存貨成本中，下列哪一項成本不屬於持有成本（Holding cost）？　(A) 保險費　(B) 折舊成本　(C) 倉儲租賃費　(D) 延遲罰鍰。

（　　）3. 某項零件每月需求 4,000 個，每次訂購成本為 2,000 元，每個單價 1,000 元，儲存成本每個零件每月 100 元，則其經濟訂購批量為多少個？　(A) 200 個　(B) 300 個　(C) 400 個　(D) 500 個。

（　　）4. 某店家每天使用 20 罐伏特加酒，訂購伏特加酒之前置時間呈常態分配，平均數為 5 天，標準差為 2 天，此店家之服務水準訂為 98%（安全係數為 2.06），則再訂購點為何？　(A) 182.4　(B) 160　(C) 100　(D) 82.4。

（　　）5. 在存貨管制中，保險、利息成本是屬於下列哪一項成本？　(A) 訂購成本　(B) 儲存成本　(C) 短缺成本　(D) 貨品成本。

二、簡答題

1. 請簡述存貨管理之目的。

2. 請簡述經濟訂購量。

3. 請簡述實務上對於 A 類存貨的管理重點。

4. 請簡述實務上對於 C 類存貨的管理重點。

5. 請列出 EOQ 模式之假設。

得　分　**全華圖書**（版權所有，翻印必究）

生產與作業管理
CH13　排程

班級：＿＿＿＿＿＿＿
學號：＿＿＿＿＿＿＿
姓名：＿＿＿＿＿＿＿

一、選擇題

(　　)1. 在單機排程問題中，若排程目標欲使工作中心內平均流程時間為最小時，則應採用下列何種排程優先法則？　(A) FCFS　(B) SPT　(C) EDD　(D) CR。

➥ 表1

工作	A	B	C	D	E
處理時間（天）	2	4	10	5	12
到期日（天）	7	4	15	14	17

(　　)2. 表1為某工作中心內五件等待加工的工作之處理時間與到期日，若以 EDD 法進行工作排序，則下列敘述何者不正確？　(A) 平均流程時間（Average flow time）為 15 天　(B) 最大完工時間（Makespan）為 33 天　(C) 平均工作數為 3.27　(D) 有兩個工作延遲（Tardiness）。

(　　)3. 有關生產排程派工法則，下列敘述何者正確？　(A) FCFS：依工單最先到期者優先進行派工　(B) SPT：依工單於該工作站最短等待時間者優先進行派工　(C) CR：依今日至工單到期日的剩餘時間，除以工單加工時間的比值，選擇最小者優先進行派工　(D) Rush：依工單到期日最先者優先進行派工。

(　　)4. 在靜態單機排程問題中，利用 SPT（Shortest processing time）法則所求得的工作順序，哪一方面的評估績效為最佳？　(A) 總完工時間　(B) 寬放時間　(C) 遲延時間　(D) 流程時間。

(　　)5. 強森法則（Johnson's rule）之工作安排，目的在於達成下列那些目標？　①所有工作完成時間最小化　②使工作中心總閒置時間最小化　③在製品存貨最小化　④延遲完工的工作件數最小化　(A)①②　(B)③④　(C)①②③　(D)②④。

二、簡答題

1. 請簡述何謂甘特圖。

2. 請列出耗竭時間計算公式。

3. 請簡述何謂排程。

4. 請簡述何謂 STR（Slack time remaining）。

5. 請簡述大量生產的特徵。

得　分

生產與作業管理
CH14　品質管理

班級：＿＿＿＿＿＿＿＿
學號：＿＿＿＿＿＿＿＿
姓名：＿＿＿＿＿＿＿＿

一、選擇題

（　　）1. 下列敘述何者正確？　(A) 克勞斯比（Crosby）提出 PDCA 循環　(B) 朱蘭（Juran）提出品質三部曲　(C) 柏拉圖（Pareto）提出管制圖之觀念　(D) 史瓦特（Shewart）提出柏拉圖。

（　　）2. 假設已知製程平均值為 15，標準差為 1，若 LSL = 11，USL = 17，下列有關製程能力指標何者正確？　(A) Cp = 1.00 且 Cpk = 1.33　(B) Cp = 0.67 且 Cpk = 1　(C) Cp = 1.00 且 Cpk = 0.33　(D) Cp = 1.00 且 Cpk = 0.67。

（　　）3. 某製程的 Cp 值為 2。當品質規格為 130 ± 9 英吋，製程標準差為：　(A) 2.5　(B) 2.0　(C) 1.5　(D) 1.0。

（　　）4. 西元 1920 年至 1950 年，認為品質在於「適用」，著重於：　(A) 檢驗　(B) 管制　(C) 保證　(D) 全面品質管理。

（　　）5. 在品質成本中，顧客抱怨、聲譽損失的成本是屬於：　(A) 外部失敗成本　(B) 內部失敗成本　(C) 預防成本　(D) 鑑定成本。

二、簡答題

1. 請簡述品質管制之目的。

2. 請簡述何謂雙次抽樣。

3. 請簡述何謂允收品質水準（AQL）。

4. 請簡述生產者冒險率。

5. 請簡述戴明循環。

得　分　　**全華圖書**（版權所有，翻印必究）

生產與作業管理

CH15　專案管理

班級：＿＿＿＿＿＿＿

學號：＿＿＿＿＿＿＿

姓名：＿＿＿＿＿＿＿

一、選擇題

請根據表1，回答第1～2題：

↘ 表1

活動	A	B	C	D	E	F	G
前置作業	-	A	-	C	A	B	D、E、F
時間（週）	8	6	4	9	11	3	1

( )1. 計畫完成最早期望時間為：　(A) 18 週　(B) 19 週　(C) 20 週　(D) 21 週。

( )2. 計畫寬裕時間最大值為：　(A) 0 週　(B) 2 週　(C) 4 週　(D) 6 週。

請根據表2，回答第3～4題：

↘ 表2

活動	前置作業	時間（週）		
		樂觀時間	最可能時間	悲觀時間
A	－	1	2	3
B	A	2	4	12
C	A	1	2	3
D	B	6	7	8
E	B、C	10	12	14
F	D	2	3	4
G	E、F	1	5	15
H	A	2	5	14

( )3. 計畫完成最早期望時間為：(A) ≤ 19 週　(B) > 19 週，但 ≤ 21 週　(C) > 21 週，但 ≤ 24 週　(D) > 24 週。

( )4. 最大作業寬裕時間為：(A) 作業 F　(B) 作業 C　(C) 作業 H　(D) 作業 A。

( )5. 假設作業 G 有以下的時間：ES 時間 = 7 天、EF 時間 = 13 天、LS 時間 = 15 天、LF 時間 = 21 天，下列對於作業 G 的敘述何者為真？　(A) 作業 G 完工時間 14 天　(B) 作業 G 寬裕時間 8 天　(C) 作業 G 是要徑　(D) 作業 G 必須 2 天內完成。

（請沿虛線撕下）

二、簡答題

1. 請寫出專案管理要項。

2. 已知某一工作之完成時間平均數為 30 天，變異數為 16 天。試問：

   (1) 此工作在 20 天完工的機率。

   (2) 此工作不超過 34 天完工的機率。

   (3) 此工作超過 38 天完工的機率。

   已知：$F(z) = P(-\infty \leq Z \leq 2)$，且：$F(1) = 0.841$，$F(2) = 0.977$。

3. 在專案的概念定義階段要注意什麼？

4. 在專案的執行階段要注意什麼？

5. 由於每一個專案都有相當的獨特性，並沒有辦法完全複製，因此，專案管理團隊可以利用哪些問題來掌握正確性？

得　分　**全華圖書**（版權所有，翻印必究）

生產與作業管理

CH16　供應鏈管理

班級：＿＿＿＿＿＿＿＿

學號：＿＿＿＿＿＿＿＿

姓名：＿＿＿＿＿＿＿＿

一、選擇題

（　　）1. 下列何者非供應鏈體系有效執行資訊分享的效益？ (A) 供應鏈變異性增加　(B) 良好的市場預測效果　(C) 快速反應市場變化　(D) 訂單處理週期縮短。

（　　）2. 下列何者不是供應鏈管理的定性績效指標？ (A) 顧客滿意度　(B) 成本　(C) 資訊流與物流整合性　(D) 有效風險管理。

（　　）3. 美國供應鏈協會（Supply chain council）在 1997 年發展出供應鏈作業參考模式，主要結合哪幾種管理方法？ (A) 商業程序再造　(B) 標竿比較　(C) 最佳實務分析　(D) 程序評量　(E) 以上皆是。

（　　）4. 以下哪一項不是供應鏈管理中主要的課題？ (A) 長鞭效應　(B) 企業上下游間的虛擬整合　(C) 買賣雙方協同作業　(D) 產品的規格滿足消費市場。

（　　）5. 供應鏈的觀念主要是由哪一類管理領域演變而來的？ (A) 財務管理　(B) 物流管理　(C) 研發管理　(D) 行銷管理。

二、簡答題

1. 請問有效率的供應鏈管理，是有效整合那四個流之系統，連結供應鏈網絡中各個節點的運作？

2. 請說明外包（Outsourcing）的考慮因素。

3. 請問 SCOR 認可哪 6 個主要流程？

4. 請問啓用（Enable）流程描述與供應鏈管理相關的活動，包括哪些內容？

5. 請問生產（Make）流程描述與材料轉換或服務內容相關的活動，包括哪些內容？

（請由此線剪下）

歡迎加入 全華會員

會員獨享

會員享購書折扣、紅利積點、生日禮金、不定期優惠活動…等。

如何加入會員

掃 QRcode 或填妥讀者回函卡直接傳真 (02) 2262-0900 或寄回，將由專人協助登入會員資料，待收到 E-MAIL 通知後即可成為會員。

如何購買 全華書籍

1. 網路購書
   全華網路書店「http://www.opentech.com.tw」，加入會員購書更便利，並享有紅利積點回饋等各式優惠。

2. 實體門市
   歡迎至全華門市（新北市土城區忠義路21號）或各大書局選購。

3. 來電訂購
   (1) 訂購專線：(02) 2262-5666 轉 321-324
   (2) 傳真專線：(02) 6637-3696
   (3) 郵局劃撥（帳號：0100836-1　戶名：全華圖書股份有限公司）
   ※ 購書未滿 990 元者，酌收運費 80 元。

※ 本會員制如有變更則以最新修訂制度為準，造成不便請見諒。

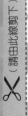

讀者回函卡

掃 QRcode 線上填寫 ▶▶▶

姓名： 生日：西元＿＿＿年＿＿＿月＿＿＿日 性別：□男 □女

電話：（　　　） 手機：

e-mail：（必填）

註：數字零，請用 Ø 表示，數字1與英文 L 請另註明並書寫端正，謝謝。

通訊處：□□□□□

學歷：□高中・職 □專科 □大學 □碩士 □博士

職業：□工程師 □教師 □學生 □軍・公 □其他

學校／公司： 科系／部門：

・需求書類：

□ A. 電子 □ B. 電機 □ C. 資訊 □ D. 機械 □ E. 汽車 □ F. 工管 □ G. 土木 □ H. 化工 □ I. 設計
□ J. 商管 □ K. 日文 □ L. 美容 □ M. 休閒 □ N. 餐飲 □ O. 其他

・本次購買圖書為： 書號：

・您對本書的評價：

封面設計：□非常滿意 □滿意 □尚可 □需改善，請說明
內容表達：□非常滿意 □滿意 □尚可 □需改善，請說明
版面編排：□非常滿意 □滿意 □尚可 □需改善，請說明
印刷品質：□非常滿意 □滿意 □尚可 □需改善，請說明
書籍定價：□非常滿意 □滿意 □尚可 □需改善，請說明
整體評價：請說明

・您在何處購買本書？

□書局 □網路書店 □書展 □團購 □其他

・您購買本書的原因？（可複選）

□個人需要 □公司採購 □親友推薦 □老師指定用書 □其他

・您希望全華以何種方式提供出版訊息及特惠活動？

□電子報 □DM □廣告 （媒體名稱）

・您是否上過全華網路書店？（www.opentech.com.tw）

□是 □否 您的建議

・您希望全華出版哪方面書籍？

・您希望全華加強哪些服務？

感謝您提供寶貴意見，全華將秉持服務的熱忱，出版更多好書，以饗讀者。

填寫日期： ／ ／

2020.09 修訂

親愛的讀者：

感謝您對全華圖書的支持與愛護，雖然我們很慎重的處理每一本書，但恐仍有疏漏之處，若您發現本書有任何錯誤，請填寫於勘誤表內寄回，我們將於再版時修正，您的批評與指教是我們進步的原動力，謝謝！

全華圖書 敬上

勘 誤 表

書　號		書　名		作　者
頁　數	行　數	錯誤或不當之詞句		建議修改之詞句

我有話要說： （其它之批評與建議，如封面、編排、內容、印刷品質等．．．）